产品族
设计原理与方法

程贤福　肖人彬　著

浙江工商大學出版社 | 杭州
ZHEJIANG GONGSHANG UNIVERSITY PRESS

图书在版编目(CIP)数据

产品族设计原理与方法 / 程贤福,肖人彬著. — 杭州 : 浙江工商大学出版社,2021.12
ISBN 978-7-5178-4760-1

Ⅰ. ①产… Ⅱ. ①程… ②肖… Ⅲ. ①工业产品—产品设计 Ⅳ. ①TB472

中国版本图书馆 CIP 数据核字(2021)第 251948 号

产品族设计原理与方法
CHANPINZU SHEJI YUANLI YU FANGFA

程贤福　肖人彬　著

责任编辑	范玉芳	
责任校对	谭娟娟	
封面设计	沈　婷	
责任印制	包建辉	
出版发行	浙江工商大学出版社	
	(杭州市教工路 198 号　邮政编码 310012)	
	(E-mail:zjgsupress@163.com)	
	(网址:http://www.zjgsupress.com)	
	电话:0571-88904980,88831806(传真)	
排　　版	杭州朝曦图文设计有限公司	
印　　刷	广东虎彩云印刷有限公司绍兴分公司	
开　　本	710mm×1000mm　1/16	
印　　张	20.5	
字　　数	315 千	
版 印 次	2021 年 12 月第 1 版　2021 年 12 月第 1 次印刷	
书　　号	ISBN 978-7-5178-4760-1	
定　　价	69.00 元	

前　言

随着全球化市场的形成,企业间的竞争日益加剧,竞争的焦点已经集中在怎样才能更好地满足多样化的客户需求方面。传统的大规模生产模式已越来越不适应快速多变的市场需求,以客户需求为导向的大规模定制生产方式应运而生。它充分结合了规模经济性与范围经济性,试图通过组织核心业务的整合,在保证产品质量和成本效益的前提下,快速、灵活、可靠地交付客户所认可的利益或价值,已经逐渐成为企业竞相采用的一种有效的竞争手段。

在大规模定制的生产模式下,产品设计不再针对单一的产品进行,而是在产品的各个设计阶段都要考虑一系列产品的设计,即产品族设计,使局部优化服从全局优化,强调不同产品间的相似性的挖掘和知识的重用。而基于产品平台的产品族规划是实现大规模定制规模经济和范围经济的有效途径,是优化产品设计过程中的多样性的重要技术手段,是从工业与商业实践中发展而来的市场分割框架下增加产品市场覆盖的一种产品开发策略。这已成为当前的一个研究热点。

产品平台是产品族的基础,目前归纳起来主要有两种类型:模块化(可配置)产品平台和参数化(可调节或可伸缩)产品平台。前者主要用于面向概念层的配置设计,通过模块共享节省成本,适合产品结构功能复杂、客户个性化需求强烈的产品,强调快速响应客户需求,而难以指导功能或性能相同的产品设计;后者主要特点是所有成员都共享一个参数化表示,部分参数具有通用性,部分参数可在一定范围内调整,对不同的产品变体,可通过调节参数的不同取值来实现。它提供了一种较深层次的纵向的可定制性,但对于产品功能的横向配置缺乏考虑,主要应用于功能相同的产品,适合于系列化产品。随着客户需求的多变,单一的调节方式不能满足复杂产品平台规划中模块替换和参数调节的集成需求,很难指导一些功能相同或相似、模块化程度较高且结构随设计参数灵活变更的产品设计。企业开发产品族一般会较大限度地重用已有产品的设计信息,往往只需对一部分设计进行更新,采用具有可适应性的产品平台规划方法。产品族设计通过产品的可适应性重构来满足客户的多样化需求,增加客户对产品的期望度,同时,原有的设计和生产过程知识将得到重新利用,缩短新产品的上市时间,提高企业的市场竞争力。

本书全面讲述产品族设计原理与方法,共包括 9 章内容,分为基础篇(第1—3 章)、主体篇(第 4—8 章)、展望篇(第 9 章)3 个部分,其中第 2—9 章的内容均以作者的研究工作为基础完成(参见附录所列已发表期刊论文目录),体现了本书的理论创新和应用价值。

本书由华东交通大学程贤福教授与本人合作完成。程贤福教授 2003 年至 2007 年就读于华中科技大学机械学院,在本人指导下攻读并获得机械设计及理论专业博士学位。博士毕业后,他专注于产品族设计研究,取得了一系列创新性成果。这本著作就是两位作者近 20 年来在产品族设计方面研究成果的结晶。根据两位作者共同拟定的写作提纲,肖人彬、程贤福合作撰写第 1 章、第 2 章和第 3 章,肖人彬撰写第 5 章和第 9 章,其余 4 章由程贤福撰写完成,最后由肖人彬对全书进行统校定稿。

本书是两位作者所承担的多项国家自然科学基金项目(项目编号:51765019,51875220,71462007,51165007,50575083)的学术成果,在此感谢国家自然科学基金委员会提供的项目支持和经费资助。

产品族设计本质上是面向大规模定制化的设计,本书进一步提出大规模个性化设计。作为大规模定制化设计的延伸和深化,大规模个性化设计乃是今后研究与应用的发展方向,既富有吸引力,又颇具挑战性。

由于作者水平所限,本书对大规模定制化设计及大规模个性化设计前沿课题的研究和探索难免存在某些欠缺和不足,希望读者不吝赐教,对书中疏漏不当之处给予指正。

肖人彬

2021 年 8 月 12 日于华中科技大学

目 录

第一篇 基础篇

第三篇　展望篇

第一篇 基础篇

第 1 章
绪 论

随着社会不断进步,科技不断发展,现代生产的产品不仅要承受市场的激烈竞争,同时还面临客户需求的多样性、特殊性和不可预知性以及节能环保的设计要求,使得产品和市场需求的关系发生了巨大变化,传统的设计和生产模式受到市场的冲击。产品已经难以主宰市场需求,更多的是由市场需求来决定产品的各项特征,如何尽快适应这种变化并存活下来已经成为机械企业的关键问题。

产品开发设计阶段在整个产品生产周期中十分重要。产品开发设计会大大影响产品的加工方法和产品的使用,这是由于产品开发设计阶段对产品的结构尺寸、材料选用、零件的数量、工作原理等具有决定作用。据统计,开发设计成本占产品总成本的 80% 左右。同样地,经过对企业中零部件的种类及零部件所占成本进行统计发现,某些经常使用的占零部件总数 90% 以上的零部件,其成本只占产品总成本的 30% 和企业流动资金的 25% 左右。

此外,随着全球化市场的形成,企业间的竞争日益加剧,竞争的焦点已经集中于怎样才能更好地满足多样化的客户需求。随着客户对产品个性化定制需求的增强及信息技术的快速发展,大规模定制(Mass Customization,MC)生产模式成为当前先进制造领域研究前沿和发展趋势[1]。它充分结合了规模经济性与范围经济性,试图通过组织核心业务的整合,在保证产品质量和成本效益的前提下,快速、灵活、可靠地交付客户所认可的利益或价值[2]。大规模定制作为一种重要的产品开发哲理,已经得到学术界和企业界广泛肯定。

在大规模定制的生产模式下,产品设计不再针对单一的产品进行,而是在产品的各个设计阶段都要考虑一族产品的设计,即产品族设计,使局部优化服从全局优化,强调不同产品间的相似性的挖掘和知识的重用。产品族开发作为实现大规模定制的一种有效方式已得到广泛认同。基于产品平台的产品族设计是快速响应客户个性化需求的有效技术手段,其基本思想是以产品平台战略为指导,针对细分市场中不同客户群的需求,进行产品平台和基于产品平台的系列产品设计,以低成本和快速的开发周期来满足客户的个性化需求。

1.1　大规模定制概述

大规模定制的思想最早由阿尔温·托夫勒[3]于 1970 年在《未来的冲击》一书中进行了初步说明,提出了一种全新的生产方式的构思:以类似标准化或大批量生产的成本和时间,提供满足客户特定需求的产品和服务。1989年,Davis S[4]在 From Future Perfect:Mass Customizing 中首次将其正式命名为"Mass Customization"(以下简称"MC")。1994 年,Pine B J[5]对大规模定制的内容进行了完整的描述和充分的讨论。1997 年,Anderson D M[6]在 *Agile Product Development for Mass Customization* 一书中对大规模定制做了深层次的研究,并全面介绍了如何为特殊需求的市场或单个客户开发大量定制的产品。目前,许多研究者从不同的角度对大规模定制做了大量研究。

1.1.1　大规模定制的内涵

大规模定制又可以称为大批量定制、大规模客户化生产等,国内外学者及研究人员对大规模定制的定义尚不统一。这种在保证企业成本和企业经济效益的前提下,满足客户需求的生产方式,在制造企业的实际应用中有利于提高企业的市场竞争力,正逐渐被广大制造企业所采纳,是当今企业的主要生产方式之一。Silveira 等[7]从广义和狭义两个方面归纳了文献中所出现的 MC 的定义。广义上,MC 是指以大批量生产的成本和速度提供定制个性化产品和服务的能力,即可为单个客户或小批量多品种的市场定制生产任意数量的产品,满足客户真正的个性化的需求而又不牺牲效益和成本的崭新的生产模式。狭义上,将 MC 定义为一个系统——能使用信息技术、柔性的过程和组织结构来提供一个广泛的产品和服务,以接近大批量生产的成本满足个别顾客的特定需求。不管怎样,MC 被看作一个系统思想,它涉及产品销售、开发、生产和服务的所有环节,从顾客选择到最终产品的整个周期。简而言之,大规模定制模式是指对定制的产品和服务进行个别的大批量生产。

研究认为,大规模定制是一种集企业、客户、供应商和环境等于一体,在系统思想指导下,用整体优化的观点,充分利用企业已有的各种资源,在标准化技术、现代设计方法学、信息技术和先进制造技术等的支持下,根据客户的个性化需求,以大批量生产的低成本、高质量和高效率提供定制产品和服务的生产方式。其基本思路是基于相似性原理、重用性原理和全局性原理,将定制产品的生产问题通过产品重组和过程重组转化为或部分转化为批量产品生产问题,尽可能减少产品的内部多样化,增加产品的外部多样化,实现以大批量生产的低成本、高质量和短交货期向客户提供个性化的定制产品。大批量生产到大规模定制生产的模式转换如图 1.1 所示。

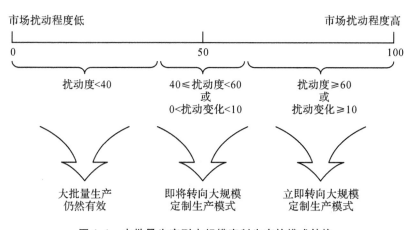

图 1.1 大批量生产到大规模定制生产的模式转换

大规模定制根据不同客户的不同需求,结合大批量生产的诸多优点,使企业设计出的产品真正满足客户所需,客户也愿意以合适的价格购买自己想要的产品,由于高质量、低成本的产品有更高的销售额,企业效益也将随之提高。大规模定制的生产模式也是客户导向型的生产模式,随着社会的不断进步,客户的需求会实时发生改变,为满足客户的需求,需要促使企业对产品及设计过程不断进行改善,进而提高竞争力。总的来说,作为一种现

代生产模式,大规模定制具有如下主要特点:

①满足客户的个性化需求。客户与销售商之间是一种对立关系,客户希望购买的商品称心如意,销售商变着法子卖出库存产品,客户需求变化很快,所以企业的立足不仅仅考虑客户的数量,还需将客户的需求考虑在内,只有充分考虑产品质量如何提高和如何满足客户的不同需求才能降低成本,提高企业效益。

②以现代设计方法,零部件的标准化、系列化等为基础。传统的定制生产方式效率不高,生命周期长,而利用现代设计方法(如模块化设计、参数化设计)可在满足客户需求的前提下降低生产方式的成本和提高效率,通过适当结合现代设计方法及先进技术,提高产品的开发设计能力。

③以大规模定制的3个基本原理为基础。以相似性简化产品设计和制造,以重用性提高产品性能或增加产品功能,以全局性有效控制影响,降低产品多样化成本。

④低成本、高质量、高效率的产品。大规模定制的主要目的就是以大批量生产的方式,满足客户的多样化需求。大批量生产能大大降低生产企业的成本,设计出的产品能满足客户的需求,且大规模定制着眼于整个设计过程,考虑了产品的整个生命周期。

综上所述,对大规模定制内涵的理解包括以下几点[8]。

第一,从词义上理解,MC包含两个主要方面,即:

①大规模定制的产品能够满足客户的个性化需求,即定制;

②大规模定制的成本和时间同大批量生产的产品一致。

因此,大规模定制的本质特征可从以下三个方面来描述:①高度个性化的产品;②快速响应市场需求的变化;③较低甚至为零的变型成本。

第二,MC应定位为一种哲理,一种范式,一种考虑问题的方法,而非某种具体的技术手段、技术思路(如CIMS,CE,AM等)[9]。MC是一种指导企业参与市场竞争的哲理,以客户满意作为追求的最高目标之一;MC是企业组织和管理生产的一种方式,以达到时间、质量、成本、服务与客户的个性化需求之间的平衡。

第三,MC的基本思想是将定制产品的生产问题,通过产品结构和制造过程的重组全部或部分转化为批量生产。对客户而言,所得的产品是定制的、个性化的;对企业而言,该产品是采用大批量生产方式制造的成熟产品。

第四,MC 的主要任务即面临的挑战是:要解决"大批量"与"定制"之间的矛盾,既要对外展现产品具有个性化的多样性,又不能因为产品多样化而导致额外的成本和时间的延误。

第五,MC 的实施,虽然在开发产品、工艺和技术方面需要有很大的投资,但当市场分化到一定程度,大批量生产技术不再能够有效地预测客户的需求时,大规模定制产品的成本就几乎与大批量生产的产品成本相等,甚至更低。

第六,MC 的实现是非常复杂的,它并不是每个企业最好的策略,它必须符合特定的市场和顾客类型。成功实施 MC 的前提条件是:①必须有顾客对多样性和定制的需求以及适当的市场条件;②完善的供应链;③具备有效的技术和管理手段,如支持 MC 的产品开发方法、柔性制造系统、扁平合理的企业机构等;④产品应是可定制的;⑤知识必须共享(如集成信息系统);⑥高素质的员工。其中,组织模式和经营管理理念是决定企业能否采用 MC 的关键,产品开发和生产方法是企业实施 MC 的指导,企业信息化环境是企业实施 MC 的基础。

第七,企业采取的产品定制方式是由客户需求、产品性质和企业能力三个方面共同决定的。大规模定制类型的划分通常以定制方法、定制途径、定制切入点、定制程度或实施定制的主体不同作为依据[10],且在同一产品的定制中可以同时采用不同的定制方法。

1.1.2 大规模定制的研究概况

MC 的实践先于 MC 的理论研究,国外许多知名企业在其产品开发中都已成功地运用了这种方法[11-13]。大规模定制产品设计、生产及管理等诸多相关方面的研究已成为国内外学者研究的热点领域,同样也受到企业越来越多的重视,从企业经营方式、产品设计、生产制造流程以及销售和服务等产品生命周期不同阶段、不同角度研究 MC 的实施方法和组织机制,但相关理论远未成熟,这从下面所述 MC 的理论和实践两个方面可略见一斑。

(1)针对 MC 的理论研究

①关于 MC 的定义。目前为止,还没有关于 MC 的统一定义。

②关于 MC 的思想与方法体系。当前还只停留在表面的、较粗浅的研究层面上,还未见有系统的专门文献对这方面进行报道。

③关于 MC 的支撑工具。现在虽然已有许多成果如先进的 ERP、MRPⅡ、PDM 软件等,但还未对它们进行系统的分类与整理,并且缺乏支持面向 MC 的产品全生命周期开发辅助工具。

(2) MC 的实践

目前,MC 在越来越多的行业得到了很好的应用,如电子信息产业(如 Dell 公司、Motorola 公司)、汽车行业(如 Toyata 公司、Volvo 公司)、家具行业等[12]。据有关资料统计[14],美国和欧洲的大企业中有 70％在按这种生产方式重新经营和规划其生产系统,以提高其国际竞争力。但现有文献主要是对许多成功实施 MC 的典型企业案例进行文字或定性说明[9,11],大多数也只是提出了一些企业思想或方法层次上的结论,在设计、制造与管理等方面还缺乏系统、简便、可操作的具体实施步骤或策略,这种情况也常常导致人们对各种生产模式的演变并不感兴趣。此外,目前还未曾见有文献从基础理论角度来探讨 MC 的实施思想与方法,并且仍缺乏针对大规模定制特点的关键技术的研究。

国内针对 MC 的研究与应用已有相应的工作,国家 863/CIMS 主题中于 1999 年首次列出了该方面的课题。虽然至今已有相当一部分学者对此进行了研究,但与国外相比尚有一段距离,且大多数企业对它还不了解,真正实现大规模定制的企业还未出现。但许多企业在模块化设计、标准化技术以及成组技术等方面都有很好的实践,只是还没有对客户需求进行挖掘和分析,缺乏针对大规模定制的有效的产品设计策略,以及按照大规模定制的要求对企业生产和经营系统进行总体规划、设计和重构。

1.1.3 大规模定制的主要特征

大规模定制生产方式其实是将产品构成功能和生产过程进行有机结合,应用最新的技术和材料,把大规模定制的生产方式转化为大批量生产方式,从而以大批量生产的效率和成本实现用户的定制目标。对于大规模定制的发展其实无外乎三个要素:首先是新技术和新的管理理念促使企业在产品设计和生产上有很大的提升;其次是用户的需求多样性不断增强,促使企业提高自身设计能力和水平;再次是产品更新换代的步伐加快,要求企业具备适应市场发展的能力。因此对于大规模定制而言,主要特征如下[15]:

①用户参与度高,从商家市场向消费者市场转变。在大规模定制的背景下,企业的立足点不再仅仅是某一类消费者,而是将每一个用户的需求都考虑在内。由于时代的不断发展,用户的需求呈现出多样化和个性化,随着互联网技术的发展,尤其在电子商务方面取得了很大的发展,这为用户参与产品设计提供了交流平台。

②高质量、低成本的产品。大规模定制旨在凭借大批量生产方式的成本和效率来实现用户的多样化需求目标,因此在价格方面较大批量生产的产品是有优势的,而对于高质量的体现则主要是企业能够实现对单个用户需求的满足。更为重要的是后期服务,不同于以往大批量生产方式,大规模定制关注的是从产品设计规划到产品报废整个生命周期,因此用户在产品或服务的整个生命周期内都可以享受企业的服务。

③整合运用先进技术。大规模定制的目标是通过大批量生产方式的成本和效率来实现用户的定制要求,传统的纯手工的定制生产方式是行不通的,因此需要先进的技术来支撑。通过信息技术将用户、产品生产商以及供应商进行系统化的整合,优化物流系统。接下来是对产品进行模块化分析,强化模块的"三化"水平,最后运用计算机技术和相关先进的制造工艺来实现对产品的敏捷制造。从而提高产品的开发能力。

当前,随着 B2C 向着 C2B 方式转变,大规模定制未来将成为主要生产方式。因此,通过对当前大规模定制的研究成果分析,大多数设计方法一般从产品平台设计和产品族配置、模块化设计以及可适应设计几个方面来实现。

1.2 产品族设计相关概念

实现大规模定制的策略有三种:第一,兼顾不同细分市场情况的用户定制需求,称为个性化策略;第二,通过技术的更新来提升产品质量和性能,称为专一化策略;第三,通过重用已有的零部件来降低生产成本和生产时间,称为通用化策略。通过以上分析,在实现过程中以上三种策略存在着一定的矛盾。首先,第一个和第二个策略(即个性化策略和专一化策略)之间的矛盾主要表现在产品既需要满足多样性又需要满足可靠性;其次,第一个和第三个策略(即个性化策略和通用化策略)之间的矛盾主要表现在产品既要相似又要不同;最后,第二个和第三个策略(即专一化策略和通用化策略)之间的矛盾主要表现在产品既具有稳定性又要有革新性。企业为了调和以上三种矛盾,在设计研发时直接设计满足不同用户定制需求的产品族,而不只是对单一产品进行设计[16]。

1.2.1 产品族基本概念

产品族设计被认为是大规模定制成功实施的关键,它通过有效地开发产品族体系结构,并在此基础上针对特定客户需求进行快速产品配置设计,来协调产品个性化需求和规模经济性之间的矛盾,以满足大规模定制生产的目标,即提供高效率、低成本的个性化产品[17]。产品族设计在概念设计阶段便将一族产品(而不只是一个产品)作为设计目标,通过开发族内共享的结构和技术,搭配针对不同客户需求的定制化配置,满足大规模定制生产的目标。该设计方法可以有效利用原有或基础产品的设计基础,并在族内新产品开发时降低个性化需求对规模生产经济性的影响,提供高效率、低成本的个性化产品。产品族设计方法的最终目标是通过基本元件和生产过程的最大标准集合来获得相似产品的最大集合。

产品族是指从一个公共产品平台上派生的、拥有特定特征或功能以满足特定顾客需求的一组相似产品。即一个产品族由共享一个公共产品核心、针对一个或多个细分市场的族成员组成。产品族的概念包含以下两层含义:①族中所有产品的主要功能和主要元件相同或相似;②族表示拥有不同技术、可选零件和功能的一个产品系列。

产品族中公共产品平台称为产品平台,表示一族产品间所共享的零件、子系统、接口以及制造过程的集合,并且该集合能够在派生产品的开发成本和时间上提供优势。简单来说,一个产品族中所有派生产品所具备的一些共享结构和通用技术的集合便构成了该产品族的产品平台。产品平台是产品族发展的基础,基于同一产品平台的不同产品族应对不同的市场区间,但其之间具有较强的相似性。在产品族发展过程中,产品平台也可根据市场变化进行相应扩展和变更。

产品族中所包含的每一个个体产品称为族成员(Family member)。一个族成员即是一个派生出来的产品变型(Product variant),是产品族中从公共产品平台上生成的特定的实例化产品,即一个族成员为一个拥有公共产品核心配置一个满足市场区段特定需求特征的完整产品。当一个产品族对应一个市场区段,其所有族成员便可覆盖该市场区段内特定客户的需求。族成员种类数量越多,其所涵盖的定制化需求越多,产品族的市场竞争能力越强,同时对定制化属性的设计值取优,便可有效控制定制化偏差[18]。

产品族架构(Architecture)环节位于整个产品族开发流程的前端,它对企业产品竞争力培育的重要作用已经得到普遍认同。架构是产品族设计的关键决策环节,大约70%的成本与属性是在产品族体系阶段决定的[19]。架构是实现一种结构布局的方式,体现了实现的过程。Ulrich[20]认为产品架构是对产品功能元素的布置,是从产品功能向物理组件的映射,是对相互作用的物理组件间界面的设计。Salvador 等[21]强调架构不仅体现了产品组件间排列与组合的方式,更重要的是实现了顾客需求特性与产品组件的匹配。产品族架构是面向不同细分市场,基于公共平台构建相关系列产品的过程,具有产品族层次结构特征,进行资源通用性与产品差异化配置的权衡。产品族架构在本质上体现了企业为客户提供的多样化变型产品,而这些变型产品正是源自平台设计并满足一定范围内的客户需求[6]。因此,产品族架构的首要环节是对客户需求信息的准确获取与表达。

产品族架构的构成在产品设计的概念阶段,是基于公共平台构建一族成员项的过程,包括一系列相互关联的活动,表征了企业产品族系统的结构特征[22]。基于架构,通过族成员进行具体化描述,可将未来的设计转化为对现有公共产品线结构的扩展过程。一个完善的架构能够从各层次对产品族结构进行表达,包括产品平台架构与定制化架构。产品族架构在本质上体现了企业为顾客提供何种形式的多样化产品变体,而这些产品变体正是源自基础设计并满足一定范围内的客户需求[23]。

目前面向大规模定制的产品族设计方法主要分为参数化和模块化两种设计方法[24]。参数化产品族设计(Parametric product family design)也被称为可调节产品设计(Scale-based product family design),其设计思想是给定一个产品的参数描述,在满足产品基本功能需求的前提下,对不同族成员的所有设计变量进行优化,通过对性能指标和通用性指标的选优达到设计成本和效率的提升。模块化产品族设计(Modular product family design)是以对客户需求的分析和预测为驱动力,用功能参数描述需求信息,构建包含基础模块和定制模块的模块库,通过在基础模块组合之上配置不同定制模块,形成满足不同功能需求的族成员。

参数化产品族设计和模块化产品族设计的设计目标都是面向大规模定制,提供高效率、低成本的个性化产品。不同的是,前者通过变量值的共有和一个或多个参数数值调整达到设计目标,后者利用基础模块共享和定制模块的增、减、变化达到设计目标。

1.2.2 产品族关键技术特性

产品族的概念可以从不同的角度来理解,从市场营销的角度来看,产品族就是企业产品的功能结构,可以描述成不同消费群体对企业产品多样化的功能要求。从工程的角度来看,产品族是一系列产品和技术的总和,因此,产品族可以描述为一些设计参数、部件和装配结构的合成[25]。

产品族作为大规模定制的关键技术具有如下特性。

(1)模块化和通用性

模块化和通用性是产品族最基本的性质。模块化和通用性既有区别又有联系。模块化着重于产品类本身的一些性质和特点,而通用性着重于产品成员之间的性质和特点。前者强调模块之间的交互关系,而后者强调实例之间的相似性;前者是把产品类进行分解,而后者是一个聚类的过程;前者强调产品结构,而后者强调产品变量。而两者之间的关系就是类和成员之间的关系。

在产品实现过程中有三种模块化:功能模块化、技术模块化和物理模块化。模块化主要强调的是模块之间的相互关系。因此,模块化的三种形式是这种相互关系在三个角度的不同表述。对于功能模块化,模块之间的相互关系可以表述成不同消费者群体对产品的功能要求。功能域与其他的两个域是相互独立的,如消费群体这个概念只能用于功能域中,而对于技术域和物理域却不适用。对于技术模块化,模块之间的相互关系可以表述成设计中的技术特征,技术特征可以由产品的设计参数来描述。物理模块化可以表述为部件之间的装配关系。

通用性反映产品族体系结构和单一产品体系结构的区别。模块化描述产品结构的分解和模块类型,而通用性在模块化确定模块特殊类型的条件下描述不同模块之间的相似性。通用性也有三种类型:功能通用性、技术通用性和物理通用性。功能通用性把分解的功能要求中具有相似性的那部分进行归类;技术通用性把相似的设计参数归结成一组,而这些设计参数跟功能域中的功能要求是对应的;物理通用性把相似的部件按照结构、数量和功能进行归类。

(2)多样性

产品的多样性有功能多样性和技术多样性两种形式。功能多样性可以提供给客户更多的选择,而技术多样性是客户不可见的内部多样性,虽然技术多样性对消费者来说是看不见的,但是要获得产品的功能多样性,技术多样性是必不可少的。产品的功能多样性是从营销的角度来看的,与客户需求密切相关;而技术多样性是从工程的角度来看的,与制造的能力和成本密切相关。

(3)可制造性和装配性

产品族的可制造性是指产品族中已经进行模块化设计的系列产品可以在一条生产线上进行制造,而产品族的可装配性是指这些系列产品可以在一条生产线上进行装配。二者的不同就在于可制造性是针对非装配型产品而言的,而可装配性是针对装配型产品而言的。产品族共享通用零部件和模块,具有相同的产品结构,这使得在制造和装配时产品族中众多的产品共享一套生产工艺,这样可以缩短产品上市时间和降低产品的成本。

1.2.3 产品族与产品平台

产品平台是被开发出来形成一个公共结构的一组子系统和接口,从中可以有效地开发和产生一组派生产品。产品族是从产品平台上产生的,享有共同技术并说明相关市场应用的一组个体产品。开发产品平台的目的就是利用一组产品之间功能和物理结构的通用性和相似性,来降低产品内部多样性。在提供产品外部多样性的同时减少设计量,降低生产线的复杂性,从而达到大规模定制减少产品总成本和时间的目的。产品平台的优劣将直接影响设计的效率、成本和产品的质量,产品平台的构建是产品族设计的关键技术之一。

产品族设计采用基于通用平台的调节设计方式,将一些复杂的、生产费用高的零部件作为公共平台,通过少数变量的调节实现多样化产品。平台通用性的获取常以牺牲部分产品性能为代价,因此,合理地规划产品平台常量的共享,是保证产品族具有较高平台通用性和较好产品性能的基础[26]。

1.3 产品族设计研究进展

产品族设计作为实现大规模定制生产模式的一种有效方式已受到国内外学者的广泛关注,Jiao 等[27]从宏观的角度综合分析了产品开发设计的现状及进展,具体包括产品模块化设计、产品族设计和基于产品平台的产品开发设计等方面。Barajas 等[28]在进行产品族规划时充分考虑了产品设计中的不确定因素,在开发模糊计算辅助工具的基础上提出了一种综合的产品族规划方法,改善了整个产品族设计过程。Yao 等[29]为了降低产品族设计的成本,提出了一种在产品族设计的过程中增材制造产品平台的成本驱动产品族设计方法。Eichstetter 等[30]在分析具有高维非线性系统的产品族时,提出了一种基于产品族共性优化的公共部件识别方法,并利用蒙特卡罗抽样法对高维非线性系统进行了求解,得出了每个系统的解空间。吴永明等[31]通过分析产品族中产品零件的动态指标,计算产品模块零件的动态价值,针对产品族核心系统提出了一种动态的模块规划方法,以解决产品族设计中所存在的模块规划问题。王爱民等[32]通过建立产品开发阶段的产品关联矩阵,分析了产品零部件之间的紧密程度,并以此为聚类指标对产品零部件的类别相对隶属度进行了计算,为模块化产品族设计中模块和核心平台的确定问题提供了科学有效的解决方法。秦红斌等[33]在对企业现有的相似产品进行通用性和标准化分析的基础上,构建了公共产品平台,并利用基于图论的聚类分析方法对公共产品平台进行了合理规划,以满足大规模定制生产的要求。侯亮等[34]分析了产品的结构特点,探讨了广义的模块化产品族结构体系,在此基础上提出了基于传统模块和基于柔性模块的两种模块化产品族开发模式,并通过分析产品的相似特征构建了广义模块化产品族柔性模块矩阵。罗仕鉴等[35]提出了一种产品族基因设计方法,以消费者的偏好为驱动搭建了具有差异化风格的产品线方案,通过构建消费者偏好与产品族外形基因映射模型生成进化函数,进而针对不同的消费者偏好定制相应的产品族规划方案。

　　产品族设计是一个比较复杂的任务,因为涉及产品族共性与个性的协调以及系列产品间的关联问题,成功开发一个平台或配置一个产品族需要多个领域的信息,这也使得产品设计越来越复杂。同时,随着信息化和自动化技术的飞速发展,特别是传感器、数据采集装置和其他具备感知能力的智能设备在产品设计中的大量使用,产品族设计从自动化、数字化向智能化发展。产品设计中的数据呈现出典型的大数据 3V 特性,即规模性、多样性和高速性。而在大数据背景下,存在着利用大数据挖掘量化数据值之间的数理关系,以更容易、快捷、清楚地分析事物间的内在联系,为人们观察并分析事物提供新视角的可能。此外,在现代制造环境和动态客户需求背景下,产品不但需呈现出多样化的结构,而且应体现多功能性,同时,技术的进化和快速更新,要求产品朝着智能化方向发展,对技术的集成化要求也越来越高,因此产品族设计正趋向复杂化。

1.3.1　产品平台研究进展

　　基于产品平台的产品族规划是实现大规模定制规模经济、范围经济及经验经济效应的有效途径,是优化产品设计过程中的多样性的重要技术手段。自产品平台的概念提出以来,国际上相关的研究者围绕产品平台定义、规划策略及优化方法进行了大量的研究工作。Meyer 和 Lehnerd[36]定义产品平台为"一组共用的零部件或模块集合",而共享同一产品平台、具有不同的特征和性能、以满足一定范围内不同客户需求的一系列产品就是产品族。目前产品平台归纳起来主要有两种类型:模块化(可配置)产品平台和参数化(可调节或可伸缩)产品平台。前者主要用于面向概念层的配置设计,通过模块共享节省成本,适合产品结构功能复杂、客户个性化需求强烈的产品,强调快速响应客户需求,而难以指导功能或性能相同的产品设计;后者主要特点是所有成员都共享一个参数化表示,部分参数具有通用性,部分参数可在一定范围内调整,对不同的产品变体,可通过调节参数的不同取值来实现。它提供了一种较深层次的纵向的可定制性,但对于产品功能的横向配置缺乏考虑,主要应用于功能相同的产品,适合于系列化产品[37]。由于这种分类比较僵硬,不利于产品开发过程管理,因此许多研究者在此基础上又提出了多产品平台、柔性产品平台和可适应产品平台等概念。图1.2描述了当前研究较多的产品平台规划思路。

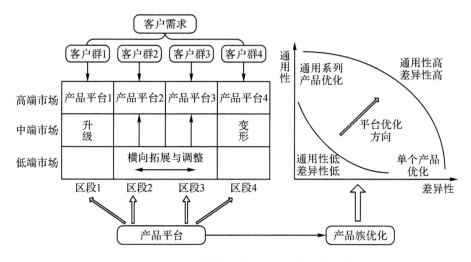

图 1.2　市场分割框架下产品平台的规划策略

（1）参数化产品平台

关于参数化产品平台(又称可调节或可伸缩平台)的第一个系统化的规划方法是 Simpson[38]提出的产品平台概念探索方法,该方法通过划分市场网格来确定合适的比例因子,由此扩展产品平台,完成产品平台和个性结构的参数化设计。Kumar 等[39]以产品族的市场定位为主要目标,使用嵌套对数选择规则来模拟顾客在含有竞争产品的细分市场中如何选择产品的行为,提出了一种称为市场驱动产品族设计的方法。Jung 等[40]通过综合代际品种指数、可编程式逻辑控制器及设计结构矩阵等多方面因素提出了一种产品族再设计方法。雒兴刚等[41]应用质量功能展开技术确定产品最优工程特性值,对每个工程特性进行敏感性分析,并根据所得的工程特性敏感性指标建立优化模型,求得最优的平台工程特性值和非平台工程特性值。肖人彬等[42]以公理设计理论为指导,在用户需求分析的基础上对产品进行了功能需求分析,在此基础上建立了设计结构矩阵并对其进行聚类,将聚类结果中能够体现产品族基本功能的模块定义为公用模块,同时,分析了产品设计参数之间及产品设计参数和产品功能要求之间的灵敏度,进而选出产品的公共平台参数。高飞等[43]基于优先数系提出了产品族型谱的两种规划模型,表达参数可调型产品系列以符合市场覆盖的心理预期。

参数化产品平台主要特点是所有成员都共享一个参数化表示,部分参数具有通用性,部分参数可在一定范围内调整,对不同的产品变体,可通过调节参数的不同取值来实现。它提供了一种较深层次的纵向的可定制性,但对于产品功能的横向配置缺乏考虑,主要应用于功能相同的产品,适合系列化产品。

(2) 模块化产品平台

关于模块化产品平台(又称可配置平台),许静等[44]为应对企业对资源重用的新需求,从重用的深度、广度及方式三个维度,对模块化产品平台中需求映射技术及匹配评价技术进行重用策略研究,提高技术对象的重用率。樊蓓蓓等[45]提出一种针对产品平台中基础模块通用性的评价方法,利用网络分析法和通用性指标评价对产品平台中零部件模块进行分析,并结合汽轮机实例验证该方法对产品平台通用性评价的有效性。魏巍等[46]将稳健性设计方法应用在模块化产品平台设计中,采用改进的人工免疫算法对模块划分中的多目标问题进行求解,降低最终模块对不可控客户需求的敏感度。Dahmus 等[47]在对用户需求进行分析的基础上探讨了产品功能的共性和差异性,通过建立产品族的功能结构图及模块性矩阵分析了模块的通用性,定义了一个可以识别"共通性"的"产品族模块性矩阵"。Jose 等[48]总结分析了产品族设计过程的模块化和平台规划方法。Fan 等[49]通过对零部件间的关联分析,将产品族模块划分为基本模块、必选模块和可选模块。Cheng 等[50]根据产品族零部件间的综合关联关系,提出了一种考虑任意两种模块间关联关系的模块划分方法,基于适应性功能要求分析,建立了具有适应性的模块化产品平台。

模块化产品平台主要用于面向概念层的配置设计,通过模块共享节省成本,适合产品结构功能复杂、客户个性化需求强烈的产品,强调快速响应客户需求,而难以指导功能或性能相同的产品设计。

(3) 多产品平台

单一的产品平台由于产品之间共享了较多的元素,导致变型产品在通用性增加的同时,难以体现各自的差异性。有研究者提出通过建立多个平台来解决,如 Dai 等[51]提出了基于敏感度分析和聚类分析的多平台可调节产品族优化设计方法,根据变量敏感性确定适宜的平台变量集合,并通过聚类分析规划平台变量的共享。Chen 等[52]针对多平台参数化产品族的规划,利用信息熵理论在聚类分析中划分可能的平台变量共享,应用优化算法确定平台变量与可调节变量的最佳取值。金茂竹等[53]考虑个体产品需求以及每种产品类型结构以寻求生产成本最小化为目标,提出产品族生产的多平台选择方法。王克喜等[54]提出了一种多平台产品族双层多目标并行协同优化算法,用于求解多平台下参数化产品族多目标优化问题。袁际军[55]提出以共性最大及平均性能损失最小的多平台可调节产品族多目标约束优化模型,应用改进型萤火虫算法来求解。多平台较单平台产品族的优势体现在变型产品和对应平台的匹配程度更高,基于多平台的产品族规划在不增加或较少增加企业生产成本的前提下,为企业提供满足特定市场需求的产品时将带来更大的柔性,但是平台的数量难以权衡,每个产品平台的建立和维护所需的巨大投资又是一大难题,况且也只针对参数化平台,不适用模块化产品平台。

(4)柔性产品平台

随着客户需求的多变,单一的调节方式已经不能满足复杂产品平台规划中模块替换和参数调节的集成需求,很难指导一些功能相同或相似、模块化程度较高且结构随设计参数灵活变更的产品设计[56]。即难以同时支持低层次的横向定制和深层次的纵向定制,不能较好体现大规模定制的生产哲理。主要在于核心平台的适应能力不足,从而导致动态需求响应迟缓,产品系列化和组件可重用度弱。

为更好地应对多变的市场需求,有研究者提出了柔性产品平台的概念。柔性产品平台是由公共和柔性元素(组件、模块或过程)组成的组织或系统,在不改变公共元素的情况下,通过添加或删除个性元素,并动态调节柔性元素的值,得到一系列产品变型和产品族。柔性产品平台集成了模块化产品平台和参数化产品平台的优点,在产品平台规划之初就考虑到企业产品未来发展的一些不确定性因素,并把这些因素加入产品平台的规划。如 Zhang 等[57]分析了基于产品概念柔性和原型柔性的平台创新原理;Briere-cote

等[58]建立了适应性类产品结构,以表达面向订单设计产品的重用结构。史康云等[59]对与客户需求相关的未知的不确定性进行分析,找出与之相关的主要设计参数并将其向物理结构映射,确立产品的核心柔性结构,提取公共元素和柔性元素,建立柔性的产品平台。Li 等[60]提出了基于联合分析和定量指数的柔性产品平台多目标规划方法,采用质量功能配置获得产品属性和内部组件的关联矩阵,建立定量的平台通用性指数和多样化指数,使用多目标进化算法进行求解。柔性产品平台克服了单一平台的缺点,但产品平台的适应能力依然不足,在规划过程中客户需求分析和平台联系较弱。

(5)可适应产品平台

企业开发产品族,一般会较大程度地重用已有产品的设计信息,往往只需对一部分设计进行更新,保持产品设计原理不变,通过对已有产品的功能、性能和结构的继承与演化来满足多样化的客户需求。根据统计,70%左右产品的设计需求是在已有产品的基础上进行改进与变型,适合采用具有可适应性的产品平台规划方法。可适应设计是针对产品的更新换代加快,产品的个性化需求加强,通过产品的可适应性重构来满足客户的多样化需求,充分重用企业已有的设计、制造、管理资源,通过对已存产品的部分功能、原理、结构的变异来开发满足要求的新产品[61]。陈永亮等[62]基于相似度分析、聚类分析和变量化分析技术,提出了一种面向可适应性的参数化产品平台规划方法。Zhang 等[63]提出了可适应设计方法,考虑了在产品生产过程中客户需求和设计参数的变化。Levandowski 等[64]提出了一种基于适应性平台配置设计的两阶段模型,将参数柔性调节融入模块配置中,实现客户动态需求的适应性。程贤福[65]提出了面向可适应性的稳健性产品平台规划方法,在产品平台规划初期就开始考虑产品的稳健性和适应性,以避免后期出现大的返工。

综上所述,单一的参数化产品平台和模块化产品平台是产品族设计的基础,多产品平台是单一平台的简单组合与扩展。柔性产品平台集成了模块化产品平台和参数化产品平台的优点,考虑了参数或模块的调节能力。可适应产品平台通过产品的可适应性重构来满足客户的多样化需求,增加客户对产品的期望度,同时原有的设计和生产过程知识将得到重新利用,缩短新产品的上市时间。产品平台分类及关系如图 1.3 所示。

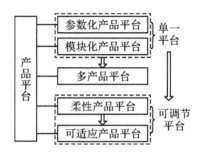

图 1.3　产品平台分类及关系

1.3.2　产品族优化设计

产品族体系需要不断完善有限资源下产品系统的配置,许多研究者将各类优化技术用于产品族设计中。产品族优化是指把所设计的产品用一组设计参数进行描述,并且对各设计参数在其取值范围约束内,以及在质量、成本等各个性能目标之间进行权衡,确定所有产品的设计参数最优值,得到产品族中各产品的最优设计方案。

目前对产品族优化的研究大多是应用单阶段或两阶段优化等方法对产品族进行优化,如 Li 等[66]将产品族架构归结为一个多目标优化问题,以性能指标和通用性程度为目标,提出了一种评价产品、模块、参数的多层通用性方法;Chowdhury 等[67]提出了一个综合性产品族设计框架(CP3),融合了模块型和参数型的产品族设计,可同时识别平台变量和决策取值。汤天殷[68]为了对产品族中各个产品进行定位分析,建立了参数化产品族定位的两目标优化模型,并设计了一套混合遗传算法,利用多目标遗传算法与基于先验知识的双基因爬山算法相结合来求得最优解。王克喜等[69]考虑到参数化产品族优化问题的复杂性,提出了单平台下参数化产品族的两阶段优化设计方法,并利用遗传算法来进行求解。李中凯等[70]基于多平台产品族设计空间的二维染色体表达方式,提出了混合协同进化的产品族优化设计方法,利用第二代非支配排序遗传算法与粒子群算法通过一次运算求得平台通用性等级与性能指标的 Pareto 前沿。魏巍等[71]提出基于混合进化的参数化产品族递进式优化设计方法,采用递进式的两阶段优化设计策略对产品平台通用性与产品实例进行权衡优化。这些优化方法把处于不同层次的问题放到同一层次中来处理,但是不同层级的问题是有其相对独立性的,其目标、约束和变量并不完全一样,在同一层级进行权衡不够合理,不能充分体现不同层级之间的交互作用。

除了用单阶段与两阶段优化等方法对产品族进行优化设计,一些研究者发现在对产品族进行优化时不同层次的设计参数对产品属性的影响程度不一样,故在产品族优化设计时考虑平台参数和定制参数的主从关系,其上下层的目标、约束和变量并不完全相同,分级对不同参数进行权衡就显得尤为重要[72]。在求解双层规划问题时由于该问题一直是 NP-hard(Non-derterministic Polynomial,NP 非确定性多项式。NP-hard,指所有 NP 问题都能在多项式时间复杂度内归遇到的问题)问题,许多研究者都对算法进行了相应的改进。如 Krimpenis 等[73]针对工件加工时工艺参数的设置问题,提出了以切削参数为上层,切削厚度为下层的双层规划模型。Wang 等[74]提出了一种多平台产品族双层多目标并行协同优化算法,用于优化多平台下参数化产品族多目标优化问题。产品族主从模型的主者一般是面向产品族层级的,从者是面向族内变型产品的。Ji 等[75]提出以技术系统模块分类为主,材料再利用模块分类为辅的主从模型来设计考虑材料使用效率的绿色模块设计方法。李砚等[76]在不确定的产品族架构设计环境下,设计了一种混合遗传算法对一主多从的鲁棒双层规划模型进行求解。王丹萍等[77]基于 Stackelberg 主从对策的理论,建立了产品族配置与工艺配置的双层优化模型,设计了一种层次遗传算法进行求解。虽然已有一些关于产品族主从优化的研究,但其平台参数在优化过程中缺乏柔性,不能适应客户需求变化。因此,有必要在产品族设计层次关联优化中考虑平台的适应能力,减少产品族设计的耦合。Cheng 等[78]对参数化产品族优化时考虑到平台参数和定制参数的主从和关联特点,建立了双层规划模型,在求解时利用多项式响应面法,把双层模型转换成单层模型,然后利用遗传算法进行求解。

产品族设计问题实质上是一个平台参数与定制参数的层次关联优化问题,而其中的平台参数一般具有公共核心的作用,与定制参数相比处于主导地位,从而形成了以平台参数为上层、定制参数为下层的层次关联结构。上层进行平台参数的决策;下层是面向产品族中变型产品的,用于定制参数的优化决策。图 1.4 所示为产品族双层规划模型图[79]。上层优化问题和下层优化问题都有各自的决策目标和约束条件,其优化目标是产品族的整体利益,如成本效益和技术性能等,其约束条件一般也包括效益约束和性能约束等。上层具有优先决策的权力,下层要在上层策略制约的条件下决定自己的策略。万丽云等[80]考虑到产品族设计中产品平台的可适应性,将产品模块分为公共模块、可适应性模块和定制模块。将可适应性模块 D_p 分为两类:一类是自身变动范围较小且对系统目标有较大影响的,记为 D_{p1};另一类是自身变动范围较大或对系统目标影响较小的,记为 D_{p2}。构建以公共模块 D_c 和适应性模块 D_{p1} 为上层,定制模块 D_r 和适应性模块 D_{p2} 为下层的层次关联优化模型。利用基于遗传算法的混合算法来求解层次关联优化模型。

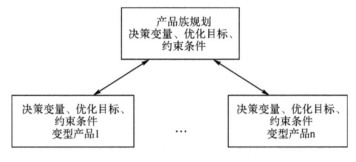

图 1.4　产品族双层规划模型

1.3.3　产品族耦合设计

设计学将复杂工程系统设计中所存在的复杂性问题称为耦合,其具体体现为设计变量基数大且设计变量之间存在着复杂的联系。产品设计中的耦合将会引起大量的迭代,严重影响产品的设计求解,进而延长产品的生产周期,增加产品的生产成本,造成经济损失,因此,在产品设计的过程中应尽量避免耦合的出现。公理设计理论的核心独立公理也指出:在进行产品设计时,只有得到无耦合设计或者准耦合设计,才能使产品具有同时满足多个功能要求的能力,这一准则成为设计者判断其设计是否成功的基本依据,但是独立公理并没有为设计者提供分析和解决耦合问题的方法。在实际的产品设计过程中,由于设计对象复杂、设计技术不成熟或是设计成本不足等其他原因,往往很难得到无耦合设计或者准耦合设计,这也是工程界及工业界困扰已久的一大难题。

产品设计过程的耦合问题已引起国内外研究者的关注,如 Su 等[81]为确定产品各个耦合功能的最佳实现顺序,提出了一种基于层次分析法的功能耦合程度量化算法;Kang[82]通过分析比较产品设计过程中出现的耦合问题与发明问题解决理论(拉丁文 Teriya Resheniya Izobreatatelskikh Zadatch 的词头缩写 TRIZ)中的耦合问题,提出了一种基于 TRIZ 逻辑系统的解耦策略;Johnnesson 等[83,84]认为公理设计理论只能对耦合设计进行定性的描述,提出了一种解决结构设计中所存在的功能耦合问题的方法;曹鹏彬等[85]等为解决复杂产品的设计耦合问题,提出了一种结构化的耦合设计分析法;库琼[86]利用免疫计算中的 ICRA(Immune Clustering Recognintion Algorithm)算法对设计矩阵进行功能耦合关系聚类识别,提出了一种基于免疫计算的产品耦合功能规划方法。陈羽等[87]讨论了耦合的概念及其描述方法,阐述了目前常用的耦合处理方法及其在产品设计中的应用,总结了直接关联和间接关联的研究进展及其存在的问题。目前关于耦合设计的大多数研究是针对单一产品设计中所存在的耦合问题进行的,主要是从微观层面来分析单一产品中各模块或各设计参数的属性,进而确定迭代顺序,以达到提高产品设计效率、降低产品设计难度的目的。

与单一产品设计相比较,产品族设计耦合问题更为复杂,因为产品族设计是针对一族或一系列的产品进行的,主要是从产品的工作原理、功能结构及参数规格等方面对产品进行可适应性设计以满足不同的客户需求,增强产品的市场竞争力。产品族设计不仅具有单一产品设计的特征,在进行产品族设计时还要考虑产品族中多产品或系列产品的设计协调问题及产品族中各个模块之间的耦合关联问题。此外,产品族中不仅各模块间可能存在耦合关联关系,平台模块与定制模块往往也存在主从关联关系。根据产品族设计的特点,平台模块不能依赖于定制模块,且定制模块不能影响产品族的基本功能要求,这也增加了产品族的设计难度。目前针对产品族设计耦合问题的研究较少,顾复等[88]针对产品设计参数之间的关联,通过不同的内聚和耦合将同属于一个产品族的所有参数连接成一个参数耦合网络模型,为参数的选择更改提供所需要的导航与支持。Ullah 等[89]基于设计参数间的变更影响和传播可能性,分析了产品族设计变更传播风险,探讨了传播路径,但未分析零部件的变更传播如何影响关联模块。程贤福[65]提出了面向可适应性的稳健性产品平台规划方法,在平台规划初期就开始考虑产品设计的适应性与稳健性,将灰色系统理论应用到产品平台的稳健设计中,合理识别平台参数和变型参数,以避免后期出现大的返工。程贤福等[90]针对产品族设计耦合问题,分析比较其与单一产品设计耦合的异同之处,从模块内部的耦合和模块之间的耦合两个方面,探讨其关联特性,提出了一种基于公理设计和模块关联矩阵的耦合分析方法,如图 1.5 所示。

产品族设计耦合分析要兼顾策略层面和操作层面。基于平台策略层面的角度,重点考虑市场分割框架下客户需求的响应、设计参数的映射、模块聚类、模块关联矩阵的建立及平台的适应性规划;基于平台操作层面的角度,探讨产品族关联特性和耦合类型,分析耦合关联路径和模块关联影响度,考虑平台的适应性,确定模块的实现顺序。从而提升产品族设计的适应性,减弱设计的耦合度。

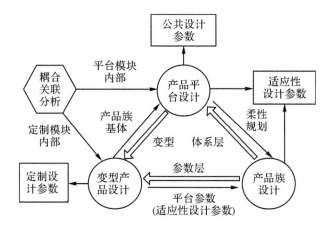

图 1.5 产品族设计的耦合关联分析模型

1.3.4 产品族演化与评价

随着技术、市场及资源等发展变化,作为大规模定制企业创新战略、核心技术以及组织管理的集中体现的产品平台/产品族需要根据企业内外部环境特征的变化而不断演进、优化和升级,以使企业能够持续葆有和不断提升产品创新能力。产品族动态演进是动态有序变化的复杂过程,是企业获得持续竞争优势的关键[91,92]。及时准确地掌握产品族运行状况,确定制约产品族整体绩效的瓶颈问题,可为产品族进一步演进提供设计和管理等方面的依据。因此,产品族状态评估已成为企业产品族实施过程管理以及产品平台升级和转型战略顺利实施的关键任务之一。

　　由于产品族设计过程是一个复杂的、不完全确定的、创造性的设计推理过程,它表现为一连串的问题求解活动。在这些活动中,一个非常关键的环节是产品族设计质量和效果的评价与决策,其中公共产品平台及其派生族成员产品的评价与选优是其核心内容。实际上,企业连续实施平台战略的过程是动态发展的,从而使得所派生的产品族不断进化,以更好地满足大规模定制的客户需求。通常平台的动态发展要经历初始平台体系结构的选择、平台的扩展与升级、平台更新三个主要阶段。开发、拓展和更新平台使得产品族不断进化,可以使企业不断渗透并满足不同细分市场的需求,扩大企业已有市场空间,进而开拓新的市场空间。平台动态更新与产品族演化过程如图 1.6 所示。

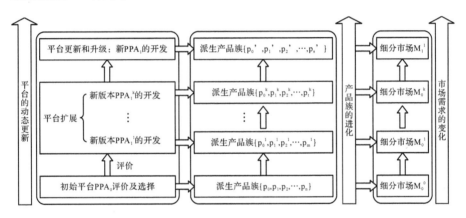

图 1.6　平台动态更新与产品族演化

　　目前,国内外学者对产品族/产品平台评价研究主要集中于绩效、通用性和设计方案等方面。

　　①在产品族绩效评价方面,Schuh 等[93]从产品规划、产品结构、财务、供应链以及生产五个方面构建了模块化产品平台绩效衡量模型;秦红斌等[94]从技术性和经济性两个方面建立平台综合评价体系并研究基于 AHP 和加权灰色关联度的平台决策;丁振华[95]采用平衡计分卡绩效评价方法对产品平台绩效进行综合性战略评价。

　　② 在产品族通用性评价方面,Alizon[96]综合考虑通用性、模块化和成本

等因素,运用设计结构矩阵流、价值分析和通用性/多样性指标(CDI)等工具评价产品族通用性;Thevenot 等[97]提出基于成本的方法来评价产品平台通用程度;Ye 等[98]针对产品族中通用性与多样性之间的矛盾问题,提出产品族评价图方法,通过量化通用性与多样性之间的平衡关系帮助设计者评价企业现有产品族;韦俊民[99]通过建立统一的产品族零件表达模型,构建评价产品族零件相似性的流程。

③ 在产品族设计方案评价方面,Fixson 等[100]通过成本分析方法进行产品族中产品结构选择决策;Zha 等[101]提出基于知识决策方法的产品族设计方案评价决策;但斌[102]提出基于功能定制度的产品族设计方案评价和选择方法;但斌等[103]从产品平台的市场绩效、扩展成本和升展周期三个方面对产品平台的扩展方案进行评价并做出决策;单汩源等[104]提出采用多维物元模型对产品族设计方案评价的方法;Liu 等[105]通过专家知识获得与客户需求的关联度,利用 ANP 和目标规划方法对产品平台方案进行决策。然而,对于企业实施产品族过程管理及其运行状态的评价问题研究比较缺乏。从企业最追求效益角度而言,对产品族/产品平台的评价大多是静态的,没有考虑技术、市场需求等因素对企业工程设计、生产能力和组织管理等方面的影响,因此难以帮助企业管理者在产品族动态演进过程中锁定瓶颈问题并确定演进、创新方向。王浩伦等[106]从企业的工程设计、市场需求—经济、生产能力和运营管理四个方面构建了产品族状态评价指标体系,提出了基于模糊软集和证据理论的产品族状态评价方法。

1.4 数据驱动的产品族设计

由于数据技术获取以及挖掘手段的限制,传统产品族设计往往基于专家主管经验或者少量企业内部数据进行开展,这种方式既无法全面了解市场,也无法精准捕捉个性化需求。随着现代信息技术的发展,大数据(Big Data)技术得到广泛引用,正在迅速融合到产品设计过程中,这一进程也包括产品族设计,成为数据驱动的产品族设计的新的前沿方向。本节以肖人彬的研究工作[107,108]为基础,论述数据驱动的产品族设计。

1.4.1　数据驱动产品族设计的模式

产品族设计不仅需要满足创新性,还需要考虑通用性和成本因素,是多目标优化过程。为此构建数据驱动模式,将数据融合到设计过程的不同阶段,提高设计效率,如图 1.7 所示。

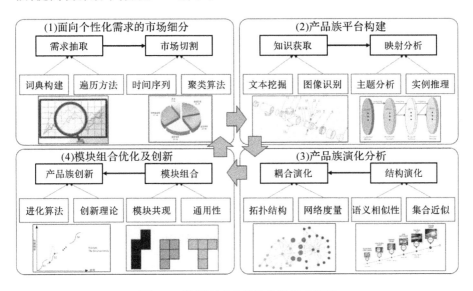

图 1.7　数据驱动产品族设计模式框架

第一阶段是面向个性化需求的市场细分。

个性化市场需求是开展产品族设计的主要原因,但是市场分析存在一定难度:首先,市场需求是稀疏且抽象的,无法直接转化为设计需求;其次,市场需求是动态的,如何对其进行准确预测是产品族设计的重要研究内容;最后,市场需求是模糊的,不同需求之间并没有显著的边界,需要进行准确细分。

在获取数据的基础上,借助文本、图像以及语音识别数据分析技术,结合词典构建以及遍历的方法从市场数据中抽取设计需求。针对动态市场,通过时间序列算法针对发展趋势进行预测。同时利用降维技术对数据进行处理,结合聚类算法对不同需求进行切割,实现市场细分。

第二阶段是产品族平台构建。

产品族平台是在获取功能元素的基础上,通过融合结构及其特征元素构建的。相比较结构或者特征知识，功能更加抽象，在很多数据中并不直接体现出来。同时，由于数据驱动是自下而上开展的，因此针对表征知识通过进一步归纳总结获取更加抽象的知识。

针对文本信息，利用文本挖掘提取数据中的结构实体知识。对于图像信息，利用图像识别算法获取实体标签。在此基础上，结合依存关系对实体进行合并，根据功能与结构一对多映射关系，结合主题分析算法以及实例推理算法，对结构集合进行总结，并获取功能知识。

第三阶段是产品族演化分析。

由于企业不同阶段产品的元件之间存在继承和发展关系，通过研究产品相似程度为产品族演化分析提供参考。元件演化主要集中在结构、属性及其特征参数等对象上，同时结构之间的耦合关系也会发生改变，需要综合两方面因素进行变异情况的分析，并建立多目标演化模型。

在不同实体依存关系的基础上，构建复杂网络模型。一方面借助语义相似性以及集合近似理论对不同阶段结构特征相似性进行分析，另一方面利用拓扑结构演化算法以及网络度量技术对结构的耦合特征进行分析，综合两方面因素，再次利用时间序列算法对结构的演化进行建模，最终对产品族演化进行预测。

第四阶段是模块组合优化及创新。

产品族设计方法通过模块组合配置实现方案设计。产品族设计一方面需要通用性保证低成本，另一方面需要创新性提高产品市场竞争力。

为此采取分阶段解决不同问题的办法。首先借助模块数据，针对多功能需求开展模块共现概率最大化研究，进而形成通用化程度高、成本低的最优方案组合。其次利用网络特性，通过进化算法、创新理论分别对核心模块及其耦合关系进行改进，实现方案的创新。

1.4.2 大数据驱动产品族若干关键技术

（1）基于数据挖掘的元素信息获取

产品平台内部包含功能、结构、性能、耦合关系等元素。如何从表层数据中提取这些元素知识是实现数据驱动产品族设计的基础，获取流程框架如图1.8所示。

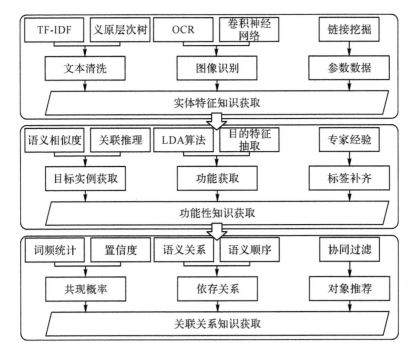

图 1.8 基于数据挖掘的元素信息获取流程

实体包括结构、属性等具有具体物理特征的产品设计对象。这些对象往往通过具有特定含义的关键词、图像以及参数等数据表达,具有多源异构的特点。同时,信息载体的数据量较大,存在维度高、噪声多、过于稀疏的特点。为此,根据不同数据结构的特点,分别采取相应的挖掘手段。首先针对关键词文本特征,通过词频-逆文档词频统计算法分析现有关键词,利用 TF-IDF 以及义原层次树算法对关键词进行文本清洗,并结合专业词典对关键词进行结构分类。其次利用 OCR 技术挖掘图像中的颜色、形状等知识,并利用卷积神经网络算法实现图像识别。对于参数数据,通过链接挖掘相关的描述信息,并结合前面两种方法获取特征知识。

现有关于产品设计的数据中,一般较少包含功能知识。虽然部分网络数据会出现部分功能介绍,但是主要是产品的总体功能,较少涉及元件的功能,需要进一步挖掘深层知识。首先,采取实例推理的方法,借助语义相似度查找与目标结构相似的实例,通过实例映射的功能进行关联推理。其次,借助隐含狄利克雷主题分布算法分析方法对诸多结构进行归纳总结,并抽取具有目的特征的主题词作为功能关键词。最后,借助行业专家经验对少部分新结构以及机器未能识别的结构进行功能补齐,解决关联数据缺失导致计算机无法识别的问题。

功能与结构之间的映射关系,结构与结构之间的耦合关系都属于关联关系,是开展产品创新设计以及组合设计的关键。目前关联关系往往通过共现概率、依存关系以及对象推荐三个方面获取。共现概率主要基于词频统计方法,结合置信度计算不同变量同产品共现或者同功能共现频率获取不同变量之间的关联情况。依存关系主要是基于语义关系开展研究,根据语义顺序开展不同词汇的关联研究,并通过谓语对主语与宾语关联关系进行描述。对象推荐是对那些没有直接关联关系或者缺乏关联对象的实体,利用协同过滤算法间接获取关联对象。

（2）基于时间序列的平台演化预测

针对产品平台演化特性,结合时间序列分别对功能、产品两个方面的动态变化进行分析及预测,流程框架如图 1.9 所示。

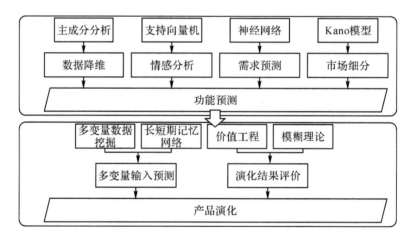

图 1.9　基于时间序列的平台演化预测流程

针对市场需求存在维度高、动态变化以及边界模糊的特点,首先利用主成分分析算法获取与市场需求相关的主要因素,以实现数据降维,并结合支持向量机对需求与情感的关联性进行分析,在此基础上构建基于神经网络的市场需求预测模型,结合 Kano 模型,从基本型、期望型和兴奋型三个方面对不同市场需求进行分类,为市场细分以及产品设计提供更加具体、明确的目标。

产品预测是企业抢先占领市场以及主动迎合客户需求的重要的手段。对此,从性能和结构两个维度对产品演化进行分析。一方面,针对现有不同阶段的产品,通过对其中的形状、颜色、材料、工艺、特征等多变量数据挖掘,利用长短期记忆网络算法实现多变量输入预测;另一方面,从通用性及性能角度出发,结合价值工程以及模糊理论对不同产品结构的演化结果进行评价,进而获取最优方案实例信息。

(3)基于网络的知识建模

信息的组织及管理模型是有效开展产品设计过程的重要手段,由于网络不仅可以有效表达不同元件之间的关联关系,同时可以支持功能、结构、性能等不同类型知识的存储以及重用,因此选择网络开展面向产品族设计的知识建模,研究流程框架如图 1.10 所示。

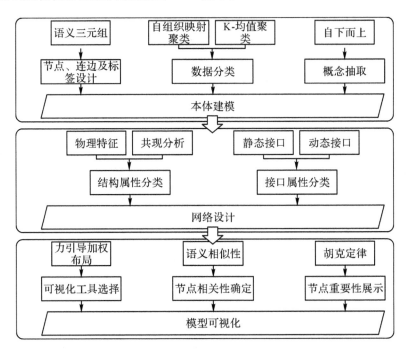

图 1.10　基于网络的知识建模流程

通过依存关系构建主谓宾语义三元组,同时根据文本词性标签,分别从语义三元组中自动抽取结构主语及宾语为网络节点,并以同组关系和谓语为网络连边及标签,再结合 SAO 主谓顺序,在语义相似度计算的基础上引入自组织映射聚类、K-均值聚类等算法对数据进行分类,采取自下而上方法获取从不同层次概念以及概念之间的关系、归属,进而开展知识网络本体建模。

网络构建是基于节点单元以及连边关系获取的基础上开展的。首先针对网络节点,根据应用实例的特点,分别从形状、颜色、材料、数量、工艺、性能等元件物理特征进行属性分类,结合现有数据库中部分属性关键词,并通过三元关系组内共现情况开展关联分析,进而间接获取结构属性。其次在节点描述的基础上,根据固定、拆卸、位移、布局、流传动、静态、动态等接口类型对连边进行属性定义与分类。最后将两个方面的信息融合到有向标签网络中。

为了提高产品设计过程的交互性,以便设计人员能够即时监督驱动过程的每个状态。针对对称性原则、正交性原则、最小角最大化原则、边交叉数量最小原则以及直线边原则等布局要求,引入力引导加权布局算法作为专利文档知识网络可视化工具,借助语义相似性算法确定不同节点相关性,并结合胡克定律将节点重要性转化为网络平面位置进行展示。

(4) 模块配置与创新

产品族创新设计最终目的是同时满足模块通用性以及创新性:一方面可以提高元件模块共享程度,能够降低产品成本;另一方面可以提高市场竞争力,同时避开法律风险。模块配置与创新流程框架如图 1.11 所示。

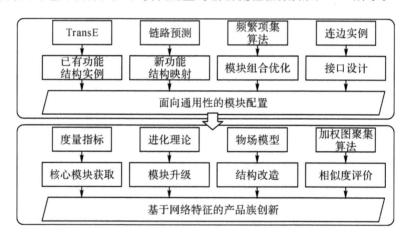

图 1.11 模块配置与创新流程

产品设计往往需要同时满足多个功能需求,而功能需求也需要多个结构方案,进而形成一个结构集合,如何获取最优结构以及方案组合是数据驱动产品族设计的重要内容。首先针对已有功能需求,结合 TransE 知识推理算法获取对应的结构实例,而对于部分新功能需求,引入链路预测,获取相似功能所对应的结构方案,实现功能与结构的映射。其次为了满足通用性要求,利用频繁项集算法对图谱中全部模块组合进行优化,并以置信度作为评判标准,选择置信度较高的方案组合作为最优方案。最后结合知识网络中连边实例信息,对模块接口进行设计。

数据驱动产品族设计仅仅依靠模块简单组合不仅创新性不够,而且容易导致侵权风险。因此,首先针对产品平台网络知识模型,联合度中心性、介中心性、接近中心性等度量指标获取核心模块。其次在已有方案实例的基础上,一方面结合模块演化趋势,引入 TRIZ 进化理论,对模块进行升级;另一方面在拓扑结构演化分析的基础上,利用物场模型从网络结构角度对方案进行改造。最后借助融合网络节点属性与结构相似性的加权图聚集算法评价方案与已有专利相似度,避免专利侵权。

1.5 本书的篇章结构

本书全面讲述产品族设计原理与方法,全书包括 9 章内容,分为基础篇(第 1—3 章)、主体篇(第 4—8 章)、展望篇(第 9 章)三个部分,各章之间的逻辑联系如图 1.12 所示,其中第 2—9 章的内容均以作者的研究工作为基础完成,体现了本书的理论创新和应用价值。

作为绪论的第 1 章描述了全书的概貌,主要介绍了大规模定制的含义及产品族设计相关概念,分析了产品族设计研究进展与发展方向。第 2 章阐述了产品族设计相关支撑技术,探讨了产品族体系结构,提出了产品族设计研究框架。第 3 章分析了公共产品平台的基本特征及其开发方式,给出了公共产品平台体系结构开发框架,探讨了平台规划中所采用的相关技术,研究了平台通用化问题。上述 3 章构成了本书的基础篇。

本书的主体内容是第 4—8 章。第 4 章分析了产品族设计过程的客户需求特性及功能需求映射,提出了面向适应性的功能需求建模方法。第 5 章基于公理设计理论分析产品族设计过程,构建设计关联矩阵,分析产品差异度和设计参数之间的敏感性,利用可拓聚类算法规划产品平台中的共享策略。第 6 章引入可适应设计概念,定义适应性平台,分析了产品平台结构及变型方式,论述了面向可适应性的产品平台规划方法。第 7 章分析了稳健设计与可适应设计在提升产品适应外部环境变化的能力、考虑设计变更及以低成本获得高质量产品方面的一致性,建立了产品平台的功能要求和设计参数矩阵,提出了面向可适应性的稳健性产品平台规划方法。第 8 章开展了产品族设计平台实例研究,概述了平台开发技术的特点,分析了桥式起重机设计的可适应性,论述了平台开发过程中可适应性的实现,开发了桥式起重机可适应设计平台。

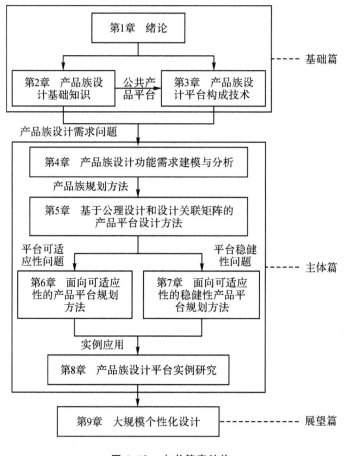

图 1.12 本书篇章结构

产品族设计本质上是面向大规模定制化的设计,第 9 章进一步提出了大规模个性化设计。作为大规模定制化设计的延伸和发展,大规模个性化设计乃是今后研究与应用的重要方向,必将引领未来的发展,由此形成了本书的展望篇。

参考文献

[1] 祁国宁,顾新建,谭建荣,等. 大批量定制技术及其应用[M]. 北京:机械工业出版社,2003.

[2] 但斌,经有国. 大规模定制下客户需求识别与产品智能配置[M]. 北京:科学出版社,2014.

[3] 阿尔温·托夫勒. 未来的冲击[M]. 北京:新华出版社,1996.

[4] DAVIS S. From future perfect:Mass customizing [J]. Planning Review, 1989, 17(2):16-21.

[5] PINE B J. Mass customization:The new frontier in business competition[J]. The Academy of Management Review, 1994, 19(3):588-592.

[6] ANDERSON D M. Agile Product Development for Mass Customization [M]. Chicago:Irwin Professional Publishing, 1997.

[7] SILVEIRA G D, BORENSTEIN D, FLÁVIO S F. Mass customization:literature review and research directions [J]. International Journal of Production Economics, 2001, 72(1):1-13.

[8] 秦红斌. 基于公共产品平台的产品族设计技术研究[D]. 武汉:华中科技大学,2006.

[9] 大卫·安德森,约瑟夫·派恩. 21世纪企业竞争前沿:大规模定制模式下的敏捷产品开发[M]. 北京:机械工业出版社,2000.

[10] 李随成,梁工谦,刘晨光. 客户化大生产运作基础理论[M]. 北京:科学出版社,2003.

[11] PINE B J. Mass customization:The new frontier in business competition[J]. The Academy of Management Review, 1994, 19(3):588-592.

[12] SANDERSON S, UZUMERI M. Managing product families:The

case of the Sony Walkman[J]. Research Policy, 1995, 24 (5):
761-782.

[13] FREDRIKSSON P. Modular assembly in the car industry-an analysis
of organizational forms' influence on performance [J]. European
Journal of Purchasing & Supply Management, 2002, 8(4): 221-233.

[14] ALASTAIR R. Mass Customization: The Dirty Reality [J].
Manufacturing Engineer, 1998, 77(2): 79-80.

[15] 张盛财. 大规模定制背景下龙门起重机可适应设计平台构建[D]. 南
昌: 华东交通大学, 2016.

[16] 高东山. 面向可适应性的参数化产品族优化设计[D]. 南昌: 华东交通
大学, 2018.

[17] JIAO J, SIMPSONT W, SIDDIQUE Z. Product family design and
platform-based product development [J]. Journal of Intelligent
Manufacturing, 2007, 18(1): 5-29.

[18] 王志亮, 马银忠, 耿烽. 培育竞争优势的产品族规划理论与方法研究
[J]. 中国机械工程, 2010, 21(21): 2589-2594.

[19] ANTONIO K W L, RICHARD C M Y, TANG E. The impacts of
product modularity on competitive capabilities and performance: an
empirical study[J]. International Journal of Production Economics,
2007, 105(1): 1-20.

[20] ULRICH K. The role of product architecture in the manufacturing
firm[J]. Research Policy, 1995, 24(3): 419-440.

[21] SALVADOR F, FORZA C, RUNGTRSANATHAM M. How to
mass customize: product architectures, sourcing configurations[J].
Business Horizons, 2002, 45(4): 61-69.

[22] TSENG M M, DU X H. Design by customers for mass customization
production[J]. Annals of the CIRP, 1998, 47(1): 103-106.

[23] 支华炜, 杜纲. 产品族架构研究综述[J]. 计算机集成制造系统, 2014,
20(2): 225-241.

[24] 王克喜, 陈为民, 全春光, 等. 基于产品平台的参数化产品族设计方法

研究综述[J]. 湖南科技大学学报(社会科学版),2011,14(5):64-68.

[25] 但斌,经有国. 大规模定制下客户需求识别与产品智能配置研究[M]. 北京:科学出版社,2014.

[26] 李中凯. 产品平台设计与产品族开发[M]. 徐州:中国矿业大学出版社,2013.

[27] JIAO J, SIMPSON T W, SIDDIQUE Z. Product family design and platform-based product development: a state-of-the-art review [J]. Journal of Intelligent Manufacturing, 2007, 18(1):5-29.

[28] BAJARAS M, AGARD B. A methodology to form families of products by applying fuzzy logic [J]. International Journal on Interactive Design and Manufacturing, 2015, 9(4):253-267.

[29] YAO X, MOON S K, BI G. A cost-driven design methodology for additive manufactured variable platforms in product families [J]. Journal of Mechanical Design, 2016, 138(4):1-12.

[30] EICHSTETTER M, MULLER S, ZIMMERMANN M. Product family design with solution spaces[J]. Journal of Mechanical Design, 2015, 137(12):1-9.

[31] 吴永明,侯亮,赖荣燊. 一种面向产品族设计的模块动态规划方法[J]. 计算机集成制造系统, 2013, 19(7):1456-1462.

[32] 王爱民,孟明辰,黄靖远. 聚类分析法在产品族设计中的应用研究[J].计算机辅助设计与图形学学报, 2003, 15(3):343-347.

[33] 秦红斌,肖人彬,陈义保,等. 面向公共产品平台通用化的聚类分析方法研究[J]. 计算机辅助设计与图形学学报, 2004, 16(4):518-522.

[34] 侯亮,徐燕申,李森,等. 基于模板模块的机械产品广义模块化设计模块编码系统[J]. 机械设计, 2002, 19(1):8-10.

[35] 罗仕鉴,李文杰,傅业焘. 消费者偏好驱动的 SUV 产品族侧面外形基因设计[J]. 机械工程学报, 2016, 52(2):173-181.

[36] MEYER M H, LEHNERD A P. The power of product platforms-building value and cost leadership [M]. New York: The Free Press,1997.

[37] 程贤福. 面向可适应性的产品平台设计参数规划方法[J]. 工程设计学报, 2014, 21(2): 140-146.

[38] SIMPSON T W. A concept exploration method for product family design[D]. Georgia: Georgia Institute of Technology, 1998.

[39] KUMAR D, CHEN W, SIMPSON T W. A market-driven approach to the design of platform-based product families[J]. International Journal of Production Research, 2009, 47(1): 71-104.

[40] JUNG S, SIMPSON T W. An integrated approach to product family redesign using commonality and variety metrics[J]. Research in Engineering Design, 2016, 27(4): 391-412.

[41] 雒兴刚, 王福斌, KWONG C K. 可伸缩产品平台优化设计的质量功能展开方法[J]. 机械工程学报, 2011, 47(12): 175-184.

[42] 肖人彬, 程贤福, 陈诚, 等. 基于公理设计和设计关联矩阵的产品平台设计新方法[J]. 机械工程学报. 2012, 48(11): 93-103.

[43] 高飞, 梅凯城, 张元鸣, 等. 基于优先数系的产品族型谱规划模型[J]. 计算机集成制造系统, 2015, 21(3): 571-575.

[44] 许静, 纪杨建, 祁国宁, 等. 基于模块化产品平台的技术对象重用建模技术研究[J]. 中国机械工程, 2012, 23(14): 1681-1687,1692.

[45] 樊蓓蓓, 祁国宁, 俞涛. 基于网络分析法的模块化产品平台中零部件模块通用性分析[J]. 计算机集成制造系统, 2013, 19(5): 918-925.

[46] 魏巍, 梁赫, 许少鹏. 基于人工免疫改进算法的稳健产品平台模块划分[J]. 计算机集成制造系统, 2015, 21(4): 885-893.

[47] DAHMUS J B, GONZALEZ-ZUGASTI J P, OTTO K N. Modular product architecture[J]. Design Studies, 2001, 22(5): 409-424.

[48] JOSE A, TOLLENAERE M. Modular and platform methods for product family design: literature analysis[J]. Journal of Intelligent Manufacturing, 2005, 16(3): 371-390.

[49] FAN B B, QI G, HU X, et al. A network methodology for structure-oriented modular product platform planning[J]. Journal of Intelligent Manufacturing, 2015, 26(3): 553-570.

[50] CHENG X, XIAO R, WANG H. A method for couplinganalysis of association modules in product family design [J]. Journal of Engineering Design, 2018, 29(6):327-352.

[51] DAI Z, SCOTT M J. Product platform design through sensitivity analysis and cluster analysis [J]. Journal of Intelligent Manufacturing, 2007, 18(1): 97-113.

[52] CHEN C, WANG C Y. Product platform design through clustering analysis and information theoretical approach [J]. International Journal of Production Research, 2008, 46(15): 4259-4284.

[53] 金茂竹, 陈荣秋. 产品族多平台配置问题研究[J]. 工业工程与管理, 2008(4): 77-82.

[54] 王克喜, 袁际军, 黄敏镁, 等. 多平台下的参数化产品族多目标智能优化[J]. 中国管理科学, 2011, 19(4): 111-119.

[55] 袁际军. 基于多目标萤火虫算法的可调节产品族优化设计[J]. 计算机集成制造系统, 2012, 18(8): 1801-1809.

[56] 李中凯, 朱真才, 程志红, 等. 基于联合分析和定量指数的柔性产品平台多目标规划方法[J]. 计算机集成制造系统, 2011, 17(8): 1757-1765.

[57] ZHANG Q, VONDEREMBSE M A, CAO M. Product concept and prototype flexibility in manufacturing: implication for customer satisfaction[J]. European Journal of Operational Research, 2009, 194 (1):143-154.

[58] BRIERE-COTE A, RIVEST L, DESROCHERS A. Adaptive generic product structure modeling for design reuse in engineering-to-order products[J]. Computers in Industry, 2010, 61(1): 53-65.

[59] 史康云, 江屏, 闫会强, 等. 基于柔性产品平台的产品族开发[J]. 计算机集成制造系统, 2009, 15(10):1880-1889.

[60] LI Z, CHENG Z, FENG Y, et al. An integrated method for flexible platform modular architecture design [J]. Journal of Engineering Design, 2013, 24 (1): 25-44.

[61] GU P, HASHERMIAN M, NEE A Y C. Adaptable design[J]. CIRP Annals Manufacturing Technology, 2004, 53(2): 539-557.

[62] 陈永亮, 褚巍丽, 徐燕申. 面向可适应性的参数化产品平台设计[J]. 计算机集成制造系统, 2007, 13(5): 877-884.

[63] ZHANG J, XUE D, GU P. Robust adaptable design considering changes of requirements and parameters during product operation stage [J]. International Journal of Advanced Manufacturing Technology, 2014, 72(1): 387-401.

[64] LEVANDOWSKI C E, JIAO J R, JOHANNESSON H. A two-stage model of adaptable product platform for engineering-to-order configuration design[J]. Journal of Engineering Design, 2015, 26(7-9), 220-235.

[65] 程贤福. 面向可适应性的稳健性产品平台规划方法[J]. 机械工程学报, 2015, 51(19): 154-163.

[66] LI L, HUANG G Q. Multiobjective evolutionary optimization for adaptive product family design[J]. International Journal of Integrated Manufacturing, 2009, 22(4): 299-314.

[67] CHOWDHURY S, MESSAC A, KHIRE R A. Comprehensive Product Platform Planning (CP3) Framework [J]. Journal of Mechanical Design, 2011, 133(4): 1-15.

[68] 汤天殿. 参数化产品族定位优化方法研究[D]. 杭州: 浙江大学, 2012.

[69] 王克喜, 袁际军, 陈为民, 等. 单平台下参数化产品族设计的两阶段智能优化算法[J]. 中国机械工程, 2011, 22(17): 2097-2103.

[70] 李中凯, 谭建荣, 冯毅雄, 等. 基于混合协同进化算法的可调节产品族优化设计[J]. 计算机集成制造系统, 2008, 14(8): 1457-1465.

[71] 魏巍, 冯毅雄, 程锦. 参数化产品族递进式优化设计方法[J]. 北京航空航天大学学报, 2015, 41(9): 1600-1607.

[72] DU G, JIAO R J, CHEN M. Joint optimization of product family configuration and scaling design by Stackelberg game[J]. European Journal of Operational Research, 2014, 232(2): 330-341.

［73］KRIMPENIS A, VOSNIAKOS G C. Rough milling optimization for parts with sculptured surfaces using genetic algorithms in a Stackelberg game[J]. Journal of Intelligent Manufacturing, 2009, 20 (4): 447-461.

［74］WANG K, YUAN J, HUANG M, et al. Multi-objective intelligent optimization design method for multi-platform based scaled-based product family[J]. Chinese Journal of Management Science, 2011, 19 (4): 111-119.

［75］JI Y, JIAO R, LIANG C, et al. Green modular design for material efficiency: a leader-follower joint optimization model[J]. Journal of Cleaner Production, 2013, 41(2): 187-201.

［76］李砚,杜纲,刘波. 面向产品族架构的鲁棒双层优化模型[J]. 中国机械工程,2013,24(13):1805-1808,1816.

［77］王丹萍, 杜纲. 基于工艺多样性的产品族配置主从优化[J]. 计算机集成制造系统, 2016, 22(7): 1636-1644.

［78］CHENG X, LUO J, GAO D. Adaptability-oriented hierarchical correlation optimization in product family design[J]. International Journal of Computing Science and Mathematics, 2017, 8 (2): 146-156.

［79］程贤福,高东山,万丽云. 基于双层规划的参数化产品族优化设计[J]. 机械设计与研究,2018,34(3):140-144.

［80］万丽云, 程贤福, 周健. 面向可适应性的模块化产品族层次关联优化设计[J]. 机械设计与研究, 2020, 36(3): 140-144.

［81］SU J C, CHEN S J, LIN L. A structured approach to measuring functional dependency and sequencing of coupled tasks in engineering design[J]. Computers & Industrial Engineering, 2003, 45 (1): 195-214.

［82］KAND Y J. The method for uncoupling design by contradiction matrix of triz, and case study. Proceedings of the 2004 ICAD[C], International Conference on Axiomatic Design, Seoul, 2004, ICAD-

2004-11.

[83] JOHNNESSON H L. On the nature and consequences of functional couplings in axiomatic machine design. Proceedings of the 1996 DETC, ASME Design Engineering Technical Conference and Computers in Engineering Conference[C]. Irvine, 1996, 96-DETC/DTM-1528.

[84] JOHNNESSON H L, SODERBERG R. Structure and matrix models for tolerance analysis from configuration to detail design[J]. Research in Engineering Design, 2000, 12(2): 112-125.

[85] 曹鹏彬, 肖人彬, 库琼. 公理设计过程中耦合设计问题的结构化分析方法[J]. 机械工程学报, 2006, 42(3): 46-55.

[86] 库琼. 基于免疫计算的产品耦合功能规划研究[D]. 武汉: 华中科技大学, 2006.

[87] 陈羽, 滕弘飞. 产品设计耦合分析研究进展[J]. 计算机集成制造系统, 2011, 17(8):1729-1736.

[88] 顾复, 张树有. 面向配置需求获取的参数耦合网络模型及应用[J]. 浙江大学学报(工学版). 2011, 45(12): 2208-2215.

[89] ULLAH I, TANG D, WANG Q, et al. Exploring effective change propagation in a product family. design[J]. Journal of Mechanical Design, 2017, 139(12): 1-13.

[90] 程贤福, 邱浩洋, 万丽云, 等. 基于公理设计和模块关联矩阵的产品族设计耦合分析方法[J]. 中国机械工程, 2019, 30(7): 794-803.

[91] 王毅, 范保群. 新产品开发中的动态平台战略[J]. 科研管理, 2004, 25(4): 97-103.

[92] 吴永明, 侯亮, 祝青园, 等. 基于产品族的核心模块演进分析与评价方法[J]. 农业机械学报, 2014, 45(4): 294-303.

[93] SCHUH G, RUDOLF S, VOGELS T. Performance measurement of modular product platforms[J]. Procedia CIRP, 2014(17): 266-271.

[94] 秦红斌, 肖仁彬, 钟毅芳, 等. 面向产品族设计的公共产品平台评价与决策[J]. 计算机集成制造系统, 2007, 13(7):1286-1294.

[95] 丁振华. 基于加权模糊逻辑推理的产品平台绩效评价[J]. 大连理工大学学报(社会科学版), 2009, 30(4): 17-22.

[96] ALIZON F, SHOOTER S B, SIMPSON T W. Assessing and improving commonality and diversity within a product family[J]. Research in Engineering Design, 2009, 20(4): 241-253.

[97] MARION T J, THEVENOT H J, SIMPSON T W. A cost-based methodology for evaluating product platform commonality sourcing decisions with two examples[J]. International Journal of Production Research, 2007, 45(22): 5285-5308.

[98] YE X L, THEVENOT H J, ALIZON F, et al. Using product family evaluation graphs in product family design[J]. International Journal of Production Research, 2009, 47(13): 3559-3585.

[99] 韦俊民, 金隼, 林忠钦, 等. 产品族设计中的零件相似性评价方法[J]. 上海交通大学学报, 2007, 41(8): 1218-1222.

[100] FIXSON B K. Assessing product architecture costing: product life cycle, allocation rules, and cost models[C]//. Proceedings of DETC '04 ASME 2004 Design Engineering Technical Conferences and Computers and Information in Engineering Conference, DETC2004-57458.

[101] ZHA X F, SRIRAM R D, LU W F. Evaluation and selection in product design for mass customization: a knowledge decision support approach. Artificial Intelligence for Engineering Design [J]. Analysis and Manufacturing, 2004(18): 87-109.

[102] 但斌. 面向大规模定制的产品族功能性评价与选择方法[J]. 管理工程学报, 2004, 18(1): 17-21.

[103] 但斌, 林森, 陈光毓. 一种面向大规模定制的产品平台扩展决策方法研究[J]. 计算机集成制造系统, 2006, 12(11): 1747-1754.

[104] 单汨源, 李果, 陈丹. 大规模定制产品族设计方案多维物元关联评价研究[J]. 计算机集成制造系统, 2006, 12(7): 1146-1452.

[105] LIU E, HSIAO S W, HSIAO S W. A decision support system for

product family design[J]. Information Sciences, 2014, 281(10): 113-127.

[106] 王浩伦, 侯亮, 程贤福, 等. 基于模糊软集和证据理论的产品族状态评价[J]. 计算机集成制造系统, 2015, 21(10): 2577-2586.

[107] 肖人彬, 林文广. 数据驱动的产品族设计研究[J]. 机械设计, 2020, 37(6): 1-10.

[108] 肖人彬, 林文广. 数据驱动的产品创新设计研究[J]. 机械设计, 2019, 36(12): 1-9.

第 2 章
产品族设计基础知识

本章论述产品族设计基础知识,旨在为本书后续章节的研究工作提供相关的基础知识。在概要说明产品族设计支撑技术的基础上,阐述产品族体系结构、产品族设计过程和产品族设计研究框架。

2.1 引言

目前,制造业发展的趋势是产品生产小批量、多品种、短周期、高质量和低成本,基于产品平台的产品族设计是满足该发展趋势的一种有效开发模式[1]。在设计中基于产品平台能够快速高效地创造和产生一系列派生产品。图 2.1 表示产品族设计引入产品平台使得效率提高和成本降低。提高效率主要体现在提前做好平台开发工作,在产品设计中重复使用产品平台;降低成本主要体现在产品族各变型产品共享开发成本,并且在产品族设计中采用标准化技术。信息技术的快速发展以及不断增强的用户个性化定制需求使得大规模定制生产模式在当前先进制造领域逐渐成为发展趋势和研究前沿。产品族开发因为其能够有效实现大规模定制已逐渐被广泛研究。产品平台是整个系列产品的基础核心技术,基于产品平台能够有效设计制造一组产品的通用结构。企业将产品平台重复使用在设计生产上,可以大大降低设计时长、设计成本。

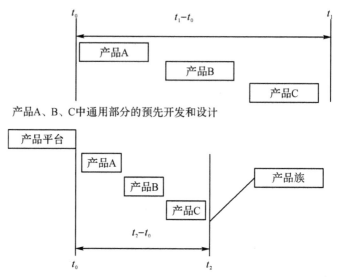

产品A、B、C中通用部分的预先开发和设计

t_1-t_0：为开发并实现某些相似产品A、B、C的时间
t_2-t_0：为开发和设计产品A、B、C中特定部分，并用标准零件/装配体/模块来实现它们的时间

图 2.1　产品族设计引入产品平台

　　产品族是指满足个性化市场需求的一组产品，其作为产品的扩展表现形式，各产品具有相同或相似的子系统、构件和特征，近年来在学术界和企业界已逐渐成为主流课题及重要课题。这主要由于作为获取竞争优势重要手段的产品族架构策略已经成为企业竞争战略的关键性要素，并且产品族及其设计已成为大规模定制的核心内容。产品族设计是指以产品族结构体系的有效开发为基础，通过分析特定细分市场的个性化需求，从系统的角度出发实现产品族模块化，并利用快速配置模块的方式来生产高效率、低成本的个性化产品，以满足对应需求的设计方法。产品族设计的特点是在其概念设计阶段就充分考虑用户需求的个性和共性，完成一系列产品的设计，在构建产品族合理的架构体系的基础上，为满足各细分市场的用户需求对产品族进行有效配置。产品族设计的目的是通过产品族部件或参数的共享来获得产品之间的最大通用性，从而实现规模经济性，同时又具有不同的个性以实现定制化需求。只有对用户需求、产品族属性、生产工艺、供应链、企业的技术水平和资源等进行综合分析才能做出一个好的产品族设计方案。

2.2　产品族设计支撑技术

　　产品族设计的最终目标是在保证产品个性化需求的基础上,通过产品平台的最大相似性获得最大通用产品集合。想要得到一个好的产品族设计方案,需要考虑多方面的因素,如用户及市场的需求动向、产品的特征及属性、产品的生产制造技术、生产企业的资金水平及生产力等。由产品族的组成可以看出,产品族设计由产品平台设计和产品族成员设计两部分组成。图 2.2 描述了产品族设计的组成,从图 2.2 中可以看出,产品平台的设计主要是从宏观角度进行的,其所面向的是产品的共性需求设计,对应着产品的公共参数选取;而产品族成员设计主要是从微观角度进行的,其所面向的是产品的个性化需求设计,对应着产品的定制参数选取。

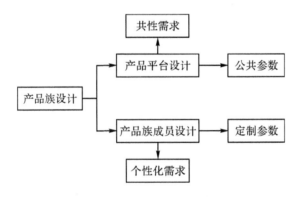

图 2.2　产品族设计组成

　　根据上述的产品族设计组成可知,要完成一个产品族设计,需要相关理论和方法及工具的支撑,本节主要介绍产品族设计过程中常用的相关支撑技术。

2.2.1　公理设计

　　美国麻省理工学院教授 Suh 在 1978 年提出公理设计(Axiomatic Design)概念,1990 年正式提出公理设计理论[2]。该理论通过对大量成功设计实例进行分析归纳,抽象出设计过程的本质。它包含域、层次结构、映射、两条设计公理以及若干条定理和推论。该理论将设计过程归纳为用户域、功能域、物理域、过程域之间的映射。公理设计认为,设计是一个自上而下的过程,可从设计抽象概念的高层次到详细细节的低层次逐步展开,并在各个域中曲折进行设计问题的求解。它通过"Z"字形分解和设计矩阵的构建,可大大减少方案搜索的随机性,缩短设计中不必要的迭代过程,减弱设计过程之间的耦合,提高设计过程并行度,使设计更具创新性[2—4]。

（1）域的概念

域是公理设计中最基本的概念。公理设计认为,设计问题领域由用户域、功能域、物理域和过程域构成。每个域中都对应各自的元素,即用户需求（Customer Needs,CNs）、功能需求（Functional Requirements,FRs）、设计参数（Design Parameters,DPs）和过程变量（Process Variables,PVs）。设计过程是 4 个域之间的映射过程,该过程形成一条往复迭代、螺旋上升的链条,如图 2.3 所示。对于相邻设计域,左边的域表示"想实现的设计目标（What）",而右边的域表示"如何满足左边的域所规定的需求（How）"。

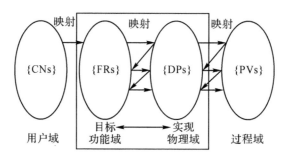

图 2.3　公理设计中的域及其映射

①用户域:表示用户对产品属性的期望或用户所寻求的利益（也称为 Customer Needs, CNs）,用{CNs}表示。用户需求是指市场和用户对产品的要求,用户域是对整个市场和用户的一种抽象和概括,是用户对产品、结构、工艺、系统或材料所寻求的需求特征表现。设计开发人员分析用户需求,提出产品的基本功能需求。

②功能域:表示设计方案所要实现的一系列功能需求的最小集合,用{FRs}表示。FRs 是对设计目标的描述,是指设计所要实现的功能。FRs 的产生依赖于用户需求、设计约束以及上层的设计参数的识别和表达。每项功能需求可根据需要分解为若干子 FRs。设计约束是指可接受设计解的限

制条件(或者边界范围)。约束和功能区别在于:约束之间不必保持独立性,某些设计约束在功能分解的过程中会转化成低级别的子 FRs。

③物理域:表示设计方案中满足{FRs}的设计参数集合,用{DPs}表示。DPs 是指实现 FRs 的技术方案或关键技术参数。在公理设计中,确定 DPs 和分解 FRs 应同时进行,两者之间有一定映射变换关系。DPs 的产生是一个创造性过程。对于同一个 FR,可能产生多个 DPs,并根据设计约束选择合适的 DP。相应地,每项 DP 可根据需要分解为若干子 FRs。

④过程域:描述整个产品的生产过程和方法,表示确定相应过程变量的集合,用{PVs}表示。PVs 是指实现 DPs 的产品加工制造方法。在详细设计阶段才涉及物理域和过程域之间的映射。

公理设计中的"设计"具有广泛的概念,除了一般的产品设计外,各种类型的设计问题都可以用这 4 个域表示,包括制造、软件、材料、组织、系统设计、商务等,它们都具有相同的逻辑结构及思维过程,只是不同的设计问题的功能目标会有所不同。

(2)"Z"字形映射与层级

4 个域之间可建立 3 种映射关系,建立用户域和功能域之间映射关系的过程相当于产品定义阶段,质量功能配置方法对于建立这种映射关系十分有效。建立功能域和物理域之间映射的过程在产品设计阶段。建立物理域和过程域之间映射关系的过程在过程设计阶段。后两种映射关系目前研究得较多。

对于一个设计问题,在设计的最上层没有可以实施的设计细节,因此需要进行分解。公理设计分解策略的独特之处在于:该过程是相邻域之间的自上而下的"Z"字形映射,直到分解的子问题都已解决为止,而不是在单个域内独立进行,如图 2.4 所示。公理设计认为,产品设计是一个自上而下的过程,可从设计抽象概念的高层次到详细细节的低层次逐步展开。下面以功能域和物理域之间的映射过程为例来说明"Z"形分解映射和层级的意义,图 2.4 中粗线框表示不需再分解即可实现的叶节点。若要分解顶层 FR,则必须先在物理域中选择实现 FR 的 DP,然后回到功能域,依据该 DP 分解 FR 得到 FR_1 和 FR_2。若选择不同的 DP 则下层功能一般也不同。再又进入物理域,根据 FR_1 和 FR_2 来确定该层的 DP_1 和 DP_2。如此进行直到所有 FR

得到满足,无须进一步分解就可执行为止。经过"Z"字形映射,可得到 FR/DP 层次结构树,以及 FRs 和 DPs 之间的关系。

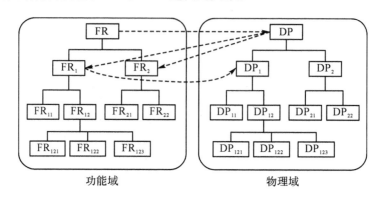

功能域   物理域

图 2.4 功能域和物理域之间的"Z"字形分解映射和 FR/DP 层级

通过"Z"形分解映射,设计人员建立了 FR/DP/PV 层级结构,非常清晰地描述了各个设计域的工作目的[5]。在公理设计理论框架中,层级指的是某个域的层次等级树,层级的概念表示了在每一个域中自上而下的层次结构。

(3) 独立公理

公理设计中最重要的思想是两条基本设计公理:独立公理和信息公理。它们提供了一种获得容易实施的简单设计的指导思想,其中,独立公理可用来减少有效解的数量,而信息公理则用来从有效设计解中找出最好的设计方案。

独立公理的基本内涵是保持功能需求之间的独立性。功能需求定义为表征设计目标的独立性需求的最小集合,它是设计目标的描述。独立公理表明当有两个或更多的 FRs 时,设计必须要满足每一个 FR,且各个 FR 之间没有相互影响,这就意味着在设计中必须选择一组恰当的 DPs,以满足FRs 和保持它们之间的独立性。

公理设计中的设计域之间的映射关系可用数学方程来描述,层级上各层次的 FRs 和 DPs 之间的关系可用以下的设计方程表示:

$$\{FR\} = A \{DP\} \qquad\qquad (2.1)$$

式中,$\{FR\}$ 为功能要求集,它的元素表示为 FR_i;$\{DP\}$ 为设计参数集,它的元素表示为 DP_i;A 为设计矩阵,它是域间映射的关联矩阵,表达了元素间的对应关系如下:

$$A = \begin{bmatrix} A_{11} & A_{12} & \cdots & A_{1n} \\ A_{21} & A_{22} & \cdots & A_{2n} \\ \vdots & \vdots & \vdots & \vdots \\ A_{n1} & A_{n2} & \cdots & A_{nn} \end{bmatrix} \qquad (2.2)$$

类似地,物理域到过程域之间的映射过程可用下式表示:

$$\{DP\} = B\{PV\} \qquad (2.3)$$

式中,$\{PV\}$ 为过程变量集;B 为表征工艺过程设计特征的设计矩阵,它与 A 的形式相似。

根据设计矩阵的形式,可将设计分为三种类型:无耦合设计、准耦合设计和耦合设计,如图 2.5 所示。

$$\begin{bmatrix} X & 0 & 0 \\ 0 & X & 0 \\ 0 & 0 & X \end{bmatrix} \qquad \begin{bmatrix} X & 0 & 0 \\ X & X & 0 \\ X & X & X \end{bmatrix} \qquad \begin{bmatrix} X & X & X \\ X & X & X \\ X & X & X \end{bmatrix}$$

无耦合设计　　　　　准耦合设计　　　　　　耦合设计

图 2.5　设计矩阵的三种类型(X 表示强影响,0 表示弱影响)

当 A 是对角矩阵时,每个 FR 都能由对应的 DP 满足,FRs 之间相互独立,这样的设计称为无耦合设计;当 A 为三角矩阵时,只有按正确的顺序确定 DPs,才能保证 FRs 之间的独立性,这样的设计称为准耦合设计;其他矩阵形式都是耦合设计,不满足独立公理。因此,当多个 FRs 都必须得到满足时,必须改进设计使得对应的设计矩阵为对角阵或三角阵。

由此可见,当设计为耦合时,要想得到可接受的设计方案,必须重新定义 FRs 或对 DPs 进行添加、删除或合并,使其转变为弱耦合设计甚至是无耦合设计。因此,独立公理给出了判断设计是否成功的基本原则以及设计的改进方向。对于只有较少 FRs 和 DPs 的简单设计,其独立性可由设计矩阵直观判断。但对于有较多 FRs 和 DPs 的复杂设计,可通过两个量化测度 R 和 S 来测量 FRs 之间的独立性[6]。

在设计中,有时很难使各个层次的设计矩阵都是无耦合的,但应力求做到准耦合设计。在准耦合设计中,根据 FRs 与 DPs 之间的关系,按照一定的次序确定 DPs,即首先确定设计矩阵中不对其他 FRs 产生影响的 DP,然后确定只对本身 FR 和已经确定的 DPs 对应的 FRs 有影响的 DP,这样可提高设计的合理性和成功率,减少设计的迭代。

(4) 信息公理

信息公理的基本内涵是使设计所需的信息量最少。从 FR 的观点来看,对于同一个设计任务,可能有多种可接受的设计方案,而且这些设计方案也许都是满足独立公理的。然而,就实现由 FRs 表示的设计目标的成功概率而言,其中的一个设计方案可能优于其他的设计方案。信息公理表明最好的设计是成功概率最大的设计,它提供了对给定设计的定量评价的方法,并且使从多个设计方案中选出最优方案成为可能。

对于给定的功能需求 FR_i,如果设计参数 DP_i 满足 FR_i 的概率为 p_i,那么信息量 I_i 定义为:

$$I_i = -\log_2 p_i \tag{2.4}$$

信息量以比特为单位。选择对数函数是为了当有多个 FRs 必须同时满足时,使信息量可以简单地相加;也可以采用自然对数(信息量单位为纳特)。式(2.4)实质上源于香农(Shannon)的信息熵,香农对概率信息的度量方法和计算公式已成为信息论的基础,可看参文献[7]。

在实际的设计中,成功的概率可由确定 FR 的设计范围与满足 FR 的候选设计方案的系统范围来计算,一个期望的设计主要取决于公共范围——设计范围与系统范围的交集,这是满足 FR 的区域,如图 2.6 所示。

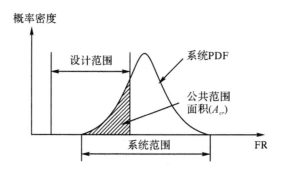

图 2.6　系统范围、设计范围、公共范围和系统 PDF

图 2.6 表示了某个 FR 系统范围的概率密度函数(Probability Density Function, PDF),其中,纵坐标表示概率密度,横坐标表示 FR 或 DP,当在功能域和物理域之间进行映射时,横坐标为 FR;而在物理域和过程域之间映射时,横坐标为 DP。因此,信息量 I 也可表示为

$$I = \log_2\left(\frac{系统范围}{公共范围}\right) \tag{2.5}$$

信息公理表明信息量最小的设计是最好的设计,因为它为实现设计目标所要求的信息量最少。当所有的概率都为1时,要求的信息量为0;相反,当有一个或多个概率为0时,要求的信息量为无穷大。那就是说,概率越小,为满足功能需求所要提供的信息就越多。

(5) 基于公理设计的产品设计流程

公理设计构建了一个基本的设计分解框架,指导设计活动。公理设计活动分为两类:设计分析活动和设计分解活动。基于公理设计的分析过程的主要目的是确定满足设计分解结果的DPs,并设定DPs的值。在分解活动中,子FRs要满足三个目标:①完整地描述父DPs;②保证子FRs的必要性;③子FRs个数力求做到最少。应用公理设计指导设计的流程如图2.7所示[8]。

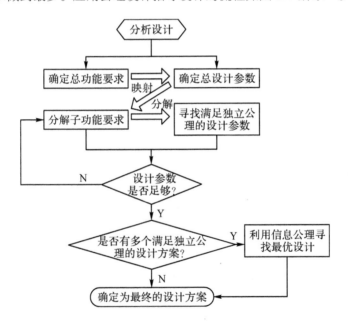

图2.7　基于公理设计的产品设计流程

公理设计理论从产生以来,就在欧美日等国家得到了极大的发展,在汽车工业、设备包装、机械、电子、人机工程、软件、产品耦合设计、产品族规划等多个方面得到了广泛应用[9—13]。

2.2.2 可适应设计

可适应设计(Adaptable Design)作为一种新的设计理念,是加拿大工程院院士顾佩华教授针对全球经济的发展、资源的分配、环境的变化而首先提出来的。可适应设计是基于多种制造技术,以及在最近 20 多年年中出现的设计方法的基础上,结合对于机械产品整个生命周期分析而得到的一种设计理念,它能够很好地应对机械产品在设计、制造、质量、功能、结构、定制、特性、交付等方面的要求[14]。

可适应设计的核心是要求产品对于环境的变化具有适应的能力,这就是要求设计者在总的设计方案不变的情况下,对设计进行部分修改,就能表达有所变更的设计任务[15]。该方法的目的在于充分应用各种现代设计方法以及新的制造技术,从环境和经济的角度出发,在面对设计过程中多任务、多种类、产品定制等需求时,也能做到快速响应市场变化,设计出功能符合要求、适应客户个性化的产品,并且还能做到节约资源、保护环境、功能显著、设计结果可拓展。

可适应设计的构成要素如图 2.8 所示。通过分解为独立的功能、物理结构来进行产品设计需求的建模。由产品族结构向平台结构过渡,得到可适应性产品设计方案。可适应接口应具有协调、匹配和标准化的特性,以方便根据所需的设计功能进行可适应性模块的互换。通过知识的获取、表达及应用来完成可适应设计知识的建模。

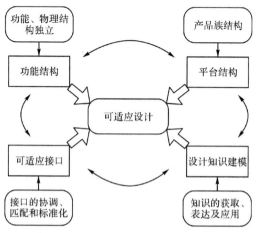

图 2.8　可适应设计的构成要素

当前社会,只有快速响应客户需求,设计并制造出满足各种类型的客户需求的产品,才能达到迅速占领市场,增强企业自身竞争能力的目的。然而运用传统设计方法进行设计,当客户需求变更时,原先的方法就很难完成设计,设计者往往需要做全新的设计。对于可适应设计而言,要求在产品的最初设计阶段,就要考虑它可能存在的结构变形、功能扩展、模块升级等潜在变化,而且还要从实际出发,考虑以上变化的可实现程度,这样在面对变化时,也能够很方便完成设计,实现产品生命长度的延伸,在经济上让企业获得更大的效益,在能力上获取对设计经验与方法上的提升。如图 2.9 所示为可适应设计过程。

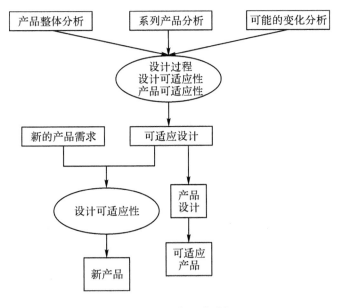

图 2.9　可适应设计过程

可适应性又可分为用户明确需求的特定可适应性和用户不可预测需求的一般可适应性,本书所分析的设计可适应性是针对特定可适应性的。可适应设计从系统角度分析产品设计活动过程,可适应性评价是可适应设计方法的重要组成部分。可适应性又分为产品可适应性和设计可适应性,设计可适应性是指一个产品设计可以被更改成适应用户需求变化的另一个新产品的能力,产品的可适应性是产品适应需求变化的能力。

（1）产品可适应性

根据适应性任务和具有相同功能产品之间效用的对比，Gu 等[16] 提出了产品可适应性因子的计算公式：

$$AF(Tp_i) = \begin{cases} 1 - \dfrac{Inf_{(S_1-AS_2)}}{Inf_{(ZERO-IS_2)}}, & Inf_{(ZERO-IS_2)} > Inf_{(S_1-AS_2)} \\ 0, & Inf_{(ZERO-IS_2)} < Inf_{(S_1-AS_2)} \end{cases} \tag{2.6}$$

式中，Tp_i 为某个可适应设计任务，$Inf_{(S_1 \to AS_2)}$ 是由已有产品（用作可适应设计的基体产品）的当前状态 S_1 转变为可适应设计后的状态 AS_2 的信息量，$Inf_{(ZERO \to IS_2)}$ 是由重新开始设计到满足用户需求的新产品的信息量。$AF(Tp_i)$ 为 Tp_i 的可适应性因子，反映了产品在该任务中可适应性能力的大小。

当一个产品有 n 个可适应性任务时，每个 Tp_i 发生的概率为 $\Pr(Tp_i)$，则产品的可适应度为：

$$A(P) = \sum_{i=1}^{n} \Pr(Tp_i)AF(Tp_i) \tag{2.7}$$

式（2.6）和式（2.7）是根据产品新功能需求的适应性任务从成本节约的角度出发，以适应性产品设计和制造资源节约成本来进行定量计算的。$A(P)$ 值的大小反映了产品的适应性能力，当 $A(P)=0$，产品不具有适应性；当 $A(P)=1$，该产品就是一个适应性产品。对于产品的设计适应性，应从产品设计时间成本节约的角度出发，以产品设计所需时间成本来衡量更合理，即以已有产品的适应性设计与重新设计一个产品所需要的时间比值进行定量计算。

Li 等[15] 提出了以功能的可扩展性、模块的可升级性和零部件的可定制性三种指标来评估产品的适应性。

（2）设计可适应性

设计可适应性是指产品设计易被更改的能力，可通过匹配原理分析不同变型产品与基体产品的匹配程度来表征。设计更改前后重用的设计参数或模块越多，可适应性信息量越小，设计可适应性越好。通过实例检索找到一个已有产品或适应性任务作为适应性设计的基体，经过设计更改完成产品设计所需的时间与重新设计一个新产品所需的时间之比，作为衡量设计可适应性的指标[17]。

从产品设计的角度来看,一个产品的设计能够变成另一个产品,则首先两个产品要相似,因为只有相似的产品,设计知识才容易被重用。此外,产品还应具有良好的定制柔性,当设计过程需要调整相关设计参数或更改某些设计模块时,柔性好的设计参数或模块所对应的功能需求更适合定制。因此,设计可适应性可以从产品设计的相似性、重用性和定制柔性三个方面来衡量。

设计相似性是基于产品的功能需求角度,设计任务是否相同,产品的功能/性能是否一致,设计方案是否也相同,应该从产品相似性和适应性任务相似性两个方面考虑。产品相似性要针对同一类型的产品,如门式起重机和门座起重机都是起重机械,但不是同一类型,结构设计方案差别甚远,虽然有些机构设计原理相似,甚至可能可以采用相同的零部件,但没有设计者会将其中的一个产品作为另一产品的变型。而对于可适应任务相似性,一个产品设计可以包括多个可适应任务,因为有些产品从整体上看并不相似,但部分设计的可适应任务可能是相似的,因此设计可适应性也应该将可适应任务作为计算单元来考虑,如门式起重机与门座起重机整体差别较大,但它们的起升机构和大车运行机构相似度都较高。

一般来说,产品相似性大的其可适应任务相似性也大。在产品设计需求确定后,首先都是从产品相似性来检索产品实例库,如果检索未果,才考虑检索可适应任务的实例。因此在计算产品设计可适应时,应该同时计算具有产品相似性的可适应任务相似度和单独检索的可适应任务相似度,再对两者的总相似度进行比较,哪种方式的相似度大,就以它作为可适应设计基体。一般来说,企业开发某个新产品,除非之前未开发过同类型的产品,或虽然已开发出同类型产品但设计参数差别较大,才有可能按照不同产品单个可适应任务进行相似性比较,否则都应该按产品相似性的可适应任务进行计算。

假设两个产品 S_1 和 S_2 关于可适应任务 Tp_i 的设计相似,其值分别为 $U_1(Tp_i)$ 和 $U_2(Tp_i)$,则设计相似性的可适应性因子为

$$A_s(Tp_i) = 1 - \frac{|U_1(Tp_i) - U_2(Tp_i)|}{\max(U_1(Tp_i), U_2(Tp_i))} \tag{2.8}$$

式中, $A_s(Tp_i)$ 为 Tp_i 的相似性适应性因子。

两个产品的相似性越大,可适应性就越大。当两个产品完全不同,

$A_s(Tp_i)=0$;当两个产品完全相似,$A_s(Tp_i)=1$。假设有 n 个适应性任务时,总的设计相似性可适应性因子为:

$$A_s(P) = \sum_{i=1}^{n} A_s(Tp_i)/n \tag{2.9}$$

一旦设计相似性确定以后,根据每个可适应任务,从结构上考虑是否一致以及设计计算是否相同,就可以判断哪些任务可以重用。有些产品设计的用户需求可能相似,功能性的功能要求(Functional Requirement)可能完全相同,但非功能性的功能要求(Non-Functional Requirement)会因环境工况不同而有所不同,此时设计未必可以完全重用。

设计重用性的可适应性因子为:

$$A_r(Tp_i) = \begin{cases} 1 - \dfrac{t_{r(S_1-S_2)}}{t_{r(ZERO-S_2)}}, & t_{r(S_1-S_2)} < t_{r(ZERO-S_2)} \\ 0, & t_{r(S_1-S_2)} \geqslant t_{r(ZERO-S_2)} \end{cases} \tag{2.10}$$

式中,$t_{r(S_1)}$,$t_{r(S_2)}$ 分别是关于可适应任务 Tp_i 由基体产品 S_1 设计重用于产品 S_2 重新设计所需的时间,$A_r(Tp_i)$ 为 Tp_i 的重用性可适应性因子。当设计重用的时间成本高于重新设计的时间成本,其重用性可适应性因子为 0,则放弃重用。如果该任务可以完全重用,则重用性可适应性因子为 1。

定制柔性主要考虑产品的功能需求域发生变化后,设计参数是否容易调整,模块是否容易增加、删除或更换,接口是否一致。另外,随着技术的发展,产品也会升级换代,这也可以在设计的柔性中进行考虑。

定制柔性的可适应性因子为:

$$A_f(Tp_i) = \begin{cases} 1 - \dfrac{t_{f(S_1-S_2)}}{t_{f(ZERO-S_2)}}, & t_{f(S_1-S_2)} < t_{f(ZERO-S_2)} \\ 0, & t_{f(S_1-S_2)} \geqslant t_{f(ZERO-S_2)} \end{cases} \tag{2.11}$$

式中,$t_{f(S_1)}$,$t_{f(S_2)}$ 分别是关于可适应任务 Tp_i 由基体产品 S_1 设计定制更改与产品 S_2 重新设计的时间,$A_f(Tp_i)$ 为 Tp_i 的定制柔性可适应性因子。

对于具有 n 个可适应任务的产品,其设计适应度可按下式计算:

$$A(P) = \sum_{i=1}^{n} w_i A_s(Tp_i) A_r(Tp_i) A_f(Tp_i) \tag{2.12}$$

式中,w_i 为各个可适应任务的权重。

产品设计可适应性反映了其用于新产品设计更改的适应能力,设计适应度越大,表示越容易进行设计改进和变型。

2.2.3　设计结构矩阵

产品是由许许多多不同的零部件组成的,因此,产品零部件之间也拥有着十分复杂的关联关系。若想对产品进行模块化设计,则需要对产品的零部件进行某种标准化,寻求其关联关系。设计结构矩阵(Design Structure Matrix,DSM)作为产品建模和分析工具,提供了一种简洁、高效和动态化的方法,可广泛应用于各种较为复杂的问题,例如,产品开发过程建模、工程规划、项目管理、组织设计、成本计算和时间优化等[18]。

(1) DSM 概述

作为一种复杂系统建模和分析工具,由 Steward[19] 提出的 DSM 提供了简单、紧凑和形象化的描述方法用于支持设计、开发方案的集成和分解问题[20]。近几十年来,在 Eppinger 和 Browning 等[21,22] 的积极推动下,发展迅速。实践证明,DSM 方法具有以下显著优势:①DSM 对产品并行开发的表达能力比较强,也比较直观;②由于采用矩阵的形式,克服许多基于图形技术如 PERT 和 CPM 等的尺寸和可视化的难度;③矩阵易于用计算机操作与存储;④DSM 模型已经被许多研究者证明是一个有效的项目规划和过程管理工具[23]。

DSM 以直观、形象的分析形式表示系统各成分之间的关系,用具有相同行列标志的方阵表示,其中非对角线标记表示行列对应单元之间的某种信息依赖关系,这种关系可以是结构上的,也可以是功能上的。矩阵的行表示其他单元对所在行单元的信息输入;而矩阵的列表示所在列单元对其他单元的信息输出[24]。如图 2.10 所示,单元 A 向单元 B、D、E 提供某种信息流,同时它又依赖于来自单元 C、E 的某种信息流。

	A	B	C	D	E
单元A	A		X		X
单元B	X	B	X	X	
单元C			C	X	
单元D	X	X		D	
单元E	X			X	E

图 2.10　DSM 实例

从形式上来说,设计结构矩阵可分为布尔型设计结构矩阵和数值型设计结构矩阵。布尔型设计结构矩阵,是指矩阵中的数值为 0 或 1(空白单元默认为 0),如图 2.11 所示。数值型设计结构矩阵,即用具体的数值(不限于0 或 1,也不限于整数)来表示行列元素之间关联关系的强弱。如图 2.12 所示。它可以定量地描述设计结构矩阵中行列元素之间关联关系的强弱,比布尔型设计结构矩阵更加具体和详尽。

	A	B	C	D	E
单元A	A		1		X
单元B	1	B	X	1	
单元C			C	1	
单元D	1	1		D	
单元E	1			1	E

图 2.11 布尔型设计结构矩阵

	A	B	C	D	E
单元A	A		0.8		0.4
单元B	0.6	B	0.4	0.5	
单元C			C	x	
单元D	0.5	0.3		D	
单元E	0.7			0.2	E

图 2.12 数值型设计结构矩阵

(2) DSM 分类

Browning[22] 将 DSM 分为两大类:静态的和基于时间的 DSM,如图 2.13 所示。静态的 DSM 描述不随时间变化、同时存在的系统单元,例如,产品结构的组成零部件和组织结构中的团队。通常,静态的 DSM 用聚类算法对矩阵进行分析;而在基于时间的 DSM 中,行和列的排序显示的是经过时间的流。在开发过程中上游任务优先于下游任务的进行,因此当涉及相互依赖问题时,前馈、反馈关系将对系统的设计规划产生巨大的影响。一般情况下,基于时间的 DSM 使用划分算法进行分析。

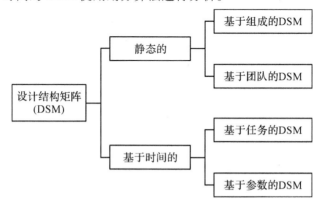

图 2.13 DSM 分类法

目前主要有 4 种不同类型的 DSM 应用于产品开发、工程计划、项目管理、系统工程和组织设计等众多生产实践中,具体分类如下:

①基于组成或结构的 DSM,基于组成、子系统、零部件的构成以及它们之间关系建立的系统结构模型,用于描述各组成部分之间的依赖关系;

② 基于团队或组织的 DSM,基于个人、团体以及它们之间相互作用关系建立的组织结构模型,用于确定合理的开发团队规模、功能、关系等;

③基于任务的 DSM,基于任务和任务之间信息流以及其他依赖关系建立的过程或任务的模型,用于寻找最优的任务执行顺序,减少反馈以避免不必要的返工;

④基于参数的 DSM,用于建立设计过程中低层次的零部件参数之间相互作用关系的模型。表 2.1 列出了这 4 种不同类型 DSM 的简单描述、应用及常用分析方法。

表 2.1　DSM 分类

DSM 数据类型	描　述	应　用	分析方法
基于组成或结构的 DSM	多重组成关系	系统结构、工程设计	聚类
基于团队或组织的 DSM	多重团队联系特性	组织设计、交叉管理、团队合作	聚类
基于任务的 DSM	任务输入、输出关系	工程时序安排、行为顺序排列、迭代时间的缩短	划分
基于参数的 DSM	参数决策问题	低层次任务先后顺序和过程结构	划分

产品族设计中,主要利用 DSM 进行零部件关联分析,因此,本节重点阐述基于组成的 DSM。基于组成的 DSM 描述复杂系统元素之间的相互作用关系。该模型将复杂系统分解为一些容易理解、操作的子系统,并用相应的矩阵运算对系统进行规划管理;同时经过结构分解,能够减少系统设计过程的复杂性。通常,对复杂系统建立基于组成的 DSM 包括以下步骤:

①将系统分解成更小的子系统或单元;

②确定各单元之间的相互作用关系,即依赖性;

③通过聚类分析方法对结构单元进行重构。

由于基于组成的 DSM 能够使设计者清楚所要开发项目的内部构成及

潜在冲突,同时能够促进该项目开发管理的系统性和创新性,因此它被广泛应用于复杂系统研发过程中。此外,基于组成的 DSM 在对系统间的各种交互类型分类的基础上,对交互关系再额外赋予适当的权重,使建立的 DSM 更加准确。Pimmler 等[25]给出了显示这种交互分类的参数表(见表 2.2)及空间交互量化的参数表。

表 2.2　系统元素的交互分类

空间	两个单元之间存在位置关系或邻接关系
能量	两个单元之间需要进行能量转换
信息	两个单元之间需要进行数据和信号交换
原材料	两个单元之间需要进行原材料交换

刘天湖等[26]使用基于组成的 DSM 探讨活塞连杆组件的研发过程,如图 2.14 所示,其中"1"表示组件间存在相互依赖关系。需要注意的是:系统中并不是每个单元都与其他单元发生作用,但是每个单元对实现产品的功能都会产生一定的影响。

		A	B	C	D	E	F	G	H	I	J	K	L
活塞	A	A								1	1		
连杆	B		B	1	1	1						1	1
连杆盖	C		1	C		1						1	1
连杆衬套	D		1		D								1
连杆螺钉	E		1	1		E							1
第一道气环	F						F						
第二、三道气环	G							G					
油环	H								H				
活塞销	I	1								I			
活塞销卡环	J	1									J		
连杆轴瓦	K		1	1								K	
连杆定位套筒	L		1	1	1	1							L

图 2.14　基于组成的 DSM

(3) DSM 分析算法

DSM 作为工程实践中有效的建模工具,除其较强的问题描述能力外,还体现在多种矩阵运算上。通过这些运算,使得基于 DSM 的设计任务得以完成分析、显示需求、实现任务排序优化和对循环进行分解和控制等功能。目前,基于 DSM 的运算主要包括 4 种:划分、割裂、联合和聚类运算。

划分运算是巧妙处理 DSM 矩阵行列顺序的运算过程(重新排序),新的 DSM 排序理论上应不包含任何一个反馈标记(主对角线上方的标记),故它应能将 DSM 矩阵转变成下三角形式。但对于复杂的工程系统,通过简单的行列变换将矩阵转化为下三角形式几乎是不可能实现的事情。因此,划分运算的目的从消除反馈标记转变为将这些标记尽可能靠近主对角线,形成块三角形式。然后,将块三角作为一个整体单元,这样在循环反复中将只包含更少的系统单元,从而加快产品的开发速度(但将块三角作为一个整体,通常会带来一定的质量损失)。划分运算主要对基于时间的 DSM 进行操作,包括基于任务和参数的 DSM。

割裂运算通过分析任务间依赖关系的强弱来确定耦合任务集的初始迭代顺序,以减少由耦合引起设计过程的迭代。虽然迄今还没有一套完整、最优的割裂方法,但一般应满足两个评判标准:①最少的割裂数;②尽可能使割裂局限在最小的矩阵子块中。因此割裂方法的基本思路是:将具有最小信息输入和最大信息输出的任务放在耦合集的前面执行,用输入、输出的比值 V 进行度量。

联合运算是 DSM 的一种新操作,其目的是用来交替改变 DSM 中的明暗带以显示任务的独立性,如平行性或并行性。当反馈标记被忽略时,联合操作类似于用可达矩阵方法对 DSM 进行划分[31]。DSM 中层次或者带的集合组成了系统、工程的关键路径;而且,如果带中的一个元素或任务是最关键的,那么该任务就具有瓶颈作用。因此,更少的带是首选的,因为它们能够提高系统、工程的并行特性。

聚类运算的目的是寻找那些相互独立或影响最小的 DSM 元素子集,这个过程被称为聚类。换句话说,这些子集应该包含几乎所有的相互作用关系,并且各个不同的块之间的相互作用或联系应没有或减小到最少。目前聚类运算方法有很多,使用不同的聚类方法可能得到不同的运算结果,有的学者提出的协调成本函数的概念[24]能够有效评估 DSM 中不同聚类排列的优劣,应用较为广泛。而总协调成本由单个任务的协调成本的总和组成,每一个协调成本考虑两个任务间的依赖强度和包含这两个任务的最小块中任务的数量。

在产品族设计中,常需要对 DSM 中的零部件进行聚类以形成模块。如以图 2.14 中活塞连杆组件 DSM 为例,经过聚类运算后所得新的 DSM,如

图 2.15所示,它由两个包含所有作用关系的独立聚类子块组成,将部件设计过程之间的复杂关系限制在两个简单的独立子块中,可简化和明确设计过程。

	B	C	D	E	K	L	A	I	J	F	G	H
连杆 B	A	1	1	1	1	1						
连杆盖 C	1	B		1	1	1						
连杆衬套 D	1		C			1						
连杆螺钉 E	1	1		D		1						
连杆轴瓦 K	1	1			E							
连杆定位套筒 L	1	1	1	1		F						
活塞 A							G	1	1			
活塞销 I							1	H	1			
活塞销卡环 J		1					1	1				
第一道气环 F										J		
第二、三道气环 G											K	
油环 H												L

图 2.15　聚类重排后的 DSM

2.2.4　参数化技术

在产品设计早期,由于设计者对于产品认识的不全面性以及对新事物构思的模糊性,任何新产品的设计都很难做到一次性的成型设计,都需要在实践验证中对尺寸与结构进行不断的更新,这就要求设计具有易于修改的特性。由于传统的 CAD 设计中,零部件的结构绘制相对固定,有一定的约束性,尺寸不可随意更改,不能根据设计的需要加入一些特定的约束条件,设计的灵活性相对较差,因此应该选用参数化的建模方式,使得产品结构尺寸具有参数化,使得产品结构随着参数的改变而改变,形成结构相似、功能相近、尺寸不同的一系列产品族。

(1) 参数化设计概述

所谓参数化设计(Parametric Design),也称为尺寸驱动(Dimension-Driven),是通过改动图形的某一部分或某几部分的尺寸,或者修改已经定义好的参数,自动完成对图形中相关部分的改动,从而实现对图形的驱动[28]。参数的范围相对较广,一个模块、一个尺寸、一个结构均可被称作参数,而参数化比较单一,主要针对的是参数尺寸的变化。

参数化是指对要建模的零部件上各种特征施加不同约束形式。每个结构的几何形状与尺寸大小用变量参数的方式来表示,这个变量参数既可以为常数,也可以是某种方程式。一个特征的尺寸分为定形尺寸和定位尺寸,与之相对应,一个特征的参数也分为定形参数和定位参数。通过控制各种参数即可达到控制零件几何形状的目的。

通过参数化设计的定义,可以知其基本原理:参数化是针对零件或部件形状已经定型的模型,用一系列参数来约束该模型几何图形、结构尺寸,这些参数与该集合图形所需要控制尺寸之间有着一一对应的关系,当该参数序列被赋予不同数值的时候,就可驱动该模型生成新的目标几何图形。参数化产品模型具有可改变性、可重用性等特点,设计者能够很方便地依照自己的设计意图对图形进行修改,从而减少重复建模工作量,以达到提高生产效率,缩短设计时间的目的[29]。

参数化设计是一种以约束为基础,并能用尺寸驱动结构发生改变的设计。它主要由结构的约束和自由度来确定,当参数改变带动模型改变时,为了确保改变后的模型仍然满足设计人员的设计意图,就要给模型赋予足够的约束,限定模型的变换方式 。Solidworks三维绘图软件就是这种对模型添加约束,通过改变参数来改变形状的参数化建模工具。

(2) 参数化设计技术分类

参数化设计技术有直接式与非直接式两种,而编程法与投影法(基于三维参数化的设计方法)均属于非直接式。其中编程法是一种较为原始的方法,但却是最常用的方法。运用此方法需要设计人员具有较高的编程水平和调试水平。当我们要确定模型主要参数的时候,需要对模型图形进行分析,并且需要建立模型的主要参数和各个尺寸之间的数学关系式,然后再将这种数学关系式编入程序之中。当客户执行应用程序的时候,只需将所需参数输入进去,然后程序通过所建立的尺寸数学关系式就可确定与之相关的其他参数值,则整个图形即可确定下来。而基于三维参数化的投影法却与编程法截然不同,它首先需要进行三维参数化设计,然后再对模型进行各个不同方向的投影,最后才能得到二维的参数化结果,此结果也就是所得的唯一解。然而,该方法也存在弊端,它要受到各个不同方面的制约:首先,对很多零件而言,本身进行三维造型就相对困难,例如,一些复杂的体类零件或者一些细小部件的三维造型;其次,对产品进行三维参数化设计本身就属于一个相对新颖的课题;最后,如果对零件进行二维表达,要确保其表达符合国家规定,这就需要对三维立体图形进行投影之前或之后产生的二维图形进行多处修改及处理。

相比而言,直接参数法就没有这么复杂,它只需要设计人员通过所设计的客户界面对图形进行操作即可,而不需要理会计算机内部是如何进行处理的,处理的形式是什么样的,因此,我们也将直接参数化称为人机交互法。此方法也是应用最广泛的方法之一。

在对产品进行参数化设计的时候,产品的参数可以分为可变参数和不变参数两种。而参数化设计的本质思想是:系统在可变参数化的作用之下,能够对不变参数进行自动维护[46]。参数化设计的思想是随着变量化的产生而随之产生的,在产品模型的定量化信息中进行变量化设计,只需要对变量化的参数赋予不同参数值,就可以得到具有不同尺寸和形状的模型。参数化产品具有一定的柔性,因此也比较容易进行修改。图 2.16 描述了参数化设计的具体开发流程。对产品进行参数化设计的时候,设计人员在对模型设计过程中的几何关系和工程要求都满足的情况下,不仅要对所选尺寸参数的初值进行考虑,而且还需考虑在模型的参数发生变化的时候,所选模型的几何关系和工程关系是否会随之受到影响。

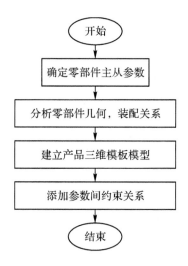

图2.16 参数化设计开发流程图

(3) 参数化设计建模

参数化建模技术有三种典型方式,它们分别为:基于尺寸驱动的参数化建模、基于约束驱动的参数化建模、基于特征的参数化建模[30]。这三种方法各有利弊,例如,由于基于尺寸驱动的参数化建模方法并没有对模型的几何约束进行明确的规定,因此在对其进行参数化设计的时候,只能够对模型进行大小的改变,而不能对零件之间的约束关系进行改变。此建模方法比较简单,并且易于实现。采用基于约束驱动的参数化方法进行建模的时候,首先需要将工程约束降解为几何约束,这就使得建模的难度增加,然而它将自由建模时无拘无束的状态彻底克服,从而使模型的几何形状得到控制。采用基于特征的参数化建模技术的零件均可使用相同的"模板模型"来进行参数化驱动的生成,而无须在特征尺寸发生变化的时候进行重新建模。

当零件采用基于特征建模的方法来进行参数化建模的时候,只需要零件之间具有相同的特征,则可利用相同的"模板模型"来进行零件的参数化驱动,而无须对各个零件进行重复建模。这大大提升了设计效率,使设计的产品具有良好的一致性,同时可以使客户的个性化需求得到满足。零件参数化建模方法流程如图 2.17 所示,具体流程:首先进行零件图纸的详细分析,然后对零件的特征参数进行详细划分并提取,最后建立所需的参数化零件的模板模型。

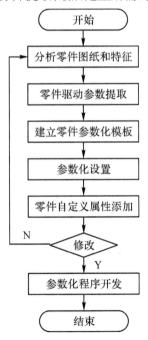

图 2.17　零件参数化建模方法流程图

程贤福等[31]对起重机卷筒进行了参数化建模。首先分析卷筒的零件图纸,将驱动卷筒参数化设计的特征参数确定下来;通过设计计算确定卷筒特征参数的具体尺寸的大小,进行卷筒三维模型的绘制,建立卷筒的参数化模型模板;添加卷筒的自定义属性,包括零件名称、代号、材料、数量、重量等;以 VB 为开发工具,对 Solidworks 进行二次开发。图 2.18 所示为卷筒的参数化设计界面,图 2.19 所示为最终驱动生成的卷筒三维模型。

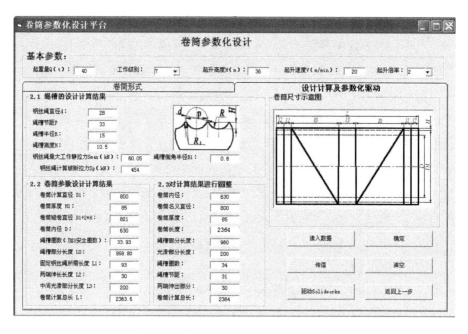

图 2.18　卷筒参数化设计平台界面

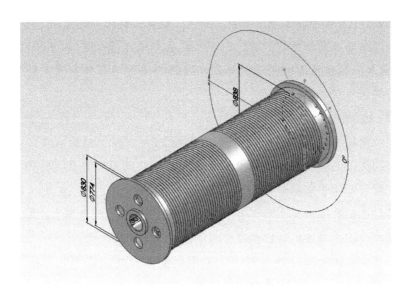

图 2.19　卷筒参数化三维模型

2.2.5　模块化设计

模块化设计是一种在产品功能分析的基础上而进行的现代设计方法。当对产品进行模块化设计的时候,首先应该对某种特定产品族或者产品系列进行功能分析,找到这些产品中结构独立、相似或者共同的基本模块单元,然后根据需求的不同进行不同模块的选取,最终进行模块的组合,生成满足市场需求的产品。因此模块化设计是一个功能分析→模块划分→需求分析→模块组合和划分的过程[32]。它是一个综合各方面知识的方法,主要包括以下四点。①以系统工程为指导:任何产品都可以看成是一个系统,每个模块本身也是一个系统,在产品分解、组合过程中,都要充分应用系统的分析方法,这样才能最接近理想的状态。②以标准化为基础:如果模块相互之间没有标准,那么这些模块便无法组合成产品,而针对任何特定的模块,是没法做到包含所有尺寸的,因此模块之间需要有一定系列,而且这些模块还需要有通用性的特点,利用该特性来实现各种需求的变化。以上两种要求就是要做到标准化、系列化和通用化;③以方法论为依据:在针对复杂产品进行模块划分的时候,如何划分出灵活性大、柔性强、使用范围广的模块,是需要依据方法论进行划分的;④以专业知识为前提:模块化设计是对产品结构的划分,要想将产品划分得恰到好处,必须要有深刻的专业背景,精通了解该产品的性能和结构;同时,为了能够让产品先进程度高、实用性强、寿命长,对于产品体系的以往知识与未来发展的进程与方向充分了解也是必不可少的。

(1)模块化设计概述

模块化思想的萌芽很早就出现了,我国四大发明之一的活字印刷术便是很好的代表。但产品模块化设计概念的正式提出则始于 20 世纪初期,欧美国家将它运用于家具领域,而后扩展到机械等领域。产品的模块化设计是在日益增长的需求与供给不平衡不充分的矛盾下发展起来的,同时也离不开国内外研究学者们对产品设计与制造规律的经验总结。

产品的模块化设计是在对一定范围内的不同功能或相同功能不同性能、不同规格的产品进行功能分析的基础上,划分并设计出一系列功能模块,通过模块的选择或组合或小范围修改产品参数可以构成不同的产品,以满足市场不同需求的设计方法[33]。模块是模块化产品或系统的基本单元,因此模块化的众多理论与方法都是描述在一定条件下模块的识别方法或模块形成过程,主要包括模块划分与识别、模块编码、模块组合与优化、接口的设计定位与评价等方面。

按照产品所处的设计阶段,可以把模块化设计归为三类:①针对全新产品的模块化设计;②针对变型产品的模块化设计;③针对已有产品的模块化修改设计。第一类的模块化设计从全新产品出发,可参照的资料最少,因此设计过程需要花费的时间和人力是最多的。而针对变型产品和已有产品的模块化设计则是在一定基础上进行的,比全新产品的模块化设计更容易展开。这三类设计的流程图如图 2.20 所示。

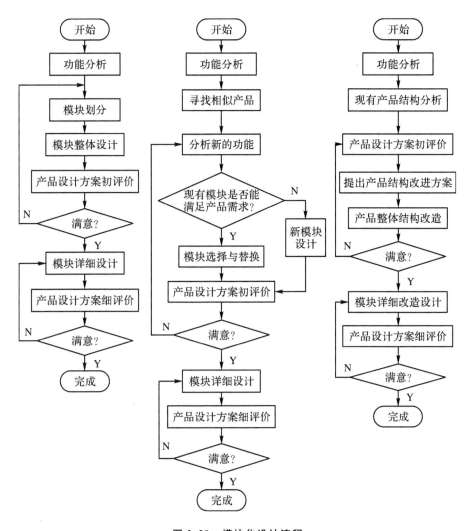

图 2.20　模块化设计流程

综上所述,产品模块化设计的过程有三个必不可少的步骤,即产品的模块构建、产品的模块聚类及产品模块划分方案的选择。设计结构矩阵是产品模块构建的基础工具,产品的模块聚类可以通过某种算法来完成,而产品的模块划分准则是进行模块划分方案选择的重要依据。因此,下面先对设计结构矩阵和产品的模块划分准则进行介绍,为后续的产品模块化设计方法提供参考及依据。

（2）模块划分

对于产品的模块化设计,关键在于怎样形成模块。由零部件聚合成模块,主要方法是在功能分析的基础上,用模糊数学中等价矩阵或传递闭包设定其截距 λ 来获得零部件聚类树。λ 降得越低,则被忽略的相关性就越低,模块数量越少,每个模块包含的零部件就越多。产品模块数多少取决于 λ 值的大小,实际上是对 λ 水平以下的相关性的忽略。λ 值表现了模块划分的粒度,λ 值大粒度细,λ 值小粒度较粗。

通过聚类实现模块划分是模块化设计的主要手段。目前,已提出了多种对产品结构进行模块聚类划分的方法,以往主要采用启发式聚类方法对其结构进行模块分解,或者仅对聚类算法原理和方法进行改进。因此,以往的系统模块化分解或聚类方法应用于实际复杂的产品设计与开发项目中存在一定的局限性。文献所提的计算机辅助聚类算法,通过对设计任务进行模块化分解、识别和优化设计迭代,进而定量地分析和计算各个任务的设计迭代总量,从而实现结构的聚类。

模块划分是产品模块化设计的关键,合理的模块划分对产品的功能、性能和成本有重要影响。模块的总数和每个模块包含的零部件个数都会影响模块在整个产品中发挥作用的程度及制造、生成产品的可实施性。由于各行各业的产品都有不同的性能及特点,故在进行产品模块划分时首先需要对产品进行充分的了解,在对专业产品有扎实知识基础的前提下进行产品模块划分,从而得到既合情合理又优秀的模块划分方案。

模块划分的驱动目标是模块内部的高内聚度和模块之间的低耦合度。模块本身的内聚度,是指一个模块内部各零部件之间的联系与相关,它是对模块独立性的直接衡量标准,模块之内联系越强,就意味着模块的独立性越高,互换性越好,兼容性越强。反之,模块之内的联系越弱,意味着模块的独立性越低。模块的耦合度,是指模块之间的联系与相关,模块之间的联系越弱,就意味着模块的独立性越高。反之,模块之间的联系越强,就意味着模块的独立性越低,互换性越差,兼容性越弱。

Algeddawy 和 Elmaraghy[35]基于布尔型设计结构矩阵表达零部件的关联关系,采用层次聚类的方法进行产品模块划分,提出了 M_I 准则来确定产品的最佳模块划分方案,可用式(2.13)表示:

$$M_I = I + Z \tag{2.13}$$

式中,I 代表设计结构矩阵模块外部元素"1"的数量,Z 代表模块内部元素"0"的数量,最小的 M_I 值对应着最佳模块划分方案。该方法计算简单,但仅适用于矩阵内数值为 0 或 1 的布尔型设计结构矩阵。实际生产中,产品零部件之间的关联关系比较复杂,非布尔型设计结构矩阵的情况更为常见,故此方法应用范围比较局限。

Guo 和 Gershenson[36] 提出了一种比较有代表性的模块度准则,以 M_{GG} 度量模块度:

$$M_{GG} = \frac{\sum_{k=1}^{M}\left(\sum_{i=n_k}^{m_k}\sum_{j=n_k}^{m_k}R_{ij}/(m_k-n_k+1)^2\right)-\sum_{k=1}^{M}\left(\sum_{i=n_k}^{m_k}\left(\sum_{j=1}^{n_k-1}R_{ij}+\sum_{j=m_k+1}^{N}R_{ij}\right)/(m_k-n_k+1)(N-m_k+n_k-1)\right)}{M}$$

$$\tag{2.14}$$

式中,n_k 是第 k 个模块中第一个零部件的序号,m_k 是第 k 个模块中最后一个零部件的序号,M 是产品中模块的个数,N 是产品中零部件的个数,R_{ij} 是设计结构矩阵中第 i 行和第 j 列元素的值。

该准则考虑了零部件个数及模块数对内聚度与耦合度产生的影响,但只适用于对称设计结构矩阵,并未涉及非对称矩阵的情况。且准则中主要考虑单个模块和整体的耦合关联关系,而非两两模块之间的耦合关联关系,不利于进行两两模块之间的耦合关联分析。

程贤福等[37] 提出了一种不仅适用于布尔型和数字型设计结构矩阵,也适用于对称和非对称矩阵的模块度划分准则,且准则中的耦合度考虑的是两两模块之间的耦合关联关系。

$$F_M = \frac{\sum_{k=1}^{M}\sum_{i=n_k}^{m_k}\sum_{j=n_k}^{m_k}r(i,j)/(m_k-n_k+1)^2}{M}\bigg/\frac{\sum_{k=1}^{M-1}\sum_{p=k+1}^{M}\dfrac{\sum_{i=n_k}^{m_k}\sum_{j=n_p}^{m_p}r(i,j)+\sum_{i=n_p}^{m_p}\sum_{j=n_k}^{m_k}r(i,j)}{2(m_k-n_k+1)(m_p-n_p+1)}}{M(M-1)/2}$$

$$\tag{2.15}$$

一般情况下,对包含 N 个任务、M 个群组的 DSM 聚类问题,将产生 M^N 种可能的组合方案,因此绝大多数情况下手动优化的效率很低,甚至难以实现。现有优化算法主要包括爬山法(Hill-Climbing, HC)、模拟退火(Simulated-Annealing, SA)算法、遗传算法(Genetic Algorithm, GA)等。

产品族模块化设计中,通过对产品进行拆解、组合及替换等操作获得构成整个产品的各个模块。利用各个模块表征产品各方面的性能、结构和功能等方面。在后续的变更设计中,设计者可以在原本所得模块的基础上进行模块的重组变型等操作便可在原本产品的基础上设计出新的变型产品。这种设计方式不但有效利用原有产品的设计基础,同时有效降低在产品族内进行定制化产品设计的开发时间和经济成本,以达到更高效的市场适应能力。

2.3 产品族体系结构

产品族体系结构(Product Family Architecture, PFA)是一个概念模型,也包括开发一族产品的全面和合理的组织[38]。体系结构提供了一个通用结构来获取和利用通用零部件,在这个通用结构中,每个新产品的变化和扩展都是基于一个通用的产品线结构来进行的。体系结构的基本原理不仅表达了在同样的技术解决方案下开发不同产品的基本知识,而且表达了一类产品的模型化设计过程,这个设计过程是基于一致的产品结构对个性化需求进行产品定制化设计的过程。

但斌等[39]从功能视图、技术视图和组织视图三个方面对产品平台管理进行描述,提出了面向大批量定制的产品平台管理模型的体系结构。功能视图描述产品族的功能要求及其分解;技术视图描述满足这些功能要求的技术解决方案;结构视图则描述产品族体系的物理结构。三个视图之间有密切的联系:从功能视图向技术视图的映射关系为产品设计;从技术视图向结构视图的映射关系为工艺设计。整个过程首先由市场营销过程对市场中的功能要求进行定义和分类;接着进行产品的设计过程,得出产品的技术结构和设计参数;再由工艺设计得出产品的物理结构,三个视图相互联系,不可分割。

以下说明产品族体系结构与单个产品体系结构、模块化体系结构之间的关联。

(1) 产品族体系结构与单个产品体系结构

产品体系结构可定义为:将一个产品的功能元素映射到物理单元里的方式,以及这些单元交互作用的方式。分为两种形式:整体式产品体系结构通常定义为多重产品功能由一个物理元素来完成,而模块化产品体系结构中每一功能与每一物理元件或模块之间则是一对一的关系,Ulrich 研究了这两种产品体系结构[40]。显然,整体式产品体系结构的优点是,可以更好地优化产品的全部功能,并且由于消除了接口,可将多重功能集成到几个零件中,从而能更有效地利用空间和材料。整体式产品体系结构的缺点是缺乏柔性和适应性。而模块化体系结构比整体式产品体系结构更容易改变,因为只需要修改那些要求变化的模块,而不需改变整个产品,因此可以大大降低产品成本。产品族体系结构是以单个产品体系结构为基础的,Fujita 和 Ishii[41] 指出一个产品族体系结构不同于一个单个产品体系结构的重要特征之一是:产品族体系结构同时处理多重产品。

(2) 产品族体系结构与模块化体系结构

与产品族设计直接相关的一个方法是模块化体系结构的开发。Ulrich 和 Eppinger 在《产品设计和开发》[42]一书中提出,一个模块化体系结构在整体上实现一个或几个功能元素,定义好了分支间的交互作用关系,而且一般来说它们是产品主要功能的基础。Ulrich 和 Tung[43]研究认为,模块化产品体系结构在功能结构中的功能元素与一个产品的物理元件之间存在一对一的映射关系,并指定了被分解元件之间的接口。Ulrich[40]指出模块化产品体系结构允许仅仅通过改变相应的元件来独立地改变产品的每一个功能元素。因此,围绕模块化产品结构所建立的产品能更容易改变,而且不会给制造系统增加极大的复杂性,有利于从标准模型上生产客户定制的产品。模块化产品体系结构也有利于元件的标准化,这是开拓规模经济的本质。使用模块化产品体系结构,可通过元件模块的组合来创造多样性。此外,Pahl 和 Beiz[44]讨论了模块化产品的优点和局限;Newcomb 等[45]和 Rosen[46]对产品体系结构推理方法以及模块化产品的配置设计进行了研究。

但现有的研究大多是将产品体系结构作为零部件的物理结构,很少涉及体系结构的功能特征和设计参数的研究,尤其是从早期概念设计阶段就开始进行模块化体系结构的系统规划。另外,目前对产品体系结构和模块化设计的研究的一个局限是它们是在单一产品层次上完成的,通常不考虑一个产品范围,没有考虑提高一个范围内产品的通用性,且通常只考虑了功能视点。由于企业必须不断地开发产品族,需要以有限的开发和制造成本,提供巨大的产品多样性,产品族体系结构开发就成为企业关心的一个主要方面。

(3) 产品族体系结构开发

已有一些学者从产品族的角度来研究产品体系结构问题。Ishii 等[47]通过评价成本和提供多样性的价值研究了产品族的构造(虽然没有明确地处理产品族体系结构);Erens 和 Verhulst[48]使用了各种产品模型来描述产品族体系结构。本质上,他们对产品族体系结构的建模仅仅是作为单个产品模型的组装,而不是一个统一的产品族模型。Gonzalez-Zugasti 等人[49]、Zamirowski 和 Otto[50]从功能视点研究了产品体系结构,即基于客户需求来定义产品体系结构。Tseng 和 Jiao[51]对大批量定制设计的产品族体系结构进行了研究。他们提出了 PFA 开发的一个 FBS 视图,从三个连续的领域来考虑 PFA,即功能视图(客户、销售和市场)、行为视图(产品技术或设计工程方面角度)及结构视图(实现或制造和物流角度)。他们主张有效的 PFA 应同时综合功能多样性和技术多样性,综合考虑产品族的模块性和通用性,按照模块和它们的配置结构进行系统规划。Siddique 等[52]研究了在 PFA 开发中模块性和通用性之间的平衡优化问题。尽管 PFA 从设计内容和设计过程两个角度对产品族进行了研究,但还有一些基本问题,如多样性实现、产品定制以及变型生成等有待进一步研究。

开发产品族必须对企业产品结构进行重组,必须将产品设计、工艺、制造、销售和维护等人员组织在一起共同进行产品族通用化设计,其目的就是构建合理的公共产品平台。开发公共产品平台是一种保存和充分利用产品族信息精华的有效方法,使企业在已有设计和制造资源的基础上通过合理构筑平台体系结构,基于平台的通用性,能快速地进行产品配置设计。本章基于产品族设计原理,提出如图 2.21 所示的公共产品平台体系结构(Common Product Platform Architecture, CPPA)开发框架[53]。从图 2.21 中可以看到平台的开发以企业资源为基础,以 PDM,ERP 为产品族数据的管理平台和系统集成工具,以 Internet/Intranet 为传递各系统和模块之间信息的桥梁,以成组技术、CAD、CAPP、CAE 等为支持技术,并采用了模块化、标准化、后延及参数化等多种设计方法。本书将平台的开发大体上分为以下几大部分:平台规划、平台通用化、平台参数化、平台综合评价及平台维护和升级。

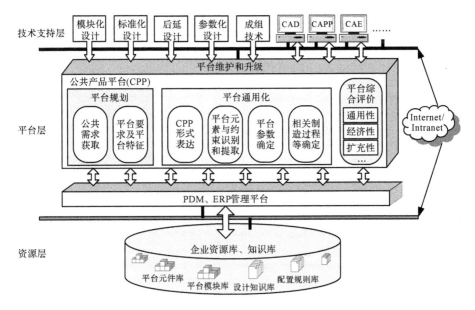

图 2.21　公共产品平台体系结构开发框架

2.4　产品族设计过程

2.4.1　产品族设计过程分析

　　从大批量生产到大批量定制生产的转变,使得相应的产品设计过程发生了变化,将产品族设计技术分为两个部分:产品族体系结构开发部分和族成员定制部分。PFA 开发为族成员定制提供支持,而族成员定制的依据是PFA 开发所提供的内容,产品族设计实质是实现对需求的定制设计。为更清楚地表达其设计过程各阶段的核心和相互关系,将产品族设计过程进一步划分为如下三大阶段(见图 2.22),并在图 2.22 中标明了每一阶段的输入和输出。

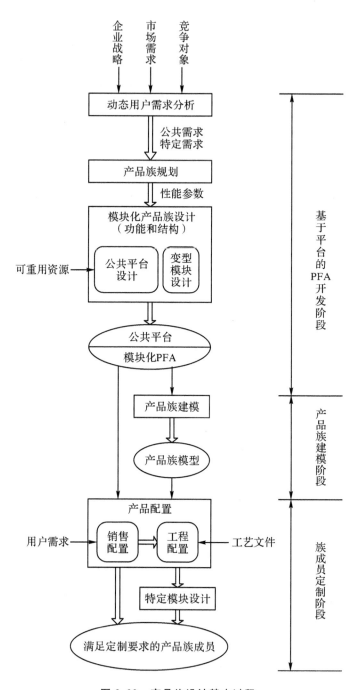

图 2.22　产品族设计基本过程

①基于平台的 PFA 开发阶段：从企业战略、市场需求及竞争对手等方面综合分析，研究某个细分市场的动态需求；规划产品族并确定其主要性能参数；在面向产品生命周期的环境下，实现模块化产品族的设计，核心是进行平台和产品族体系结构的开发。该阶段的设计结果表现为公共平台和模块化 PFA。

②产品族建模阶段：该阶段是在第一阶段的基础上，对产品族体系结构（平台、变型模块及约束）和产品族开发过程进行建模，产品族建模是将基于平台的 PFA 以规范的形式进行计算机表达，以便于后续的产品配置。该阶段的设计结果表现为能够覆盖一类产品的可配置的产品族模型。

③族成员定制阶段：该阶段是在上述两个阶段的基础上，基于平台和产品族模型进行产品配置设计。首先由客户订单驱动，进行面向销售人员的配置设计（销售配置），指定定制产品的主要特征；然后，基于销售配置进行面向工程人员的配置设计（工程配置），在平台的支持下通过产品族模型和配置推理机制，迅速地进行相关功能、结构或参数的匹配，并对客户要求的少量特定模块进行快速变型设计或创新设计，从而导出满足定制要求的产品族成员。

一个产品族作为一个整体，应有一个较长的生命周期，这是通过合理规划产品族体系结构和开发公共产品平台，并对平台进行持续更新来实现的，因此，应将主要精力和大部分时间投入到这些方面。故上述第一、二个过程所需周期较长，而第三个过程实质上是对客户订单的快速响应，大批量定制的时间优势即是通过第三个阶段体现出来的。从上述过程并参考图 2.22，可以清楚地看出公共产品平台和产品族模型将三个过程结合起来，从而成为产品族设计的核心和关键。

2.4.2　产品族设计的基本过程

产品设计可以看作是有步骤的分析与综合，逐步地从定性到定量的问题求解过程。传统产品设计过程是很典型的串行设计模式，尽管各大阶段因有信息反馈而使产品设计更为全面和准确，但缺乏具体和有效的机制支持。通过分析大批量定制模式与实践对产品设计的要求可知，基于平台的产品族设计过程具有与以往不同的特点，下文将利用公理化设计理论对下述产品族开发过程各阶段及其特点进行描述和说明。

（1）PFA 及公共产品平台规划阶段

组建多功能学科团队，分析市场和客户需求、竞争对象以及企业资源等状况，建立{CA}和{FR}。此阶段中平台及产品族的特定设计活动有：

①细分市场：识别主要的细分市场，并挖掘市场中的机会，构造市场网格图，分析客户需求的多样性。

②进行产品族分析：分析客户需求与变型产品之间的关系，将客户需求集{CA}分类，找出相同的基本需求部分（公共需求），以及各类需求之间的不同之处（特殊需求），确定所能达到的通用性和可能生成的产品变型范围。

③将客户需求与产品功能特性关联起来：建立整个族的功能要求{FR}和约束{CR}，即根据客户特殊需求，建立可选的特殊功能要求{SF}及约束；根据公共需求，建立平台的公共功能要求{CF}及约束。

④对企业现有产品进行分类，比较一系列相关产品的体系结构，并将其中的信息分类成通用元件和模块、专用元件和模块、外部元件和模块（包括外购元件和模块以及外部连接模块）。其中系列产品中元件和模块及其接口的公共集合为平台开发提供了基础。

（2）概念设计阶段

此阶段的任务是将功能要求转换成设计技术方案，即在约束的定界下将{FR}映射到{DP}，并对耦合功能或模块进行解耦。此阶段中平台及产品族的特定设计活动有：

①将产品族的功能特性与物理特性和元件关联起来，根据公共客户需求，为整个族建立总的 CFs-DPs-CFs 映射关系；根据特殊的 FRs 和约束建立选择性映射，映射到可供选择的 DPs 中；

②可最先将功能独立的方案设计为独立模块；

③找出接口的位置和所要求的特征，尤其是公共接口；

④从逻辑关系和物理结构两个方面确定平台元件及其接口，并据此来进行重用和设计；

⑤分析客户需求对各种方案的依赖程度；

⑥分析产品族功能模块化的程度，分析耦合模块并解耦。

面向 MC 的产品族设计要尽可能经济地实现产品变型，因此在概念设计阶段,可以将客户不会在意或感知的特性和物理元件,考虑做成对所有族成员都是通用的,以尽量减少调整或转换生产方式(如加工定位、更换刀具/工具、转换夹具等)所造成的时间延误和费用。要求产品族的设计通过平台能有效地重用主要方案和物理元件及接口。在概念设计阶段产生产品族的主要体系结构、概念模型和接口等。

（3）结构设计阶段

此阶段为上述概念设计阶段产生的最优原理方案的物理实现,主要是为产品族结构模块化。

一般产品模块化过程分为两个步骤:①将功能特性与物理特性和元件相关联;②将物理特性综合到元件中,再将元件集成到模块中,其中应考虑制造约束等的影响。与此对应,产品族的模块化过程为:对产品族结构进行模块化分解,将上述概念设计阶段形成的原理方案和得到的一组物理特性综合到相应的物理元件中,然后将元件集成到模块中。此阶段的关键工作是要从产品族的公共结构中分离出公共元件,将这些元件进一步集成,从而形成相应的平台模块,综合考虑平台中模块和元件的构成,使平台能有效地支持所有族成员设计。此阶段要避免将功能应该分离的方案在物理结构上进行集成。

（4）详细设计阶段

此阶段主要包括以下几个方面的设计活动:

①详细设计产品族中所有元件,包括平台元件与定制元件,确定元件接口及其特性值;

②详细设计产品族中所有模块和健壮的接口,使之能容易地交换和升级,尽量减少接口数量;

③完成绘图和加工文件。

通过详细设计生成了具体的产品族结构,且所设计出的基于 CPP 的产品族结构在市场和技术等外部环境发生变化时,应能在保留平台中绝大部分原结构和约束的同时,通过添加、修改或移去特征或元件来创建一个产品族的新版本。

（5）生产准备阶段

此阶段包括以下主要工作:

①规划和设计产品族制造过程和销售过程,这些过程应能快速处理每一个订单,以低成本制造满足客户要求的定制产品;

②综合已有元件和模块的信息以及需定制元件及模块信息;

③分离外购元件和模块,并将外购元件和模块与内部产品结构集成起来;

④进行工艺规划和生产设备准备等。

2.5 本章小结

本章首先分析了产品族设计的目标,进而指出:要完成一个产品族设计,需要相关理论和方法及工具的支撑。然后介绍了产品族设计过程中经常用到的相关支撑技术、方法和工具,主要从公理设计理论、可适应设计、设计结构矩阵、参数化设计和模块化设计五个方面阐述了各自的原理。最后探讨了产品族体系结构,分析了产品族体系结构与产品体系结构、模块化体系结构之间的关联关系。在此基础上,为更清楚地表达其设计过程各阶段的核心和相互关系,将产品族设计过程进一步划分为三大阶段,分析了产品族设计过程,描述和说明了利用公理化设计理论对产品族开发过程各阶段及其特点。

参考文献

[1] LIU Y, LIM S C J, LEE W B. Product family design through ontology-based faceted component analysis[J]. Journal of Mechanical Design, 2013, 135(3): 1-17.

[2] SUH N P. The Principles of Design [M]. New York: Oxford University Press, 1990.

[3] SUHNP. Axiomatic Design: Advances and Applications[M]. New York: Oxford University Press, 2001.

[4] 肖人彬, 蔡池兰, 刘勇. 公理设计的研究现状与问题分析[J]. 机械工程学报, 2008, 44(12): 1-11.

[5] 张瑞红. 公理设计的使能技术研究[D]. 天津: 河北工业大学, 2004.

[6] SUH N P. Complexity: Theory and Applications[M]. New York: Oxford University Press, 2005.

[7] SHANNON C E. A mathematical theory of communication[J]. The Bell System Technical Journal, 1948, 27(3-4): 379-423.

[8] 程贤福. 公理设计应用研究及其与稳健设计的集成[D]. 武汉: 华中科技大学, 2007.

[9] 程贤福. 基于公理性设计的企业电子商务策略研究[J]. 商业研究. 2005(14): 196-199.

[10] 程贤福, 肖人彬. 基于公理设计的优化设计方法与应用[J]. 农业机械学报. 2007, 38(3): 117-121.

[11] 曹鹏彬, 肖人彬, 库琼. 公理设计过程中耦合设计问题的结构化分析方法[J]. 机械工程学报, 2006, 42(3): 46-55.

[12] CAI C L, XIAO R B, YANG P. A method for analysing and disposing of functional interaction in axiomatic design. Proceedings of the Institution of Mechanical Engineers[J]. Part C: Journal of Mechanical Engineering Science, 2010, 224(3): 401-409.

[13] CHENG X F, XIAO R B, WANG H L. A method for couplinganalysis of association modules in product family design[J]. Journal of Engineering Design, 2018, 29(6): 327-352.

[14] GU P, HASHEMIAN M. NEE A CY. Adaptable Design[J]. Annals of CIRP, 2004, 53(2): 539-557.

[15] GU P, XUE D, NEE A Y C. Adaptable design: concepts, methods, and applications. Proceedings of the Institution of Mechanical Engineers[J]. Part C: Journal of Engineering Manufacture, 2009, 223(5): 1367-1387.

[16] LI Y, XUE D, GU P. Design for Product Adaptability[J]. Concurrent Engineering: Research and Application, 2008, 16(3): 221-232.

[17] 程贤福, 李文杰, 王浩伦. 基于相似性、重用性和定制柔性的产品设计适应性评价方法[J]. 现代制造工程, 2017(6): 156-161.

[18] SALHIEH S M, KAMRANIA K. Macro level product development using design for modularity[J]. Robotics and Computer-Integrated Manufacturing, 1999, 15(4):319-329.

[19] STEWARD D V. The design structure system: A method for managing the design of complex system[J]. IEEE Transactions on Engineering Management. 1981, 28(3): 71-74.

[20] HUANG H F, KAO H P, JUANG Y S. An integrated information system for product design planning [J]. Expert Systems with Application, 2008, 35(1-2): 338-349.

[21] EPPINGER S D. Innovation at the speed of information[J]. Harvard Business Review, 2001, 79(1): 149-158.

[22] BROWNING T R. Applying the design structure matrix to system decomposition and integration problems: A review and new directions [J]. IEEE Transactions on Engineering Management. 2001, 48(3): 292-306.

[23] CHEN C H, LING S F, CHEN W. Project scheduling for collaborative product development using DSM [J]. International Journal of Project Management, 2003, 21(4): 291-299.

[24] XIAO R B, CHEN T G. Research on Design structure matrix and its applications in product development and innovation: an overview[J]. International Journal of Computer Applications in Technology, 2010, 37(3-4): 218-229.

[25] PIMMLER T U, EPPINGER S D. Integration analysis of product decompositions. The ASME Sixth International Conference on Design Theory and Methodology[C]. Minneapolis, MN, Sep. 4-6, 1994.

[26] 刘天湖, 陈新, 陈新度, 等. 基于部件接口矩阵和设计结构矩阵的机电产品研发项目规划方法[J]. 中国机械工程, 2006, 17(11): 1142-1147.

[27] KUSIAK A, WANG J. Efficient organizing of design activities[J]. International Journal of Production Research, 1993, 31(4): 753-769.

[28] 金建国，周明华，邬学军. 参数化设计综述[J]. 计算机工程与应用，2003(7):16-19.

[29] 王克喜，陈为民，全春光，等. 基于产品平台的参数化产品族设计方法研究综述[J]. 湖南科技大学学报(社会科学版)，2011，11(5):64-68.

[30] YOSHIKAWAH，GeneraldesigntheoryandaCADsystem[C]. Proceedings of the IFIP working group 5.2 workingconference on Man-machinecommunication inCAD/CAM, Kyoto, Japan. Jun. 12-14, 1980:35-53.

[31] 程贤福,朱启航,李骏，等. 面向可适应性起重机卷筒参数化设计[C]. The 10th International Conference on Applied Mechanisms and Machine Science, Taiyuan, China, July 8-12, 2013: 284-287.

[32] PINE B J. Mass customization: The new frontier in business competition [J]. The Academy of Management Review, 1994, 19(3): 588-592.

[33] 高卫国，徐燕申，陈永亮，等. 广义模块化设计原理及方法[J]. 机械工程学报，2007，43(6): 48-54.

[34] 陈平，杨文玉. 复杂产品结构的模块化聚类及设计迭代量计算[J]. 中国机械工程，2007，18(11): 1346-1350.

[35] ALGEDDAWY T, ELMARAGHY H. Optimum granularity level of modular product design architecture[J]. CIRP Annals-Manufacturing Technology, 2013,62(1):151-154.

[36] GUO F, GERSHENSON J K. A comparison of modular product design methods based on improvement and iteration[C]. ASME 2004 International Design Engineering Technical Conferences and Computers and Information in Engineering Conference. Sep. 28-Oct. 2, 2004, Salt Lake City, Utah, USA, 2004:261-269.

[37] 程贤福，罗珺怡. 考虑两两模块之间关联关系的产品模块划分方法[J]. 机械设计，2019，36(4): 72-76.

[38] 但斌,经有国. 大规模定制下客户需求识别与产品智能配置研究[M]. 北京:科学出版社，2014.

[39] 林森，但斌. 面向大规模定制的产品平台管理模型[J]. 管理工程学

报，2005，19(1)：51-55.

[40] ULRICH K. The Role of Product architecture in the manufacturing firm[J]. Research Policy, 1995(24)：419-440.

[41] FUJITA K, ISHII K. Task structuring toward computational approaches to product variety design. Proceedings of 1997 ASME Design Engineering Technical Conferences[C]. Sacramento, California, USA: ASME Press, Sep. 14-17, 1997.

[42] ULRICH K, EPPINGER S D. Product design and development. [M]. New York: McGraw-Hill, 1995

[43] ULRICHL K, TUNG K. Fundamentals of product modularity. Proceedings of the 1991 ASME Winter Annual Meeting Symposium on Issues in Deign/Manufacturing [J]. Integration. Atlanta, 1991:1-14.

[44] PAHL G, BEITZ W. Engineering design: A systematic approach. [M]. 2Reved. New York: Springer-Verlag, 1996.

[45] NEWCOMBPJ, BRASB, ROSENDW. Implications of modularity on product design for the life cycle[J]. Journal of Mechanical Design, 1998, 120(3):483-489.

[46] ROSENDW. Design of modular product architecture in discrete design spaces subject to life cycle issues[C]. Proceedings of ASME 1996 Design Engineering Technical Conferences. Irvine,CA: 1996. Paper No. 96-DETC/DAC-1485.

[47] ISHII K, JUENGEL C, EUBANKS C F. Design for product variety: key to productline structuring[C]. Proceedings of the 1995 Design Engineering Technical Conferences. ASME Design Engineering Divison, Boston, 1995,83(2)：499-506.

[48] ERENS F, VERHULST K. Architectures for product families[J]. Computer Industry, 1997, 33(2-3)：165-178.

[49] GONZALEZ-ZUGASTI J P. Models for platform-based product family design[D]. Boston: Massachusetts Institute of Technology , 2000.

[50] ZAMIROWSKIE J, OTTOKN. Identifying product portfolio architecture modularity using function and variety heuristics[C]. Proceedings of ASME Design Engineering Technical Conferences, Sept. 12-15, 1999, Las Vegas, Nevada.

[51] JIAO J, TSENG M M. Fundamentals of product family architecture [J]. Integrated Manufacturing Systems, 2000, 11(7): 25-36.

[52] SIDDIQUE Z. Common platform development: design for product variety [D]. Georgia: Georgia Institute of Technology, 2000.

[53] 秦红斌. 基于公共产品平台的产品族设计技术研究[D]. 武汉: 华中科技大学, 2006.

第 3 章
产品族设计平台构成技术

为满足特定细分市场的一个客户群的需求,有两种方式来设计一组相应的产品;一种是采用一次设计一个产品的方式来规划一组产品的设计;另一种是将这组产品作为一个族来规划多重产品的设计,即面向产品族进行设计。后者的优势在第1章和第2章中已有阐述,这两种设计方式的主要区别在于通用性使得产品族中产品之间存在相互联系。虽然客户需求的多样性驱使设计朝着个性化方向发展,但开发和生产的复杂性却驱使设计朝着通用化方向发展,以满足客户对定制时间和价格(成本)的要求。那么对一个产品族而言,什么应设计成整个产品族所通用的,什么应设计成某一族成员所特有的呢?针对采用平台方法进行的产品族设计,这个问题即是应如何为一个产品族设计公共产品平台。这是一个难题,而平台的优劣决定了产品族开发的成功与否。因此,本章将主要研究公共产品平台开发的相关问题。现有文献中所提出的平台开发方法大多有一定的局限性,且很少用定量模型来辅助设计者做出平台决策,本章提出了一个公共平台体系结构的分层构筑方法,并采用定量分析方法对平台进行通用化分析和研究,避免过多主观因素的影响,提高了设计的客观性和科学性,以更合理地规划和构建公共产品平台。

3.1 公共产品平台的基本特征和开发方式

产品族设计在目前企业生产中越来越重要,它比单一产品设计具有更大的难度。在研究多个用户定制需求的同时需要设计出具有同一公共产品平台(Common Product Platform, CPP)、彼此联系、能够满足这些需求的一组产品。因此,产品族设计的核心问题就是基于 CPP 如何设计相关系列产品。

3.1.1　CPP 的基本特征

由于 CAD 系统的便捷性和设计的随意性,人们往往会设计出许多不必要的新零件,引发零件和文档数量爆炸、制造过程混乱、产品成本大幅提高、交货期延长等问题。从 CPP 的定义中可知,开发公共产品平台的目的就是充分借助产品功能和物理结构的通用性,在不增加产品的内部多样性的同时提高产品的外部多样性,从而减少产品总成本和时间。可以说,平台开发是产品族设计的关键环节。为了满足大规模定制设计和生产要求,应能从平台上快速、有效地配置出一族高品质的产品。因此,本书认为公共产品平台应具备以下基本特征[1]:

①通用性:开发平台的核心思想是通过基本零件和生产过程的最大标准化集合来获得产品的最大集合。因此,通用性和标准化是公共产品平台的基本和核心特征。

②模块性:模块化产品体系结构显然易于实现快速设计和产品配置,满足大规模定制对时间和成本的要求。模块化是大规模定制产品开发中的关键之一,直接影响平台的通用性和产品的可配置性。

③适应性:即平台对市场和环境变化的快速响应和应变能力,一个产品族中的产品应能容易地从平台上派生出来。

④稳健性:当平台要求的条件发生微小的变化时,平台的形式和功能不发生改变,从而确保从平台上生成产品的可靠性。

3.1.2　CPP 的开发方式

在一个基于平台的设计策略中,对所采用的平台按结构形式进行划分,可用以下两种方式来创建一个产品族:整体式平台和模块化平台。

①整体式平台是产品族的一个单独的、集成的部分,它被所有族成员所共享,是每一个族成员的一个整体部分。整体式平台也可以看成是模块化平台的一种极限形式,但在实践中的确存在这类例子,如太空船的地面通信系统[2]。

②模块化平台是平台的一种更普遍的形式,它是针对模块化产品族体系结构所采取的形式。在一个模块化平台中,平台是产品族中可重用的模块及相关资源的集合。平台中的模块可以是企业自制的,也可以是外购的。本章主要研究模块化 CPP 形式。

另外,平台按开发方式进行划分,在实践中有两种构筑平台的基本方式,即自底向上的方式(如 Lutron 公司的平台开发方式[3])和自顶向下的方式(如索尼公司的平台开发方式[4])。前者是公司在已有的一组产品基础上开发一个产品族的公共产品平台,以标准化零件来提高平台的通用性,从而达到规模经济;后者则是公司从战略上设计出一个产品平台及其派生产品,从而管理一族产品的开发。无论哪种方法,出发点都是通过标准化零件来减少零件的多样性,从而降低制造和库存成本,简化供应链。

3.1.3 基于公共产品平台的 DFMC 方法

从第 1 章大规模定制的概述中可得出如下结论:大规模定制设计(Design For Mass Customization,DFMC)就是利用已有产品中的通用性来节省时间和成本,同时保持客户可接受的产品性能。由此可以推出以下两点:

①通用化是达到 MC 目的的重要途径。有资料表明,典型订单产品中标准件与外购外协件数量约占总数的 50%,典型的变型零部件约占 40%,而全新的零部件约占 10%[5]。如何利用企业的已有资源,利用通用的产品设计、工艺和生产过程等为客户即时提供定制产品,是 MC 要解决的主要问题。设计公共产品平台,从平台上有效地开发和生产一个产品族,是上述问题的一个良好的解决方案。

②通用性与客户要求的产品性能之间必须有一个折中。通用性与多样性是一对矛盾,因为引入标准化通常会使产品的操作性能打折扣。一般来说,通用性越多,产品的可变型性越差。因此,平台开发的关键一点就是要找到产品族中通用化、标准化的层次和相关联的过程,使得产品成本、开发时间与定制产品性能之间达到最佳平衡。

采用平台策略规划产品族,简化了产品开发过程,因为平台的数量比产品数量少得多,因此,进行平台决策的次数比进行产品决策的次数少得多。而且平台方法支持企业进行长期的产品规划,通过细致的平台通用化工作可以在提高产品多样性的同时,极大降低设计量、产品零部件数量和生产线的复杂性。

从上述分析可知,公共产品平台是在产品族开发过程中确立的一个基准,以它为基础不断扩展和衍生出一族产品。产品族是企业推向市场的最终产品,同一产品族中包含的产品越多,就越能满足市场的多样化需求,具体数量根据细分市场的情况和成本效益等分析确定。并且平台建立后也不是一成不变的,它必须持续改进和升级,以适应市场环境的变化和技术进步等因素的影响,产品族的更新由平台的更迭决定,如图 3.1 所示。

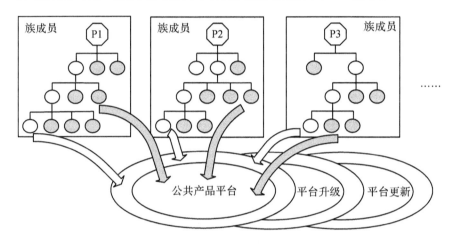

图 3.1 公共产品平台方法

3.2 公共产品平台规划

公共产品平台规划是产品族设计规划的重要和主要的部分,包括公共需求确定和平台要求定义两个方面[6]。CPP 规划的基础是产品族的需求分析模型[7]。产品族需求分析建模是指客户需求信息被采集、分析、取舍、分类、结构化,并转换为设计规范的过程。企业通过对现有客户进行调查及分析(包括本企业订单、竞争对手的畅销产品等)、对客户未来的潜在需求进行调查和预测(包括对新的科技成果、企业及行业内外形势等的分析)以及对客户需求进行综合评定和规范化处理来建立产品族的需求分析模型,从而有效地获取和理解客户需求,并在设计规范中准确地定义产品需求信息。

然后,综合考虑产品功能、性能、成本、寿命、可靠性等各种因素,从中分析提炼,获取核心客户群及核心客户需求集,在此基础上,识别并提取客户群的共性需求,为定义平台要求提供依据。另外,平台规划要重点考虑企业的核心能力,所建立的平台应反映企业的核心能力和核心客户群的要求。

本书认为,在 CPP 规划中可采用如下技术获取公共客户需求信息和平台设计要求[8]:

(1) 基于事例的推理

客户需求大多是客户用自己较模糊的语言表达其对产品的需求。采用基于事例推理(Case-Based Reasoning,CBR)的方法,目的是将这些定性的、不准确的客户需求进行精确的描述。此方法是通过让客户回答一些有关产品主特征的参数及规范化的客户需求,然后从客户需求事例库中选择一个与客户要求最相似的客户需求集,在该客户需求集实例的基础上,让客户进行修改补充,从而对客户需求精确描述。

(2) 帕累托图(Pareto)分析

利用帕累托图分析,对企业现有产品系列进行合理化(确保是对产品族而不单单是针对单个产品)。即分别根据产品的销售量、利润率、成本以及对客户需求的调查结果等定量信息按帕累托(Pareto)顺序排列所有产品,将客户分组。考虑分析结果的一致性,将需要的特性排在左边,不需要的特性排在右边。"帕累托法则"指出,通常情况下,80% 的结果来自 20% 的原因[9,10]。由此可发现那些销售量大的、间接成本低的、适应柔性环境的、真正受客户欢迎和有未来前景的企业核心产品集,并指导企业淘汰那些无利可图的、没有发展潜力的产品或将其转包给其他专业厂家,从而获得合理的核心客户需求集。公共产品平台的开发即是针对企业的核心客户群及相应产品集进行的。

(3) 模糊聚类分析

由于客户需求目的及客户自身状况如客户类型、所处地理位置、由经济水平决定的购买能力等因素决定了客户需求的相似性,可采用模式识别技术—模糊聚类分析方法,将离散的客户按其需求的相似性,根据合理的阈值聚类成族,形成若干客户群[11]。并在此基础上挖掘出每个客户群的潜在需求,对客户进行定位,对客户群进行合理的、全面的定义和描述。以便对每一个客户群采取不同的产品策略,进一步指导产品族的定义,以确定在一个产品族中潜在的相似产品的最大集合,并由此获取同一客户群中的公共功能需求,亦即定义平台要求的基础。

(4) 质量功能配置

在工程领域,一种广泛应用于在产品规划中将客户需求转化为设计需求的使能技术是质量功能配置(Quality Function Deployment, QFD)[12]。QFD 技术提供了一个基本的度量工具——产品规划质量屋(House of Quality, HOQ),以清晰表达两组信息,即顾客呼声和产品特征及其关系,并将定性的、模糊的客户需求(客户语言)系统地转换为量化的、准确的产品工程特征或设计要求,这是准确理解客户需求的关键。QFD 的输入是客户主观的想法、要求和偏好等,输出是客观的产品设计的详细说明和资源的优先顺序——设计团队应该在设计的各个方面投入精力的百分比。在 QFD 的基础上,确定对应具体客户需求的产品工程特征目标值。将 QFD 质量屋应用于产品族规划中,必须考虑大规模定制生产中整个客户群的需求,因此,需要对常规的 QFD 质量屋进行扩展,将产品工程特征目标值行扩展到五行,添加了定制的部门、设计规格的目标值、规格的取值范围以及适当的增加步长。由此,可从产品族的功能要求集和设计要求中,提取一族产品的公共功能需求集(客户群的共性需求)以及平台设计的技术要求。产品族及平台规划的流程如图 3.2 所示。

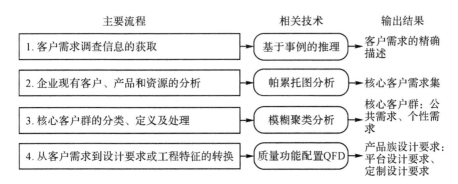

图 3.2　产品族及平台规划流程图

3.3 公共产品平台通用化

随着市场需求和技术的变化,企业需要进行不同层次的产品平台创新(如优化创新、扩展创新和升级创新),使产品平台不断地动态更新。在此动态变化过程中,产品族结构(PFA)也将做出相应的调整和演进,其中模块或零部件功能、结构和使用数量等的变化影响了产品的性能、质量和成本等,因此,产品族中模块和零部件通用性成为选择模块或零部件作为创新对象和进行合理配置选择的关键节点之一。

目前,国内外对产品族通用性的研究主要集中在 3 个方面:①以产品族整体为对象的通用性研究,主要依据通用零部件在产品族中的数量比例关系[13];产量、每种操作的次数和零部件成本[14];尺寸形状、材料和制造过程[15];②以产品族中产品为对象的通用性研究,Fujita[16]通过零部件及相互关联关系和装配关系提出了百分比通用性指标;Mcadarng[17]提出了功能相似性指标(FSI)帮助模块化产品的概念开发和设计;Thevenot[18]提出 CMC 评价产品族设计中每个产品的通用性;另外,还有衡量参数化产品族中产品多样化(NCI, PDI)[19];③以产品族中零部件为研究对象,Martin[20]提出 GVI 识别随时间变化满足市场需求的变化零部件,同时提出零部件耦合指标(Coupling Index)评价产品族中零部件之间的耦合关系。国内学者朱斌等[21]通过模块实例通用度和变异模块通用度两个指标表示产品族中通用性度量;刘夫云等[22]提出了基于复杂网络的零部件通用性分析方法。王浩伦[23]针对产品族中模块或零部件有效的分类管理和创新对象选择的问题,提出了一种基于模块化产品族结构树的模块或零部件通用性分析方法,基于 Pareto(帕累托)法则和元件通用程度,确定模块和零部件的类型。

3.3.1 CPP 通用化的主要内容

公共产品平台通用化(即产品族通用化)就是识别出在一个产品族范围内的所有公共元素,包括所有潜在的公共功能、公共物理元素(特征、元件、模块、子系统)及其关系(接口、参数),以及与平台相关的公共技术、工艺、工装夹具、加工装备和管理等,并进行通用化、标准化设计的过程。结合平台的定义,本章认为平台通用化主要包括以下两个方面的工作[24]。

(1)从一组相似产品的集合中识别出公共产品平台:

①建立产品族和平台体系结构的形式表达,以方便平台的识别和构造;

②从表示法中识别出平台元素及其约束关系。

(2)确定平台的规范化和标准化设计方法,主要是确定平台元素(通用子系统和元件)的获取方式。平台元素的规范化和标准化包括:

①元件标准化(包括结构通用化和参数通用化);

②子系统及接口标准化(包括结构通用化和参数通用化);

③相关工艺过程及管理等标准化。

从工程的角度来看,一个产品族中的公共功能可用相同的方式实现,而且通过平台元件/模块的通用化和标准化设计,可以使用相同的装配、生产线来实现产品的多样性。因此,在上述工作中,公共产品平台体系结构的确定、平台元素的获取及其标准化设计是平台通用化的两个关键问题。本章将针对这两个方面做进一步探讨,平台通用化的其他方面不在此章的讨论范围之内。

3.3.2　CPPA 的分层构造与形式化表达

平台通用化的目标是识别出产品族中公共元素(元件/子系统)及其关系的最大集合,为一组相似产品确定公共产品平台体系结构(全称 CPPA)。因此,本节给出一个 CPPA 分层构造方式,如图 3.3 所示,其原理是通过从元件→模块、子系统→产品的逐层通用化和标准化设计,来构造公共产品平台,并由此派生一族产品。

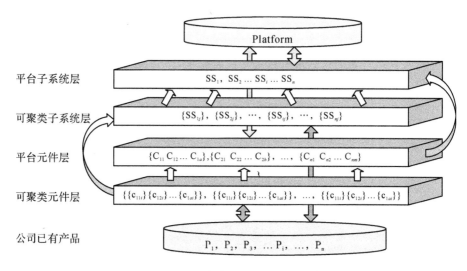

图 3.3   平台体系结构的分层构造

CPPA 形式化表达是开发平台的基础,它将一族产品中的平台元素、约束及相关信息清楚地表示出来,以便于平台的识别和构造。公共产品平台应是产品族中所有公共元素、公共关系及所有相关信息的集合。为了更清楚地表达 CPPA 的构成,基于组合数学的相关方法,提出将公共产品平台体系结构表示为如下一个三元组:

$$CPPA = (CE, CR, Info) \tag{3.1}$$

式中, $CE = (C, SS)$,

$$SS = \{SS_i \mid SS_i = [C_{i1}, C_{i2}, C_{i3} \cdots], C_{i1}, C_{i2}, C_{i3} \cdots \in C\},$$

$$CR = (R_C, R_{SS}),$$

CE 指平台中所有公共元素的集合; C 指平台中元件的集合; SS 指平台中子系统/模块的集合; i 指子系统/模块的计数器; CR 指平台中所有关系和约束的集合; R_C 指平台元件之间关系的集合; R_{SS} 指平台子系统/模块之间关系(包括接口)的集合; $Info$ 指与平台元素相关的加工过程、工艺、装配和管理等信息。

图 3.3 中,平台元素通用化是将平台元素按元件层与子系统/模块层分层进行标准化与通用化设计。关于平台元件 C 和子系统 SS 的获取方法及其通用化设计,将在下面做进一步详细的讨论。

3.3.3　平台通用化方法

开发 CPP 的关键之一是平台通用化问题,而平台通用化的基础是平台元素及约束的识别与提取。平台设计的原则是使产品间有尽可能多的通用性,且其性能的损失最少,因此,在确定平台元素的各个层次上都要求这两者之间能达到最佳平衡状态,使得在平台通用化的基础上,能以最小的再设计能力,开发一组派生产品。

获取平台元素是在企业已有产品资源的标准化与规范化的基础上进行的。产品资源的标准化与规范化是在产品完备定义的基础上对产品进行重组的过程,具体步骤包括零部件分类、零部件名称分析、零部件功能分析、零部件几何形状分析、零部件参数分析、建立事物特性表、建立完善的编码体系等若干方面[5]。在此基础上,可采用如下通用化技术来识别和获取平台元素及约束。

(1) 基于“从零开始”原则的零部件 ABC 分析[25]

“从零开始”(Zero-Based)即是从“无”开始,只往零件表中增添必需的零件,建立企业在设计新产品时所需的最小的零件表(基本零件表)。以此为前提,进行零部件的 ABC 分析。机械零部件按其特性通常可分成 A,B,C 三类,即 A 类定制件(特殊零部件)、B 类派生件(变型零部件)及 C 类标准件和外购件。零部件 ABC 分析的目的是了解零部件的分布情况,将 A 类零部件尽可能变为 B 类零部件,将 B 类零部件尽可能变为 C 类零部件,从而降低产品成本。平台元素即由 C 类零部件及 B 类的通用件构成。其中,标准化设计是达到平台通用化的重要途径和手段。

(2) 基于成组技术的零部件通用性分析

大规模定制生产从某种意义上可以看成是在信息技术和其他新技术支持下由企业内部发展至企业间的成组技术[26]。因此,可以利用成组技术原理,按功能相似性划分产品零部件,建立产品信息的分类和编码标准,从而发掘和识别出结构形状、参数和工艺等相似的零部件,开发出通用化甚至标准化的功能模块。可由主体企业和与之结成伙伴的零部件专业化制造企业共同承担平台元件的制造和供应,以降低生产成本。

（3）产品变型后延技术

在平台通用化过程中,采用后延设计的思想(即产品变型后延的设计方法),提高制造过程早期阶段零部件的通用性,把客户的定制要求延迟到供应链的下游,尽量在时间和空间上推迟定制活动,在制造的后期阶段进行变型,如图 3.4 所示[27-29],即尽可能增加平台元素的数目,减少变型元素的数目。后延技术可以降低制造过程的复杂程度,减少供应链的负担和不确定性,降低管理费用和成品库存,缩短定制时间,提高迅速响应客户需求变化的能力,并使产品和服务与顾客的需求之间尽量实现无缝连接,从而提高企业的柔性和客户价值。

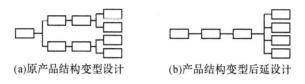

(a)原产品结构变型设计　　　　(b)产品结构变型后延设计

图 3.4　产品结构变型后延示意图

（4）冗余设计

冗余设计也称过度设计,是平台通用化的一项重要技术。其初衷是为了提高元件/模块的适用性,表现为元件/模块功能或者结构上的扩展,使得高端元件/模块所具有的功能可以覆盖或者替代相应的低端元件/模块。虽然冗余设计为了覆盖更多的功能而导致了某种形式的浪费和损失,但它在一定程度上减少了零部件的种类,从而减少了内部结构的多样化,并且采用冗余设计后制造、装配、库存以及供应链的简化所带来的效益也足以弥补上述损失。例如,在游梁式抽油机的曲柄设计中,曲柄主要尺寸参数不变,但设计了多个调节孔位,使一台抽油机有多个冲程,大大减少了曲柄的种类。

在获取平台元素过程中还要考虑的一个重要问题是平台元素的粒度问题。平台元素的粒度大小直接影响平台的通用性和产品族的可配置性。若平台元素在太低的层次上构造(如标准件层),则结构的数量可能太多,配置变得困难,工作量将大大增加。反之,若在一个非常高的层次上,例如,整个模块或产品,则构造粒度太大,通用性可能不足,不利于进行组合变型。因此,确定平台元素粒度的基本原则是:产品易于变型和配置以尽可能满足客户需求;具有较大的重复性以获得规模经济;使产品在全生命周期中的总成本较低。在综合考虑模块性、可配置性与通用性的基础上,确定平台元素的最佳划分粒度,使得产品的通用性与性能及开发成本达到平衡。

此外,平台元素的识别与获取同时伴随着平台约束的识别与获取。平台约束主要包括两大类:一类是平台元素之间的约束,即平台中通用元件和子系统(模块)之间的约束关系和公共约束空间,它反映了平台元素之间的关系以及与平台相关联的制造、装配过程,每个平台约束对可行的平台配置提供了限制条件。另一类是平台元素与变型元素(可选元件或模块)之间的约束关系和约束空间;它提供了产品族和产品族成员的配置约束。在识别平台元素并进行通用化的过程中,同时考虑元素间的约束关系,对平台元件和模块接口进行通用化设计,从设计和制造等多重角度,确定平台结构及其相关的公共制造、装配过程。平台约束的建立要满足产品性能(功能和质量)要求、设计规范、制造工艺要求、设计习惯等。平台约束的通用化是与平台元素通用化同时进行的,同样可采用前述技术,例如,平台元素之间接口的通用化及平台元素与变型元素之间接口的通用化。约束的处理是通过产品开发过程中的约束管理系统来实现的,包括约束的创建、删除、读出、修改和写入、语法检查和合理性检查等编辑功能。

上述获取平台元素及约束的技术和方法中都包含了工程技术人员很强的主观性,且大部分是定性的分析和判断。本章提出一种自动获取平台元素的方法——基于图论的聚类分析方法(Graph Theory-Based Clustering Analysis,GTBCA),进行客观的分析,避免上述方式中的主观性。本方法的目的是采用定量的方法实现定性的分析,为平台元素的识别与提取、平台模块化提供指导性意见。

3.3.4　平台元素的 GTBCA 方法

GTBCA 方法是针对公司已有的相似产品进行通用化和标准化分析,获取平台元素,并以此作为构筑平台的重要依据。使得平台能实现更为合理的通用化,真正成为设计、开发和生产多重产品的一个公共基础。

(1)预备定义和 GTBCA 的基本原理

在说明本章提出的方法之前,先给出几个预备定义[30]:

【定义 3.1】生成树:若无向图 G 的生成子图 T 是一棵树,则称 T 为图 G

的生成树。

【定义 3.2】带权生成树:设 G 是一个边带正数权的边权无向图,G＝<V,E,W>,则称 G 的生成树为带权生成树,并以树枝所带权之和为生成树 T 的权,记作 C(T)。

【定义 3.3】最小支撑树:在带权图 G 的所有生成树中,树权最小的生成树称为图 G 的最小生成树,又称为最小支撑树。

进一步给出如下定义:

【定义 3.4】聚类元素的最小生成树:设图 G 中的顶点为需进行聚类的元素,边表示两顶点元素之间存在的相似性,边权为其相似性表示值(即顶点之间连线的长度)。则在带权图 G 的所有生成树中,树权最小的生成树称为元素连接图 G 的最小生成树。

基于图论的聚类分析方法(GTBCA)用于平台元件/子系统的标准化分析,实际上是将一组待分类元素(元件/子系统)作为一组模式,每一个模式用一个特征向量表示,两个模式之间的相似性用特征空间的一个度量来表示。基于已选取的相似性度量,可以实现一组模式的聚类分析。也就是基于元素的一组主要特征采用聚类分析的方法将元素分组,根据已有设计资源中所记录的被分析元素的特征状态,来衡量每个元素间的类同之处。具体做法是将聚类的元素作为网络或曲线图上的节点,通过构造最小支撑树,来寻求元素标准化的层次。

(2)GTBCA 的操作步骤

下面将一步一步地详细说明本方法具体步骤。

①获取描述被研究对象所需要的分析数据。

根据公司的市场策略,从公司现有的、可利用的产品设计资源中,选择一组相关的、有代表性的设计(样本)子集,作为构建平台的分析对象,并获取产品的所有数据,以备聚类分析使用。

②确定分类对象及其特征。

选取聚类元素应考虑以下几个方面:

a. 所选取的元素应是一个产品族中核心的、重要的元素(元件/子系统);

b. 在一个产品族内,所选取的元素应有标准化的可能性,并容易实现标准化;

c.通过元素的标准化应能使相关制造过程的通用性得到提高,从而减少制造成本和时间。

选取了聚类元素后,则要决定其特征,即用什么设计参数来比较元素之间的相似性,这是非常重要的,关系到标准化结果的有效性。特征选取应主要考虑以下几点:

a.特征应能反映产品族内在的相似性,并且其中的相关信息可用于分析;

b.聚类元素可以根据所选的特征来描述;

c.应使企业通过元素的标准化,获得最佳效益。

③记录待聚类的元素及其特征参数,并对所记录的数据进行规范化处理。

设有 m 个待聚类的元素样本,取元素集合 $\{c_1, c_2, \cdots, c_m\}$。可用 n 个特征和特征值来描述特征集 $\{c_1, c_2, \cdots, c_n\}$。将待聚类的元素及其特征记录到一个 $m \times n$ 的数据矩阵 $\boldsymbol{C}_{m \times n}$ 中:

$$\boldsymbol{C}_{m \times n} = \begin{bmatrix} c_{11} & c_{12} & \cdots & c_{1j} & \cdots & c_{1n} \\ c_{21} & & & & & \\ \vdots & & \ddots & & & \\ c_{i1} & & & c_{ij} & & \vdots \\ \vdots & & & & \ddots & \\ c_{m1} & & \cdots & c_{mj} & & c_{mn} \end{bmatrix} \tag{3.2}$$

式中,元素 i 的模式向量 $\vec{c}_i = (c_{i1}, c_{i2}, \cdots, c_{in})$ 描述了第 i 个元素的特征。聚类分析的目的就是要将 m 个元素按照它们的特征模式进行分类。

另外,为了使数据变化的幅度或范围不影响聚类结果,原始数据在聚类分析之前需要进行规范化处理,使变化范围较小的因素与变化范围较大的因素的影响等同化。一个较严谨的方法是通过 $z-$ 变换进行自身规范化,即

$$z_{ij} = \frac{c_{ij} - \bar{c}_{.j}}{s_j} \tag{3.3}$$

式中 $\bar{c}_{.j} = \dfrac{1}{m} \sum\limits_{i=1}^{m} c_{ij}$,$s_j^2 = \dfrac{1}{m-1} \sum\limits_{i=1}^{m} (c_{ij} - \bar{c}_{.j})^2$。

④确定分类元素的相似性,构造相似性矩阵。

在进行聚类分析之前,必须选择一种相似性度量的表示形式,这一选择

对聚类分析的结果有着深刻的影响。两个元素之间的相似性可用各种不同的方法来度量,在此采用距离的方法来进行说明。

设两元素样本 k 和 l 经 z—变换后的模式向量分别为:$\vec{z}_{k.} = (z_{k1}, \cdots,$ $z_{kj}, \cdots, z_{kn})$;$\vec{z}_{l.} = (z_{l1}, \cdots, z_{lj}, \cdots, z_{ln})$。

则 n 维欧氏距离的向量表示为:

$$d_{kl}^2 = \overrightarrow{(z_{k.} - z_{l.})}\,\overrightarrow{(z_{k.} - z_{l.})}' = \sum_{j=1}^{n} (z_{kj} - z_{lj})^2 \tag{3.4}$$

由此,可构造相似性矩阵:由于矩阵是对称的,故只需给出矩阵的下半部。相似性矩阵是聚类分析的出发点。

$$M_s = \begin{bmatrix} 0 & & \cdots & \cdots & & d_{1n} \\ d_{21} & 0 & & & & \vdots \\ \vdots & & \ddots & & & \vdots \\ d_{i1} & d_{i2} & \cdots & 0 & & \vdots \\ \vdots & & & & \ddots & \vdots \\ d_{n1} & d_{n2} & \cdots & \cdots & d_{n,n-1} & 0 \end{bmatrix} \tag{3.5}$$

式中,$d_{ij} = d_{ji}(i,j = 1,2,\cdots,n)$。

⑤提出达到分类的步骤或聚类算法。

本节采用的方法是通过相似矩阵构造最小支撑树,从而得到分类的层次结构。最小支撑树使用最短距离法构造,在本节中将采用克鲁斯卡尔(Kruskal)算法[30]进行构造,此算法的过程主要是树的分步构造,每一步在树中加入一条不与已选的连线成环的最短连线。其具体过程为:

a. 选 $e_1 \in E(G)$,使得 $w(e_1) = \min$;

b. 若 $e_1, e_2, \cdots, e_i$ 已选好,则从 $E(G) - \{e_1, e_2, \cdots, e_i\}$ 中选取 e_{i+1},使得 e_{i+1} 满足 $G[\{e_1, e_2, \cdots, e_i, e_{i+1}\}]$ 中无圈;$w(e_{i+1}) = \min$;

c. 循环执行直至选得 e_{m-1} 为止。

其中,$G[E'][E' \subseteq E(G)]$ 称为 E' 的导出子图,它是以 E' 为边集,以 E' 中边之端点为顶的图。

⑥通过类的划分及聚类结果的评价,确定公共产品平台的构成。

在最小支撑树构成之后,首先通过截断最长的连线来划分类,这样就产生两个类,然后截断第二条最长的连线,依次进行。

评价类的目的是要找到划分类的最佳层次,使得在保证产品性能的前提下,设计和制造的成本和时间最少。这是一个离散优化问题,需建立基于平台性能、成本和时间的优化模型,基于此模型来评价可能产生的几个主要的分类,以最后确定类的最佳划分层次。评价分类结果既是定性的,也是定量的问题,最终将获得不同粒度下的平台元素,由此可产生不同的平台方案。对平台方案的评价将在第 4 章中详细阐述,在此仅给出划分最佳类的原则:

a. 聚类过程本身是客观活动,为避免评价中主观因素的影响,必须由具备足够经验、资历的设计、工艺和管理等方面的人员共同参与;

b. 确定分类的相关设计准则、所涉及的生产工艺和装配要求,确保设计、生产的健壮性和可靠性;

c. 应使在一个类中容易实现标准化,用一个设计尽可能地覆盖所有可能的应用。使得从平台上派生的产品的各项性能能够容易地并尽可能地满足客户定制的要求;

d. 类的划分及标准化应使新产品在所构成的平台上容易扩展,并且使公司采用平台策略能获得最大效益。

(3)GTBCA 方法的框图

图 3.5 为 GTBCA 方法的实现步骤框图。

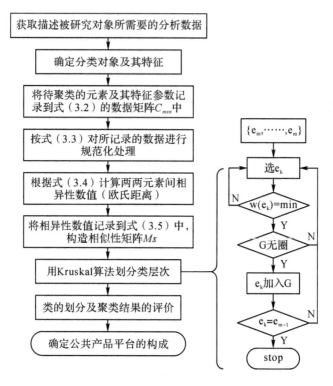

图 3.5　GTBCA 方法的步骤

3.3.5　平台元素通用化设计

(1)基于 GTBCA 法和帕累托图的通用化设计步骤

平台元素通用化设计的关键是对企业已有产品系列中的零部件进行通用性分析。现有文献中零部件的通用性分析大多是采用零部件使用频率分析方法,对零部件进行频谱排序[31,32]。这种处理方法用于大规模定制产品显然是不充分的,因为 MC 要求通过平台元素的通用化能大幅降低产品成本和制造时间,而单纯的零部件频谱分析法存在以下不足:①容易忽略某些使用频率不高,但其加工量较大和/或成本较高的零部件;②某些零件虽然使用频率很高,其加工量不大和/或成本很低,但优先通用化此类零件后对 MC 在时间和成本方面的实际效益并不显著。

因此,综合考虑零部件通用性、成本和制造时间的影响,针对以上不足提出如下方法,进一步将上文所提出的 GTBCA 方法与帕累托排序法相结合来识别和提取平台元素的通用化对象,并通过对零部件类的综合分析来进行平台元素的通用化设计(包括平台元素参数的确定和平台元素相关制造过程的确定)。这里以某系列产品中的端盖零件作为示例,说明本方法的具体操作步骤。

步骤 1　根据相似性原理及 GTBCA 方法,归类相似零部件。表 3.1 为端盖零件的分类结果,分为六大类(为简单起见,记为 A－F)。

表 3.1　端盖零件的分类结果

序号	零件图号	类别	序号	零件图号	类别
1	GR 201-50-0049	A	20	GR 201-50-01105A	D
2	GR 201-50-0165	A	21	GR 201-50-1481	D
3	GR 201-50-0064	B	22	GR 201-100-0007	D
4	GR 201-50-0063	B	23	GR 201-100-0035	D
5	GR 201-50-0062	B	24	GR 201-50-0051	D
6	GR 201-50-0061	B	25	GR 201-50-01170	D
7	GR 201-50-0162	B	26	GR 201-50-1311A	D
8	TEJ 70-36	C	27	GR 201-50-1308A	D
9	GR 201-50-0101A	D	28	GR 201-50-1325A	D
10	GR 201-50-0132C	D	29	GR 201-50-1322A	D
11	GR 201-50-0058A	D	30	GR 201-50-01160B	D
12	GR 201-50-0347A	D	31	GR 201-50-0116	D
13	GR 201-50-0336B	D	32	GR 201-100-0023	D
14	GR 201-50-0331A	D	33	GR 201-100-0019	D
15	GR 201-50-0312A	D	34	GR 201-50-1224	D
16	GR 201-50-0109	D	35	GR 201-50-1213	E
17	GR 201-50-1337	D	36	GR 201-50-1202	E
18	GR 201-50-1333	D	37	GR 201-50-1233	E
19	GR 201-50-0319	D	38	GR 201-50-0139	F

步骤 2　将每一类零部件作为一个整体,以如下四个方面为依据,采用 Pareto 排序法对零部件类进行分析,以获取平台元素的通用化候选对象:

①根据企业历年来零部件被使用的总数量来排序；

②根据使用过该零部件的产品数量来排序；

③根据零部件类的平均成本来排序；

④根据零部件类的平均加工量(用工时定额表示)来排序。

以端盖零件为例，Pareto 排序结果如图 3.6 所示。

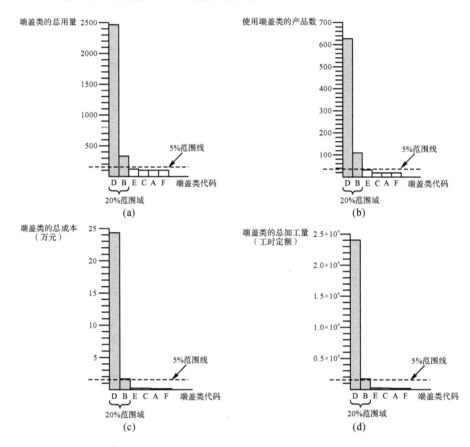

图 3.6　端盖零件类的 Pareto 图分析

从图 3.6(a)和图 3.6 (b)曲线的观察中可以发现，一般零部件的使用数量排列通常总是和零部件在产品中的使用情况排列准确地相对应。这也从一个侧面证实了 Pareto 法则。通常，对于产品数量较少的产品系列，平台元素的提取可考虑以零部件的使用量为主导准则；对于产品数量大的产品系列，平台元素的提取可考虑以使用零部件的产品的数量作为主导准则。

步骤 3　在上述帕累托图中划分取舍范围，提取平台元素的通用化候选对象。

本章提出如下"20％∪5％"的参考准则作为划分候选对象的取舍范围：

①根据帕累托法则，将帕累托图中左端 20％左右区域内的零部件提取出来(参见图 3.7)，这个区域基本代表了总用量较大的零部件、大多数产品用到的零部件以及在许多年内持续使用的零部件，这部分零部件类具有较大的标准化和通用化潜力和价值，对产品的成本和开发效率影响较大，可作为平台元素通用化的重点考虑对象。

②参考成组技术[32]中标准化零件的候选对象的取舍方式和范围，在 Pareto 图上作一水平取舍线，一般选取值范围的 5％作为取舍线。选取高于5％的零部件类作为通用化候选对象。

③将根据上述两条准则提取的零部件类的并集作为通用化候选对象，分别做进一步的分析。从图 3.7 端盖例子中可以看出，只有 B 类和 D 类被提取出来作为平台元素通用化的候选对象。由于 D 类端盖的总加工量和成本很大，故此首先进一步在 D 类相似端盖零件范围内做通用化分析和设计。

步骤 4　相关工程部门的代表针对上述提取出来的零部件类进行细致的查询和分析，确认是否有多余零部件或是否有重要零部件遗漏了。

需要说明的是，本章所提出的"20％∪5％"通用化范围仅是作为企业参考使用的，平台元素的最终确定是要综合考虑企业现有资源如产品性质、零部件具体情况来决定的，可根据具体情况灵活调整通用化范围的大小。

上述提取平台元素候选对象方法的优点是考虑了 MC 对产品成本和时间的要求，并涵盖了以下较特殊的情况，减少了平台通用化过程中的遗漏：

①某些零部件的使用量很少，但却在许多产品中广泛使用(例如汽轮机中的刻度牌[14])；

②一个零部件可能用在极少甚至只是一个产品中，但其用量非常大(例如汽轮机中的某一种换热管只用在一个产品上，但用量却高达 4376 个[31])。

③某些零部件的使用量偏少，但为较重要的零部件，且其成本很高和/或加工量很大(如游梁式抽油机中输出轴扭矩为 73 kN·m 的减速器，基本只用在冲程为 4.8 m 的抽油机上，但其成本却占了整个抽油机的1/4)。

上述三种情况下的零部件可考虑作为平台元素的通用化候选对象。

步骤 5　将上述提取的零部件类分别进行通用化设计，并将通用化后得到的元件或模块作为平台元素。这一步可采用常规的通用化设计方法,以上述 D 类相似端盖零件为例,说明其通用化设计过程和方法。

①对 D 类中所有端盖零件的主要特征信息进行频谱分析,由此可以了解这些通用化要素的分布情况,以找到实施通用化和标准化的方向。根据在端盖零件类中各主要特征的出现率进行统计,统计所得的部分频谱如图 3.7 所示。

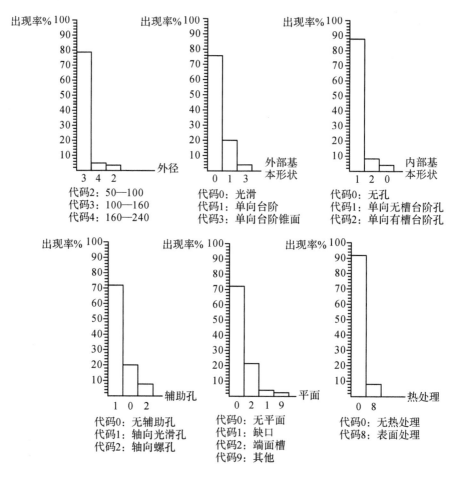

图 3.7　D 类端盖零件的特征信息频谱示例

对这类端盖零件的结构尺寸等统计信息归纳如下:

• 主要尺寸:L/D<0.5,多数直径在 $\varnothing$100－160,特大与特小直径者极少;

• 基本形状:绝大多数端盖的外部为光滑圆柱面或单向台阶圆柱面,内部为光滑或单向台阶圆柱孔；

• 功能要素：大多数无平面加工；大部分具有光滑辅助孔，少量为螺孔，小部分则无孔，且所有辅助孔均为等分的轴向孔；

D类端盖的其余信息如材料（合金钢）、精度（组合精度）、热处理等基本相同。

②分别绘制D类端盖零件的主要结构尺寸分布图，从这类点图上，根据相关尺寸的点的密集程度，可对有关结构尺寸进行标准化。也可以通过这类点图求出相关尺寸线性回归方程，据此对有关尺寸进行标准化。上述D类端盖零件通过如此实施通用化设计最终得到如图3.8所示的2种结构型式、3种尺寸规格的通用零件。

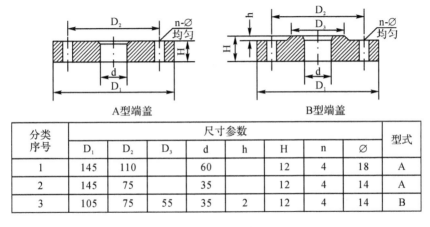

分类序号	尺寸参数								型式
	D_1	D_2	D_3	d	h	H	n	∅	
1	145	110		60		12	4	18	A
2	145	75		35		12	4	14	A
3	105	75	55	35	2	12	4	14	B

图3.8　对D类端盖进行通用化设计后的端盖结构型式与尺寸规格

随着通用化后的平台元素参数的确定，平台参数随之确定，继而可确定与之相关的平台制造过程和工艺装备等。

所有平台元素所代表的共性变量构成了平台参数，其中平台主参数是用来标志一个产品族的主要结构特性和功能特性的一组量值，是由平台元素中起主导作用的参数决定和组成的参数集合。例如，CYJ10-3-53常规型游梁式抽油机的平台主参数主要有游梁前臂长A、游梁后臂长C、连杆长P、曲柄半径R、游梁支撑中心与曲柄旋转中心之间的水平距离I、游梁支撑中心与曲柄旋转中心之间的垂直距离$H-G$等主要结构参数，以及最大冲程3m、钢丝绳提升最大载荷10 T、减速器输出轴额定扭矩53 kN·m等主要性能参数。

平台元素的通用化与相应的工艺过程和工具设备的通用化是相辅相成的。一方面,应根据标准的加工工具进行平台元素设计特征的标准化,一般只选择本企业所有设备和经销商都易于制造的特征。例如,在用 CNC 铣床加工零件时,应尽量在产品族中指定相同的标准圆角半径,从而可以只使用单一的铣刀加工族中零件。另一方面,针对通用化后得到的平台元素进行工艺过程和工具设备的通用化,可以大大减少工艺过程和加工量,消除制造过程中定位和更换工具等辅助性工作,以保证能够在不改变系统设置的情况下制造大规模定制产品族中的所有零件和产品。

(2)标准件的识别、提取及通用化

从上述过程可知,一组相似产品中的公共零部件经过被识别、提取以及通用化设计,最终成为一个产品族的平台元素。标准件(如轴承等)作为特殊的平台元素,同样也经历了上述过程,但由于其自身的特点,标准件的通用化过程要更为直接和简便。

① 标准件的识别和提取:企业大多构造了物料明细表(Bill of Material,BOM),可根据国标、部标、企标等代号标识,由计算机从 BOM 表中自动提取并记录标准件;或是手工从部件和产品装配图的零件明细表中提取。

②标准件的通用化步骤与 3.3.5 节(1)中的步骤 1 至步骤 5 基本相同,不同的是,作为平台元件的标准件结构和尺寸规格的最终确定要遵循相应的标准(国标等)进行选取,不能为标准规定以外的型式和值。

通过统一每类标准件的规格,可以减少零部件由于标准件的随意选取而产生的结构多样性,并将减少采购、库存、管理等环节的巨大间接成本。

3.4 实例分析

在世界石油工业中,有杆式抽油一直是占据主导地位的传统采油方式。抽油机是有杆式抽油的地面动力设备,每年的需求量巨大,且每台造价昂贵。目前在油田中,应用最广、用量最大的是游梁式抽油机(见图 3.9)[33],其类型繁多。由于各油田及其不同区域的地质储油构造、石油成分、油井自身情况以及周围环境的气温、地形等因素不同,需针对各种不同的工况来设计抽油机。因此,抽油机应属典型的大规模定制产品。下面以游梁式抽油机的四连杆机构为例来说明前面所提出的方法。

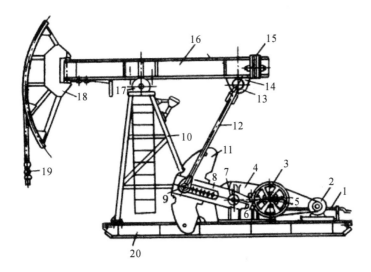

图 3.9　常规型游梁式抽油机简图

1-刹车装置；2-电动机；3-减速器皮带轮；4-减速器；5-动力输出轴；6-中间轴；7-输出轴；8-曲柄；
9-曲柄销；10-支架；11-曲柄平衡重；12-连杆；13-横梁轴；14-横梁；15-游梁平衡块；16-游梁；17-支架
轴；18-驴头；19-悬绳器；20-底座

1. 四连杆机构的设计简介

四连杆机构的杆长设计是游梁式抽油机设计中的一项主要任务。目前,杆长设计基本上仍采用类比设计。有两种类比设计方法:一种是杆长的直接类比;另一种是特征参数类比(如 δ , A/C , ϕ , λ , ξ)。这两种方法没有原则上的差别,都建立在已有产品设计的基础上。然而,随着各油田定制产品的逐年增多,同类产品设计的大量增殖,企业因此而引进新的生产、装配线和工装设备,造成成本大幅度增长,并使得交货期大大延长。如果在已有设计资源的基础上合理构筑抽油机产品平台,基于平台的通用性,则可以快速地进行产品配置设计,从而能够有效地满足大规模定制的要求。

2. 四连杆机构的通用化及标准化分析

为更清楚地说明方法本身,本节将问题简化,分析对象仅考虑游梁、连杆、曲柄和机架这几个四连杆机构的主要组件,以降低因问题的复杂性所引起的不确定性。下面采用 3.3 节中的步骤来说明抽油机产品平台元素通用化和标准化方法。

步骤 1 从目前已有的常规型游梁式抽油机中提取四连杆机构主要参数的各种实际数据(见图 3.10),并以此作为研究和分析的基础。

Microsoft Excel - CYJ_compParam

	A	B	C	D	E	F	G	H	I
1	CYJ_TYPE	A	C	P	I	H-G	R-1	R-2	R-3
2	CYJ3-2 1-13H	2.1	1.5	1.8	1.32	1.8	0.72	0.595	0.495
3	CYJ5-1 8-13HB	2.1	1.5	1.8	1.32	1.8	0.62		
4	CYJ5-1812	3	2.5	3.2	2.4	3.2	0.74	0.82	0.5
5	CYJ5-1 8-13H	2.1	1.78	2.1	1.62	2.1	0.74	0.62	0.5
6	CYJ5-1 8-18F	2.1	1.78	1.737	1.62	2.1	0.74	0.62	0.5
7	CYJ5-1 8-18HB	2.1	1.78	2.1	1.62	2.658	0.74		
8	CYJ5-1 8-18B	2.44	1.83	2.19	1.83	2.19	0.68	0.56	0.44
9	CYJ5-2 5-26B	3.28	2.82	3.026	2.82	2.952	1.064	0.98	0.922
10	CYJ5-2 5-26HB	2.5	2.4	3.2	2.2	3.2	1.15	0.99	0.83
11	CYJ5-2712	2.7	2.27	2.8	2.15	2.8	1.09	0.975	0.86
12	CYJ5-2 7-26HB	3.21	2.1	2.137	1.92	2.5	0.86	0.74	0.62
13	CYJ5-2 7-26B	3.52	2.44	2.95	2.44	2.95	0.915	0.795	0.875
14	CYJ5-3-26HB	3	2.5	3.2	2.4	3.2	1.2		
15	CYJ8-2 1-18B	2.82	2.82	2.92	2.82	2.952	1.664	0.922	0.78
16	CYJ8-2 5-26B	3.28	2.44	3.025	2.44	2.952	1.38		
17	CYJ8-3-48HB	3	2.5	2.8	2.4	3.8	1.2	1.084	0.968
18	CYJ8-3-48H	3	2.5	3.2	2.4	3.2	1.016	1	0.879
19	CYJ8-3-48H	3.45	2.58	3.2	2.34	3.68	1.09	0.975	0.86
20	CYJ8-3-48HB	3	2.5	3.2	2.4	3.2	1.045	0.885	0.755
21	CYJ8-3-48B	3	2.2	3.24	2.4	3.2	1.045	0.885	0.755
22	CYJ8-3 6-26B	4.15	2.82	3.85	2.82	3.81	1.2	1.045	0.885
23	CYJ10-3-37HB	3	2.4	3.35	2.3	3.28	1.15	0.985	0.82
24	CYJ10-3-37HB	3	2.4	3.35	2.3	3.27	1.15	0.985	0.82
25	CYJ10-3-37HB	3	2.4	3.2	2.3	3.2	1.15	0.985	0.85
26	CYJ10-3-37B	3.94	2.82	3.505	2.82	3.405	1.064	0.909	0.762
27	CYJ10-3-53HB	3	2.4	3.35	2.3	3.17	1.15		

Sheet1 / Sheet2 / Sheet3

就绪　数字

图 3.10　常规型游梁式抽油机原始尺寸数据表

步骤 2 确定聚类元素(元件/子系统)的特征集,构造元素——特征数据矩阵。

四连杆机构杆长设计的主要依据是在满足抽油机光杆最大冲程 S_{max} 的情况下,使其运动、动力性能尽可能优越,应主要确定出以下 6 个几何尺寸:游梁前臂长 A;游梁后臂长 C;连杆长 P;曲柄半径 R;游梁支撑中心与曲柄旋转中心之间的水平距离 I;游梁支撑中心与曲柄旋转中心之间的垂直距离 $H-G$。

在这里,需说明以下几点:

①为了使一台抽油机有多个冲程,曲柄上通常有多个调节孔位与之相对应,在此本节仅考虑使曲柄半径最大的孔位,因为它对曲柄最终的外形尺寸起决定作用,其他的孔位对制造成本和时间则影响不大。因此,零件的尺寸特征集可描述为 $\{A,C,P,I,H-G,R-1\}$,将裁剪后的相应数据记录到数

据矩阵中。

②从图 3.11 中可以看到,特征集中每类数据的数量级相同并且变化范围的差别不大,因此,在本例的研究中没有进行数据规范化处理。而且,由于尺寸公差(毫米级)与杆长(以米计算)的数量级相差很大,故公差在此忽略不计。

③为了说明方法本身,本节简化了产品编码,仅以序号表示。

步骤 3　计算相似性值,构造相似性矩阵。本例采用欧氏距离作为相似性值,所构造的相似性矩阵见图 3.11。由于矩阵的对称性,故只仅给出下三角矩阵。

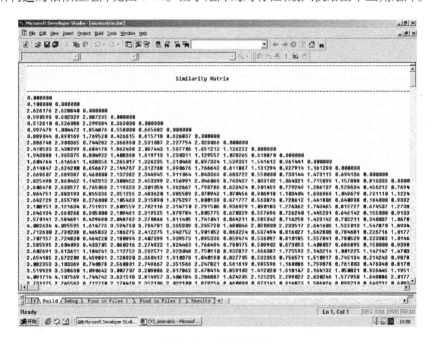

图 3.11　相似性矩阵

步骤 4　通过相似性分析,构造最小支撑树,输出连接表和连接图。

从相似性矩阵出发,用 Kruskal 算法构造最小支撑树,进行最短距离连接。其输出结果为一连接表(如图 3.12 所示),它表示了最小支撑树中元素的邻接关系,并在连接图中可视化(部分连接图见图 3.13(a)),连接图中列有被连接样本的编号和进行连接的相似性值。

GTBCA分析输出元素连接表				
序号	节点1	节点2	相似度	
1	22	23	0.010000	
2	17	19	0.029000	
3	1	1	0.100000	
4	23	26	0.100000	
5	13	24	0.150000	
6	23	24	0.165529	
7	13	17	0.184000	
8	20	24	0.250250	
9	3	17	0.276000	

输入分类阈值: 1.1 确定

图 3.12 输出连接表

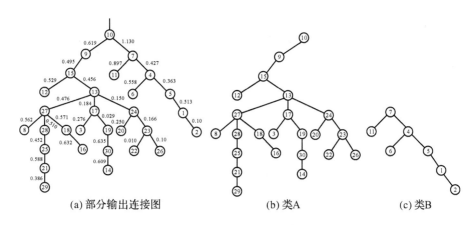

(a) 部分输出连接图   (b) 类A   (c) 类B

图 3.13 连接图及分类

步骤 5 通过对类进行划分和评价,并以此作为抽油机平台的构筑和元素标准化的重要依据,以提高平台通用性。

类的划分是通过依次切断最小支撑树中数值最大的连接进行的。以图 3.13(a)中的分支为例,首先切断数值为 1.130 的连线,这样就得到了图 3.13(b)和图 3.13(c)两个类。对其余最长连线相继执行这一步骤,从而得到各个层次的类。

类划分完后,需进行类的评价,确定最佳的分类层次。这需要在各个分类层上综合评价抽油机的主要性能、设计及制造成本和时间,并以此作为划分最佳类的依据。评价模型的构建较复杂,例如,机构的性能评价涉及四连杆机构的运动和动力学部分,计算较复杂;同时,评价过程也包含许多定性的主观经验在其中,故这部分评价工作在此不做详细介绍。本例主要用于说明本章所提出的 GTBCA 方法,通过平台元件/子系统的通用化和标准化构建公共产品平台。

3.5　本章小结

本章的主要目的是构建合理的公共产品平台,从而帮助公司制定一个可持续发展的规划,使得设计团队可以基于平台设计产品族,有效地满足大规模定制的要求。

本章首先分析了公共产品平台的基本特征及其开发方式,然后给出了公共产品平台体系结构开发框架,探讨了平台规划中所采用的相关技术,并重点研究了平台通用化问题。为此,本章概括了平台通用化问题的两个主要方面:平台的识别以及平台元素的获取。提出了平台体系结构的分层构筑方式,并进行了形式化表达。在此基础上,重点研究了平台元素识别与自动提取方法,提出了一种基于图论的聚类分析方法(GTBCA),通过客观揭示已有设计资源中核心元素的标准化潜力,采用定量分析模型来帮助工程技术人员进行平台的规划和构建,以提高平台的通用性。进而基于 GTBCA 方法和 Pareto 排序法进行了平台元素的通用化设计。通过一个抽油机例子和端盖零件的通用化设计对本章所提出方法的有效性进行了论证。

从本章的研究中可以得出以下试验性的结论:

①平台的合理构建是基于 CPP 的产品族设计成功与否的关键,平台通用化是开发公共产品平台的核心问题之一,而标准化是达到平台通用化的重要方式;

②GTBCA 方法可以有效地辅助平台的开发,它通过揭示一个数据集内在的结构,有效地揭示了已有设计资源中标准化的潜力,以帮助获取平台元素;

③针对大规模定制生产,采用平台的策略设计产品族,可以在满足产品

性能的前提下大大减少设计、制造的成本和时间。

参考文献

[1] 秦红斌. 基于公共产品平台的产品族设计技术研究[D]. 武汉:华中科技大学, 2006.

[2] GONZALEZ-ZUGASTI J P. Models for platform-based product family design[D]. Boston: Massachusetts Institute of Technology, 2000.

[3] PESSINA M W, RENNER J R. Mass customization at Lutron Electronics-A total company process[J]. Agility & Global Competition, 1998, 2(2): 50-57.

[4] SANDERSON S, UZUMERI M. Managing product families: The case of the Sony Walkman[J]. Research Policy, 1995, 24(5): 761-782.

[5] 苏宝华. 面向大量定制生产的产品建模理论、方法及其应用研究[D]. 杭州:浙江大学, 1998.

[6] CHOWDHURY S, MESSAC A, KHIRE R A. Comprehensive product platform planning (CP3) framework[J]. Journal of Mechanical Design, 2011, 133(4): 1-15.

[7] 程贤福,朱进,周尔民. 基于联合分析和模糊聚类的产品族客户需求模型研究[J]. 工程设计学报, 2017, 24(1): 8-17, 26.

[8] 秦红斌,肖人彬,钟毅芳,等. 面向大批量定制的公共产品平台研究[J]. 中国机械工程,2004,15(3):221-225.

[9] 大卫·M. 安德森, B. 约瑟夫·派恩二世. 21世纪企业竞争前沿:大规模定制模式下的敏捷产品开发[M]. 北京:机械工业出版社,1999.

[10] ANDERSON D M. Agile product development for mass customization, niche markets, JIT, build-to-order, and flexible manufacturing [M]. Chicago: Irwin Professional Publisher, 1997.

[11] 齐二石,焦建新. 基于功能需求模式识别的变异式产品需求分析建模方法及其在产品设计中的应用[J]. 系统工程理论与实践,1999,19(3):13-23.

[12] KARSAK E E, SOZER S, EMRE A S. Product planning in quality

function deployment using a combined analytic network process and goal programming approach [J]. Computers and Industrial Engineering, 2003, 44(1): 171-190.

[13] COLLIER D A. The measurement and operating benefits of component part commonality[J]. Decision Science, 1981, 12(1): 85-96.

[14] JIAO J, TSENG M M. Understanding product family for mass customization by developing commonality indices [J]. Journal of Engineering Design, 2000, 11(3): 225-243.

[15] KOTA S, SETHURAMAN K, MILLER R. A metric for evaluating design commonality in product families [J]. Journal of Mechanical Design, 2000, 122(4): 403-410.

[16] FUJITA K. Product variety optimization under modular architecture [J]. Computer-Aided Design, 2002, 34(12): 953-965.

[17] MCADAMS D A, STONE R B, WOOD K L. A quantitative similarity metric for design-by-analogy [J]. Journal of Mechanical Design, 2002, 124(2):173-182.

[18] THEVENOT H J, SIMPSON T W. A comprehensive metric for evaluating component commonality in a product family[J]. Journal of Engineering Design, 2007, 18(6): 577-598.

[19] SIMPSON T W, SEEPERSAD C C, MISTREE F. Balancing commonality and performance within the concurrent design of multiple products in a product family[J]. Concurrent Engineering: Research andApplications, 2001, 9(3): 177-190.

[20] MARTIN M V, ISHII K. Design for variety: developing standardized and modularized product platform architectures. [J]. Research in Engineering Design, 2002, 13(4): 213-235.

[21] 朱斌, 江平宇. 面向产品族的设计方法学[J]. 机械工程学报, 2006, 42(3): 1-8.

[22] 刘夫云,杨青海,祁国宁,等. 基于复杂网络的产品族零部件通用性分

析方法[J]. 机械工程学报, 2005, 41(11): 75-79.

[23] 王浩伦. 模块化产品族中模块和零部件通用性分析方法[J]. 华东交通大学学报, 2013, 30(2): 78-84.

[24] 秦红斌, 肖人彬, 陈义保, 等. 面向公共产品平台通用化的聚类分析方法研究[J]. 计算机辅助设计与图形学学报, 2004, 16(4): 518-522.

[25] 祁国宁, 顾新建, 谭建荣, 等. 大批量定制技术及其应用[M]. 北京: 机械工业出版社, 2003.

[26] 吴锡英, 仇晓黎. 从成组技术到大规模定制生产[J]. 中国机械工程, 2001, 12(3): 319-321.

[27] 李随成, 梁工谦, 刘晨光. 客户化大生产运作基础理论[M]. 北京: 科学出版社, 2003.

[28] 韩睿, 田志龙. 延迟制造:供应链管理下的大规模定制技术[J]. 中国流通经济, 2002(1): 42-44.

[29] HOEKRIV, PEELEN E, OMMANDER H R. Achieving mass customization through postpone: a study of international changes [J]. Journal of Market Focused Management, 1999, 3(3): 353-368.

[30] 肖位枢. 图论及其算法[M]. 北京: 航空工业出版社, 1993.

[31] 李仁旺. 大批量定制的理论方法及其若干基本问题研究[D]. 杭州: 浙江大学, 1999.

[32] 蔡建国. 成组技术[M]. 上海: 上海交通大学出版社, 1996.

[33] 邬亦炯, 刘卓钧, 赵贵祥, 等. 抽油机[M]. 北京: 石油工业出版社, 1994.

第二篇　主体篇

第4章
产品族设计功能需求建模与分析

客户需求信息的准确获取与表达是产品族规划的首要环节。客户需求的多样化驱动了产品功能—结构的差异性,客户需求的变化体现了产品定制程度的高低,则产品应具有不同的功能要求,通过相应的特征属性来表达。客户对产品的需求归根结底是对产品功能的需求,产品设计最终应具备一定的功能要求,而功能要求会受到客户需求和结构设计参数的共同影响。为使产品设计具有适应性,在对产品设计进行需求分析的基础上,本章建立市场分割框架下的客户需求模型、功能需求模型及平台设计层次之间有效的反馈和协调机制,进行功能需求类型的划分,合理提取特征设计参数,提出一种面向可适应性的产品族设计功能需求分析方法。

4.1 引言

客户需求是实现大规模定制生产的基础和前提,通过客户需求、功能要求、设计参数的映射过程,将客户需求进行量化并转化为产品功能属性的技术指标和参数,对技术指标和参数进行分析实现产品族的构建。产品族规划是实现大规模定制规模经济、范围经济及经验经济效应的一种有效方式,在某种程度上,产品族的构建直接影响大规模定制的成败。因此,对产品族客户需求模型进行研究很有必要。

各国学者对大规模定制下的客户需求模型进行了研究,Wang 等[1]采用一种线性目标规划方法,得到客户需求的相对重要性权重。Maldonado 等[2]提出构建相关矩阵同时识别客户的需求偏好和最相关属性。Yu 等[3]通过运用质量功能配置技术,了解客户需求,并运用模糊聚类实现产品族的构建。Jiao 等[4]对客户需求模型进行分析研究,建立了一个产品族框架,使企业在满足客户个性化需求的前提下更加迅速地设计出合理的产品。Wang 等[5]提出了在产品的开发过程中加入客户偏好属性,将客户需求和功能要求进行可视化识别,最后对需求模型进行评估。经有国等[6]针对半结构化客户需求信息的模糊性、不易处理性等特点,提出了一种客户需求信息的数学描述方法,并建立了客户需求信息转换体系结构。黄辉等[7]建立了基于顾客需求—功能—原理—结构的大规模定制产品族扩展模型。周春景等[8]提出了一种以顾客需求为导向的产品配置优化方法,建立了以成本可行为约束条件的产品优化配置的数学模型。但斌等[9]通过本体中概念之间的相似度的计算,提出了一种面向模糊客户需求的产品配置方法。程贤福等[10]针对客户需求信息具有抽象性、模糊性等特点,基于公理设计构建描述性客户需求模型,运用正交试验设计方法产生一系列的概念产品组合,通过调查分析得到客户对概念产品的偏好程度,采用联合分析法获得产品属性的水平效用值和属性间的相对重要程度,从而实现对抽象客户需求信息的量化处理。

在以客户需求为导向的市场,客户对产品的需求归结为对产品品质的需求。如果产品价格是基于产品品质而定,则客户对产品价值的感知主要体现在产品功能/性能的价值感知上,因此客户对产品的感知价值最终是对产品功能/性能的感知价值,如果不以产品功能/性能的设计为出发点,将难以令客户满意[11]。不同客户对产品的各项品质要求是有差异性的,正是这种差异化形成了产品多样化的基本出发点。Yaday 等[12]基于 Kano 模型对客户需求信息分类,采用质量功能配置将客户满意度自顶向下分解到组件参数,提出客户满意驱动的产品平台规划方法。Hong 等[13]提出以客户为中心的产品建模和配置方法,使用与或树表达类产品模型,应用粗糙集算法进行模式约简,实现动态客户需求向产品平台信息模型映射。Cheng[14]以公理设计为指导,基于 Kano 模型划分产品功能要求,通过分析设计参数与功能要求之间的影响来规划产品平台。因此,探索产品平台功能需求的描述方法需要依据客户对产品的品质需求以及平台结构的可适应性分析。顾复等[15]针对产品配置需求中各个参数之间的关联,提出了面向配置需求获取的参数耦合网络模型,将参数之间的关联以各种内聚与耦合的形式加以分类表达,通过该网络模型中的各种特征以及不同的内聚耦合属性,引导设计中参数的选择与更改工作,实现支持产品配置设计的目的。李中凯等[16] 为了实现柔性产品平台概念设计中需求分析、功能建模、模块识别和类别设置的集成,提出了客户需求驱动的柔性平台功能模块识别方法,考虑客户需求的模糊特征,构建物料流、能量流和信号流表达的产品功能模型,基于启发规则识别产品功能模块。Cheng 等[17] 提出了一种机械产品系统稳健性建模与分析方法,对产品的功能语义和功能需求进行元模型描述,以基本结构概念空间中的设计参数为核心,考虑客户个性化需求的动态配置,利用模糊聚类算法对设计参数进行聚类,生成几个相互之间具有较小依赖度的聚类耦合模块,得到系统稳健关联矩阵。程贤福[18] 从客户需求及设计可适应性的角度,结合公理设计和通用设计理论对产品的功能结构概念进行元模型描述,将客户对产品的需求转化为产品功能要求,通过分析设计参数与各类功能要求之间的影响,并对产品平台参数的敏感性进行分析,确定设计参数在产品平台中的共享策略。

4.2　产品族客户需求模型构建

4.2.1　客户需求分析

客户需求是实现产品定制的出发点和原始动力,是用于表达客户考虑事项的关键基本特征。对客户需求进行分析的主要目的是将具有相似消费特征的消费群体的需求经过工程技术特征转化,形成面向产品开发和设计的需求[19]。在大规模定制下,客户由传统的被动接受产品逐步转变为主动的参与,同时要求企业在合理的价格范畴内快速地响应其个性化需求。因此,如何正确地获取和理解客户需求信息,并在产品设计中准确地表达就显得尤为重要。通常情况,客户需求信息包含以下特点:

①抽象性:客户对自身的需求通常难以完整地表达出来,从而造成客户需求信息具有一定的抽象性,在分析过程中需采用一定的方法对需求信息进行预测和推理才能使之显性化。

②模糊性:由于客户对产品功能和性能等方面的产品知识和了解程度

有限,因此客户对产品所提出的需求通常是不精确的、不具体的。模糊性是客户需求信息的基本特征。

③相似性:随着社会的不断发展,生活水平的不断提高。人们对产品功能通常会产生一些共同的需求,产品功能的共同需求反映了客户需求存在相似性。在某种程度上,正是由于客户需求具有这样的相似性才使得大规模定制的规模效益成为可能。

④多样性:客户的个性化需求和不同的需求表达决定了客户需求具有多样性。造成客户需求多样性的主要原因包括市场环境由卖方市场逐渐转向买方市场、全球经济一体化、需求分层和产品的多样化用途等。

⑤动态性:客户的需求会随时间、消费观念、市场细分等情况不断地发生动态的推移和转变。

客户需求信息包含了客户对产品各个方面的需求,日本著名工程师狩野纪昭(Noritaki Kano)提出的客户需求分类模型对客户需求进行了更加形象的描述。Kano模型将客户需求分为三个层次,包括基本型需求、期望型需求和兴奋型需求[20]。由于客户需求具有动态性,随着时间和技术的发展,当期望型需求逐渐普及并被用户所接受时,一部分的期望型需求就会转变为基本型需求;与此同时,部分的兴奋型需求也会逐渐转变为期望型需求。如图4.1所示。

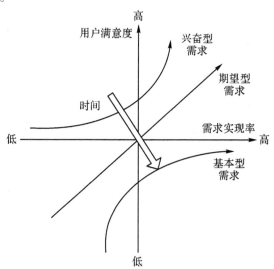

图 4.1　基于 Kano 模型的客户需求分类

产品族设计的关键是在满足客户对产品必不可少的基本型需求和希望产品应该具有的期望型需求的同时,尽可能多地满足客户的兴奋型需求。产品族配置是实现大规模定制生产方式的重要策略,通过对现有客户进行需求分析,并结合市场调研和预测,正确地识别与利用客户需求和产品设计与制造过程中的相似性,构建产品族体系。从而减少大规模定制过程中因产品差异化造成的成本损耗,为更好地满足客户的兴奋型需求创造条件。

4.2.2　客户需求—功能需求—设计参数的分析与映射

对客户需求信息进行有效获取,并在产品设计中准确表达,是产品设计与开发中至关重要的一步,同时,客户需求的提取也是需求分析中的关键步骤。通过需求与功能的联合分析,可以建立客户需求与功能需求之间的映射关系,采用模糊聚类分析,可以建立功能属性与设计参数的映射关系,如图 4.2 所示。

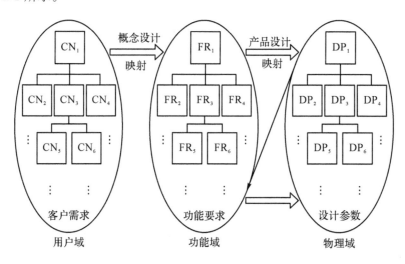

图 4.2　CNs,FRs 和 DPs 的映射关系图

在需求分析过程中,客户需求(CNs)到功能需求(FRs)的映射往往比较模糊,可以利用质量功能配置模型(Quality Function Deployment, QFD)的质量屋(House of Quality, HOQ)进行配置和转换。质量功能配置是一种顾客驱动的产品系统设计方法和工具,是系统工程思想在产品设计过程的具体应用。QFD 利用调查、会面、测试等手段收集与客户需求相关的信息,同时结合本单位的设计、生产、资金等资源和市场竞争状况决策新产品的功

能、成败、上市时间等,使企业产品在最大限度满足需求的情况下,获得最大的经济效益和社会效益。QFD 是通过质量屋来有效规划产品设计的,采用矩阵的瀑布式分解,建立用户需求和设计需求之间的关系,并可支持设计及制造的全过程[21]。质量屋由六个部分组成:顾客需求、计划矩阵、技术要求、关系矩阵、相关矩阵、技术竞争性评价。图 4.3 为质量功能配置的质量屋。

QFD 是一种系统性的决策技术,在产品开发的各个阶段,它可以保证将需求准确无误地转化为下一阶段的要求。因此,在产品开发过程中引入QFD,可以保证在整个产品寿命循环中,顾客的要求不会被曲解,也可以避免不必要的冗余功能,还可以使产品的工程修改减至最少,也可以减少使用过程中的维修和运行消耗,追求零件的均衡寿命和再生回收[22]。

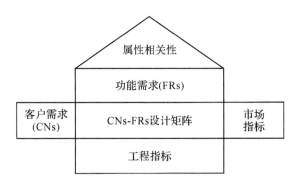

图 4.3　质量功能配置的质量屋

利用公理设计理论中的设计方程表达域之间的映射过程[23]。以功能需求作为设计目标,构成 FRs 功能需求集。选择物理域中满足功能需求的设计参数,构成 DPs 设计参数集。

设计关联矩阵多数情况下为耦合的,进而造成功能耦合。因此,通过需求模型的构建进行需求分析,将设计参数中各功能耦合的单元进行聚类形成模块。使模块内部具有较强的耦合关系,模块之间没有或者耦合关系较弱。这样确保模块之间保持相对独立性,最终使耦合设计转变成解耦设计,并向无耦合设计靠近。

4.2.3　大规模定制客户需求模型

假设某一定制产品具有 M 个功能属性,其中每个功能属性具有 N 个离散水平,所有功能属性离散水平的集合 $\boldsymbol{\theta}$ 为:

$$\boldsymbol{\theta} = \{\theta_{11}, \theta_{12}, \cdots, \theta_{1N_1}, \cdots, \theta_{ij}, \cdots, \theta_{MN_M}\} \tag{4.1}$$

式中，θ_{ij} 为产品属性 i 的第 j 个离散水平。

假设市场调查客户需求数据为 D，通过联合分析所得产品属性效用值 $\boldsymbol{V}$ 为：

$$\boldsymbol{V} = \{u_{11}, u_{12}, \cdots, u_{1N_1}, \cdots, u_{ij}, \cdots, u_{MN_M}\} \tag{4.2}$$

式中，u_{ij} 为产品属性 i 的第 j 水平的效用值。利用效用值计算属性 i 重要程度 $\boldsymbol{W}_i$ 为：

$$\boldsymbol{W}_i = \{w_{i1}, w_{i2}, w_{i3}, \cdots, w_{iN}\} \tag{4.3}$$

假设功能需求与设计参数的设计矩阵为 $\boldsymbol{A}$，客户需求与功能需求的设计矩阵为 $\boldsymbol{B}$，以设计参数之间的关联程度为参照，将公理设计矩阵转化为设计关联矩阵 $\boldsymbol{C}$。

$$\boldsymbol{C} = \begin{vmatrix} c_{11} & c_{12} & \cdots & c_{1j} \\ c_{21} & c_{22} & \cdots & c_{2j} \\ \vdots & \vdots & \vdots & \vdots \\ c_{i1} & c_{i2} & \cdots & c_{ij} \end{vmatrix}$$

客户需求模型建模流程如图 4.4 所示。

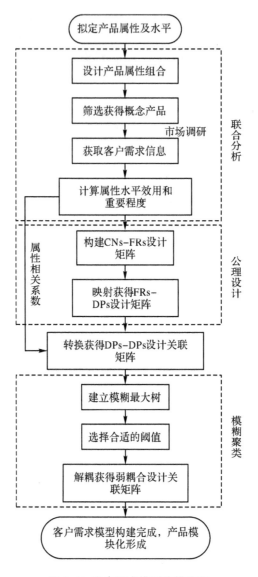

图 4.4　客户需求模型建模流程

4.3　产品族客户需求模型的联合分析和模糊聚类

通过市场调研和联合分析得到需求模型数据集合,实现需求模型的量化,是进行需求分析的基础。联合分析(Conjoint Analysis, CA)为分析客户选择多属性产品并做出决策的一种重要方法。首先运用正交试验设计方法产生一系列的概念产品组合,通过调查分析得到客户对概念产品的偏好程度,采用联合分析法获得产品属性的水平效用值和属性间的相对重要程度,从而实现对抽象客户需求信息的量化处理。

4.3.1 联合分析的水平效用模型

属性的水平效用表示客户对产品属性水平的偏好程度,水平效用值越大,表示客户对该产品属性越偏爱。通常根据客户对概念产品的偏好程度,将它们分解成所有功能属性的水平效用值。假设概念产品有 M 个属性,每个属性包含 N 个水平,那么联合分析效用模型可以表示为:

$$U = \beta_0 + \sum_{i=1}^{M} \sum_{j=1}^{N} u_{ij} x_{ij} + \varepsilon \tag{4.4}$$

式中,U 为客户对概念产品的评价得分;β_0 为截距;u_{ij} 为属性 i 的第 j 水平的效用值;x_{ij} 为属性 i 的第 j 水平的哑变量,即如果该水平出现,则 x_{ij} 为 1,反之,则为 0;ε 为回归误差。

4.3.2 基于最小二乘法的属性效用求解

采用虚拟变量的最小二乘法对属性水平效用进行求解。根据式(4.4)可将效用模型总体回归方程简化表示为:

$$U_i = \beta_0 + \beta_1 x_{i1} + \beta_2 x_{i2} + \cdots + \beta_i x_{ij} \tag{4.5}$$

最小二乘法是将每一条记录的观测值 U_i 与预测值 $\hat{U}_i$ 的离差平方和进行累加,累加值最小的 $\beta_0, \beta_1, \cdots, \beta_i$ 即为该模型的参数的最小二乘估计。假设 $\hat{\beta}_0, \hat{\beta}_1, \cdots, \hat{\beta}_i$ 为参数 $\beta_0, \beta_1, \cdots, \beta_i$ 的估计值。令 $Q(\beta_0, \beta_1, \cdots, \beta_i) = \sum_{i=1}^{n} (U_i - \hat{U}_i)^2$,则 $\hat{\beta}_0, \hat{\beta}_1, \cdots, \hat{\beta}_i$ 应当满足:

$$
\begin{aligned}
Q(\hat{\beta}_0, \hat{\beta}_1, \cdots, \hat{\beta}_i) &= \min_{\beta_0, \beta_1, \cdots \beta_i} Q(\beta_0, \beta_1, \cdots, \beta_i) \\
&= \min_{\beta_0, \beta_1, \cdots \beta_i} \sum_{i=1}^{n} [U_i - (\beta_0 + \beta_1 x_{i1} + \beta_2 x_{i2} + \cdots + \beta_i x_{ij})]^2 \\
&= \sum_{i=1}^{n} [U_i - (\hat{\beta}_0 + \hat{\beta}_1 x_{i1} + \hat{\beta}_2 x_{i2} + \cdots + \hat{\beta}_i x_{ij})]^2 \quad (4.6)
\end{aligned}
$$

对式(4.6)分别关于 $\beta_0, \beta_1, \cdots, \beta_i$ 求偏导并令偏导数为 0,求解方程组

如下：

$$
\begin{cases}
\left.\dfrac{\partial Q}{\partial \beta_0}\right|_{\beta_0=\hat{\beta}_0} = -2\sum_{i=1}^{n}(U_i - \hat{\beta}_0 - \hat{\beta}_1 x_{i1} - \cdots - \hat{\beta}_i x_{ij}) = 0 \\[2mm]
\left.\dfrac{\partial Q}{\partial \beta_1}\right|_{\beta_1=\hat{\beta}_1} = -2x_{i1}\sum_{i=1}^{n}(U_i - \hat{\beta}_0 - \hat{\beta}_1 x_{i1} - \cdots - \hat{\beta}_i x_{ij}) = 0 \\[2mm]
\vdots \\[2mm]
\left.\dfrac{\partial Q}{\partial \beta_i}\right|_{\beta_i=\hat{\beta}_i} = -2x_{ij}\sum_{i=1}^{n}(U_i - \hat{\beta}_0 - \hat{\beta}_1 x_{i1} - \cdots - \hat{\beta}_i x_{ij}) = 0
\end{cases}
\tag{4.7}
$$

整理可得回归参数最小二乘估计为：

$$
\hat{\beta} = (\boldsymbol{X}'\boldsymbol{X})^{-1}\boldsymbol{X}'\overline{U}
\tag{4.8}
$$

式中，$\overline{U}$ 为客户评分向量；$\boldsymbol{X}$ 为哑变量矩阵；$\boldsymbol{X}'$ 为哑变量矩阵的转置矩阵。求解获得的 $\hat{\beta}$ 即为各属性对应的水平效用值。

4.3.3 联合分析的属性相对重要度

属性的相对重要度反映了客户对产品属性的重视程度，重要度越大，表示对这种属性越偏爱，表明该属性对客户更具吸引力。通常用属性水平效用值的差值来反映属性的相对重要度，差值越大，表示该属性重要性越高。属性相对重要度描述为：

$$
W_i = \frac{R_i}{\sum\limits_i R_i}, \text{其中} R_i = \underset{j}{Max}(u_{ij}) - \underset{j}{Min}(u_{ij})
\tag{4.9}
$$

式中，W_i 为产品第 i 属性重要度；$\underset{j}{Max}(u_{ij})$，$\underset{j}{Min}(u_{ij})$ 分别为产品 i 属性 j 最大水平效用值和最小水平效用值。

4.3.4 客户需求模型的聚类分析

运用联合分析对需求模型进行量化后，获得了产品各属性的重要度。以属性的重要度为依据，计算属性与属性间的相关系数，从而构建模糊相似矩阵。对属性之间进行聚类分析找到属性之间共性的一面，通过构造类间偏差和类内偏差确定聚类的最佳阈值。

(1) 构建模糊相似矩阵

模糊相似矩阵的构建是聚类分析的前提条件。目前用于研究属性之间的相似性度量的方法通常有两种,一种是用相似系数,性质越接近的属性,它们的相似系数的绝对值越接近 1。反之,彼此无关的属性,它们的相似系数的绝对值越接近 0。另一种是将属性看作空间中的一点,通过定义空间中点与点之间的距离,来表示属性间的相似性[24]。本节根据式(4.9)所得属性的重要度,计算属性间的皮尔逊相关系数,用相关系数描述属性间的相互关系。属性 i 与属性 s 之间的相关系数可定义为:

$$r_{is} = \begin{cases} 1(i=s) \\ \dfrac{\sum\limits_{a=1}^{p}(w_{ia}-\overline{w}_i)(w_{ia}-\overline{w}_s)}{\sqrt{\sum\limits_{a=1}^{p}(w_{ia}-\overline{w}_i)^2 \cdot \sum\limits_{a=o}^{p}(w_{sa}-\overline{w}_s)^2}}(i \neq s) \end{cases} \tag{4.10}$$

式中,$-1 \leqslant r_{is} \leqslant 1$,$\overline{w}_i = \dfrac{1}{p}\sum\limits_{a=1}^{p}w_{ia} - \overline{w}_s = \dfrac{1}{p}\sum\limits_{a=1}^{p}w_{sa}$;$r_{is}$ 为属性 i 与属性 s 的相关系数;$\overline{w}_i$ 为属性 i 的平均相对重要度;$\overline{w}_s$ 为属性 s 的平均相对重要度。

(2) 模糊最大树聚类算法

聚类分析是通过衡量聚类对象之间的相识度来确定它们的亲疏关系,常用的模糊聚类算法有系统聚类法、k-mean 聚类法、最大树聚类法、传递闭包法等。本节采用以模糊相似矩阵为基础的模糊最大树聚类算法来完成聚类过程,具体步骤如下。

步骤 1:将 $r_{is}(1<i,s<n)$ 按从大到小进行排序:$a_1<a_2<\cdots<a_n$,其中,$a_\gamma(\gamma=1,2,\cdots,n)$ 表示排序在 γ 位置上的相关系数。

步骤 2:将相似系数 a_1 的对象用线连接。所有连接都以不形成闭合回路为准则,并在相应位置表明权重,权值为 a_1。

步骤 3:对 a_2,a_3,$\cdots$,a_n 依次进行相似操作。如果某一连接出现闭环,就将这条连接舍弃,当所有对象都连接完成后,最终就得到一棵最大树。

步骤 4:选取最佳截断阈值对最大树进行截断,所有低于该阈值的连接都被截断,这样就能形成若干子树,这些子树集合即为聚类的结果簇。

(3) 基于样本几何结构的最佳阈值选择

选择全局最优阈值,得到最佳聚类,是构建非耦合设计矩阵的关键。基于数据集样本几何结构,确定一个合适的聚类有效性指标,通过评估不同阈值下聚类结果的质量,最终获得对产品族设计具有指导意义的最佳聚类。

聚类有效性指标用于评估同一聚类算法在不同阈值条件下聚类结果的优良程度。好的聚类结果应有较好的类内紧密度和类间分离度。本节选取Krzanowski-Lai 指标[25]作为衡量聚类质量的有效性指标。KL 指标对选取不同阈值获得的不同聚类结果的统计特征进行评估,不依赖外部的参考标准,依据数据集样本本身获得最佳聚类数。假设 $\varphi = \{\lambda_1, \lambda_2, \lambda_3, \cdots, \lambda_n\}$ 表示聚类阈值集合,$k(k=2,3,\cdots,n)$ 为聚类数。$W(k)$ 为类内离差矩阵的迹,p 表示数据集样本变量数。$DIFF(k)$ 为样本类内离差矩阵测度,数学模型表达式为:

$$\text{DIFF}(k) = (k-1)^{2/p} \text{W}(k-1) - k^2 \text{W}(k) \tag{4.11}$$

KL 指数表示全部样本的类内离差矩阵的测度,将 KL 指标定义为:

$$\text{KL}(k) = \left| \frac{\text{DIFF}(k)}{\text{DIFF}(k+1)} \right| \tag{4.12}$$

基于样本几何结构的阈值最优化原则就是通过定义类内相似度和类间非相似度来衡量聚类结果质量。KL 指标是以类内离差为主要评估依据的,因此,$KL(k)$ 值达到最大的聚类即为最优聚类,最优聚类对应的阈值为最佳阈值。聚类质量评价目标函数如下:

$$\text{KL}(k_0) = \max_{k=2,\cdots,n} \{\text{KL}(k)\} \tag{4.13}$$

式中,k_0 为最优聚类数。

4.4 产品族设计客户需求实例分析

减速器是连接原动机和工作机的独立的闭式机械传动装置,其主要功能是降低转速和转矩,以满足工作机的转速和转矩需求,广泛应用于矿山、建筑、化工等行业。随着客户个性化需求的不断提升,减速器制造企业为了降低设计和制造成本开始逐步向大规模定制化转变。以圆柱齿轮减速器为例,对其客户需求模型进行分析,以初始化产品族规划为目标,验证所提方法的有效性和可行性。图 4.5 为圆柱齿轮减速器零件分解图。

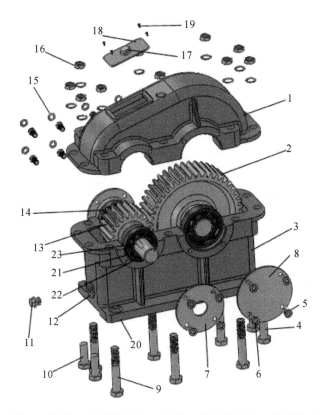

1-箱盖 2-大齿轮 3-油标尺 4-起盖螺钉 5,9-螺栓 6-调整垫片 7,8-轴承盖 11-螺塞 12-封油圈 13-小齿轮 14-齿轮轴 15-弹簧垫圈 16-螺母 17-通气器 18-检查孔盖 19-螺钉 20-箱座 21-轴承 22-毡圈 23-键

图 4.5　单级圆柱齿轮减速器零件分解图

　　为了使尽量多的减速器产品能规划到产品族中,而又不致使分析过程过于复杂,以减速器功能分解图为依据,选取产品的主要特征属性进行分析构建产品族模型,图 4.6 为齿轮减速器功能分解图。由于减速器的高速轴和低速轴主要由电动机型号、传动比和电机转速等共同决定,因此将其归为传动模块,不再分开考虑。同样将上箱盖和下箱体归为箱体模块。齿轮减速器产品的主要特征属性包括传动轴组 DP_0、箱体 DP_3、检查孔盖 DP_{41}、螺塞 DP_{42}、油标尺 DP_{43}、通气器 DP_{44}、定位销 DP_{45}、起盖螺钉 DP_{46}、起吊装置 DP_{47} 和轴承盖 DP_{48}。选取产品 10 个属性的 3 个特征水平进行分析。产品属性及其特征水平如表 4.1 所示。

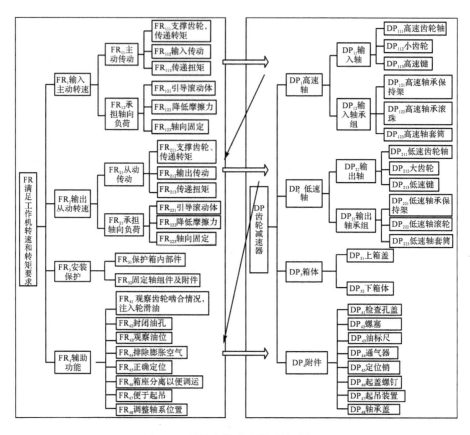

图 4.6 圆柱齿轮减速器功能分解图

表 4.1 圆柱齿轮减速器产品属性及其水平

轴组	箱体	检查孔盖（mm）	螺塞	油标尺	通气器	定位销	起盖螺钉	起吊装置	嵌入式轴承盖（O形截面直径）（mm）
Y160M1-2	铸铁 HT200	90×70	M14 ×1.5	M12	M12× 1.25	φ6	M8 ×25	箱座吊耳＋ 吊环螺钉 M10	2.65
Y160M2-2	铸铁 HT250	130×90	M16 ×1.5	M16	M14× 1.5	φ8	M10 ×35	箱座吊耳＋ 吊环螺钉 M12	3.55
Y160L-2	铸钢	180×130	M20 ×1.5	M20	M20× 1.5	φ10	M12 ×40	箱座吊耳＋ 吊环螺钉 M14	5.3

　　根据减速器产品属性及其特征水平可以组合成 3^{10} 种减速器产品。若客户对所有减速器产品进行逐一评分,那将难以实现。因此,综合考虑产品属性的均衡分散性和评分结果的整齐可比性,采用正交试验设计筛选概念产品,从而减少被访者对概念产品的评分个数。本例中所有产品属性均包含 3 个特征水平,故适用同位级正交表中的三位级正交表 $L_{27}(3^{13})$,根据正交表一一对应筛选获得 27 个概念产品。对运用正交试验设计方法筛选得到的概念产品进行结构设计检验,通过校核计算表明所有概念产品均满足设计要求。对 50 个客户进行市场调查,运用 9 分法评价,其中 1 表示客户对概念产品完全不偏爱,9 表示极度偏爱。通过调查可以得到 27 个概念产品的客户评分。限于篇幅,这里只列出 10 个概念产品和客户 1 的评分,正交设计的概念产品及客户评分如表 4.2 所示。

　　获得概念产品和客户评分数据后,根据式(4.4)至式(4.9)求解出产品属性的水平效用和属性相对重要度。由于数据量较大,运用最小二乘法求解时可以借助数据统计分析软件 SAS 中的 Conjoint Analysis 模块进行求解。表 4.3 所示为客户 1 评分所得产品属性的水平效用和重要程度。对客户打分进行方差分析,选取 10 个有效打分。分析结果碍于篇幅不详细列出,给出重要度汇总表,如表 4.4 所示。

表 4.2 正交设计的概念产品及客户偏好评分

产品号	轴组	箱体	检查孔盖	螺塞	油标尺	通气器	定位销	起盖螺钉	起吊装置	嵌入式轴承盖	评分 1
1	Y160M1-2	铸铁 HT250	90 mm×70 mm	M20×1.5	M16	M14×1.5	M6	M8×25	箱座吊耳+ 吊环螺钉 M12	5.3 mm	3
2	Y160L-2	铸铁 HT250	130 mm×90 mm	M20×1.5	M20	M12×1.25	M8	M8×25	箱座吊耳+ 吊环螺钉 M14	2.65 mm	5
3	Y160M2-2	铸钢	130 mm×90 mm	M20×1.5	M12	M12×1.25	M6	M10×35	箱座吊耳+ 吊环螺钉 M12	3.55 mm	4
4	Y160M2-2	铸铁 HT200	130 mm×90 mm	M16×1.5	M16	M14×1.5	M6	M10×35	箱座吊耳+ 吊环螺钉 M14	2.65 mm	4
5	Y160L-2	铸铁 HT200	90 mm×70 mm	M16×1.5	M12	M20×1.5	M10	M10×35	箱座吊耳+ 吊环螺钉 M12	5.3 mm	4
6	Y160M2-2	铸钢	180m×130 mm	M16×1.5	M16	M12×1.25	M10	M8×25	箱座吊耳+ 吊环螺钉 M12	2.65 mm	9
7	Y160M1-2	铸铁 HT200	180m×130 mm	M16×1.5	M20	M12×1.25	M8	M10×35	箱座吊耳+ 吊环螺钉 M10	3.55 mm	5

续 表

产品号	轴组	箱体	检查孔盖	螺塞	油标尺	通气器	定位销	起盖螺钉	起吊装置	嵌入式轴承盖	评分 1
8	Y160M2-2	铸铁 HT250	90 mm×70 mm	M16×1.5	M16	M20×1.5	M8	M12×40	箱座吊耳＋吊环螺钉 M10	2.65 mm	4
9	Y160L-2	铸钢	130 mm×90 mm	M16×1.5	M12	M14×1.5	M8	M8×25	箱座吊耳＋吊环螺钉 M10	5.3 mm	6
⋯	⋯	⋯	⋯	⋯	⋯	⋯	⋯	⋯	⋯	⋯	⋯
27	Y160M2-2	铸铁 HT250	130 mm×90 mm	M14×1.5	M20	M20×1.5	M6	M10×35	箱座吊耳＋吊环螺钉 M10	5.3 mm	1

表 4.3　客户 1 评分所得产品属性的水平效用和相对重要度

属性	属性水平	水平效用	重要度(%)	属性	属性水平	水平效用	重要度(%)
轴组	Y160M1-2	0.51852	7.8947	箱体	铸铁 HT200	−0.37037	14.0351
	Y160M2-2	−0.48148			铸铁 HT250	−0.70370	
	Y160L-2	−0.03704			铸钢	1.07407	
检查孔盖	90mm×70mm	−0.25926	4.3860	螺塞	M14×1.5	−0.81481	11.9123
	130mm×90mm	−0.03704			M16×1.5	0.18519	
	180m×130mm	0.29630			M20×1.5	0.62963	
油标尺	M12	−0.03704	14.9123	通气器	M12×1.25	0.85185	10.5263
	M16	0.96296			M14×1.5	−0.37037	
	M20	−0.92593			M20×1.5	−0.48148	
定位销	M6	−1.37037	16.6667	起盖螺钉	M8×25	−0.37037	6.1404
	M8	0.62963			M10×35	0.40741	
	M10	0.74074			M12×40	−0.03704	
起吊装置	箱座吊耳+吊环螺钉 M10	−0.14815	5.2632	嵌入式轴承盖	2.65 mm	0.51852	8.7719
	箱座吊耳+吊环螺钉 M12	−0.25926			3.55 mm	−0.59259	
	箱座吊耳+吊环螺钉 M14	0.40741			5.3 mm	0.07407	

　　以重要度为依据,根据式(4.10)计算得到属性间的皮尔逊相关系数。用皮尔逊相关系数来描述属性间的相似程度,构造模糊相似矩阵,也称设计关联矩阵,如表 4.5 所示。

表 4.4　产品属性重要度汇总表

单位:%

客户	属性重要度									
	轴组	箱体	检查孔盖	螺塞	油标尺	通气器	定位销	起盖螺钉	起吊装置	嵌入式轴承盖
1	7.8947	14.0351	4.3860	11.9123	14.9123	10.5263	16.6667	6.1404	5.2632	8.7719
2	5.9322	29.6610	4.3220	3.7797	6.2542	10.4746	3.5424	12.5424	14.1695	9.3220
3	13.3333	28.5714	7.5238	6.6190	4.6190	4.7619	5.7143	13.4762	7.7619	7.6190
4	4.7619	9.5238	5.9365	6.9048	8.3175	9.3810	8.7302	11.5238	16.6667	18.2540
5	3.3058	9.9174	10.2231	9.2231	8.4380	7.3967	13.2231	14.0909	9.3058	14.8760
6	9.3023	18.6047	6.8760	5.5271	6.2016	8.3023	15.5039	12.6279	9.3023	7.7519
7	6.5217	17.3913	7.4203	6.3478	11.6667	9.6667	7.2464	10.0725	13.5217	10.1449
8	16.7785	10.7383	7.0537	8.4094	9.4094	6.7114	13.4228	5.3557	8.0268	14.0940
9	13.0841	19.6262	3.6075	4.8037	6.8879	10.4766	13.0841	10.3458	10.6075	7.4766
10	8.8000	15.2000	6.6000	6.2000	7.6000	10.0000	6.4000	10.4000	16.8000	12.0000

表 4.5　设计关联矩阵

参数		DP_0				DP_3		DP_{41}	DP_{42}	DP_{43}	DP_{44}	DP_{45}	DP_{46}	DP_{47}	DP_{48}
		DP_{11}	DP_{12}	DP_{21}	DP_{22}	DP_{31}	DP_{32}								
DP_0	DP_{11}	1	1	1	1	0.177	0.177	0.202	0.065	0.207	0.416	0.168	0.466	0.426	0.350
	DP_{12}	1	1	1	1	0.177	0.177	0.202	0.065	0.207	0.416	0.168	0.466	0.426	0.350
	DP_{21}	1	1	1	1	0.177	0.177	0.202	0.065	0.207	0.416	0.168	0.466	0.426	0.350
	DP_{22}	1	1	1	1	0.177	0.177	0.202	0.065	0.207	0.416	0.168	0.466	0.426	0.350
DP_3	DP_{31}	0.177	0.177	0.177	0.177	1	1	0.332	0.618	0.524	0.081	0.561	0.398	0.023	0.727
	DP_{32}	0.177	0.177	0.177	0.177	1	1	0.332	0.618	0.524	0.081	0.561	0.398	0.023	0.727
DP_{41}		0.202	0.202	0.202	0.202	0.332	0.332	1	0.294	0.109	0.656	0.010	0.367	0.082	0.394
DP_{42}		0.065	0.065	0.065	0.065	0.618	0.618	0.294	1	0.725	0.176	0.589	0.487	0.575	0.291
DP_{43}		0.207	0.207	0.207	0.207	0.524	0.524	0.109	0.725	1	0.404	0.440	0.697	0.259	0.136
DP_{44}		0.416	0.416	0.416	0.416	0.081	0.081	0.656	0.176	0.404	1	0.018	0.226	0.431	0.070
DP_{45}		0.168	0.168	0.168	0.168	0.561	0.561	0.010	0.589	0.440	0.018	1	0.418	0.658	0.038
DP_{46}		0.466	0.466	0.466	0.466	0.398	0.398	0.367	0.487	0.697	0.226	0.418	1	0.303	0.047
DP_{47}		0.426	0.426	0.426	0.426	0.023	0.023	0.082	0.575	0.259	0.431	0.658	0.303	1	0.416
DP_{48}		0.350	0.350	0.350	0.350	0.727	0.727	0.394	0.291	0.136	0.070	0.038	0.047	0.416	1

　　根据设计关联矩阵,运用模糊最大树聚类算法,得到关联矩阵最大树,如图 4.7 所示。

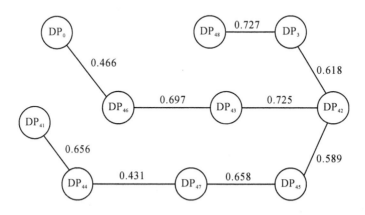

图 4.7　关联矩阵最大树

　　由图 4.7 可知,阈值的取值集合为 {0.727,0.725,0.697,0.658,0.656, 0.618,0.589,0.466,0.431},取不同的阈值可以得到不同的聚类结果:

　　$\lambda_1 = 1$,将设计参数分为 10 类,即 {DP_0}、{DP_3}、{DP_{41}}、{DP_{42}}、

$\{DP_{43}\}$、$\{DP_{44}\}$、$\{DP_{45}\}$、$\{DP_{46}\}$、$\{DP_{47}\}$、$\{DP_{48}\}$;

$\lambda_2 = 0.727$,将设计参数分为 9 类,即$\{DP_3, DP_{48}\}$、$\{DP_0\}$、$\{DP_{41}\}$、$\{DP_{42}\}$、$\{DP_{43}\}$、$\{DP_{44}\}$、$\{DP_{45}\}$、$\{DP_{46}\}$、$\{DP_{47}\}$;

…

$\lambda_9 = 0.466$,将设计参数分为 2 类,即$\{DP_3, DP_{48}, DP_{41}, DP_{42}, DP_{43}, DP_{44}, DP_{45}, DP_{46}, DP_{47}\}$、$\{DP_0\}$。

阈值的选择直接影响聚类质量,运用基于样本几何结构的 KL 指标评估聚类结果,得到最佳聚类数。由式(4.12)构建类内离差矩阵测度和式(4.13)建立其目标函数数学模型。通过 MATLAB 编程计算可得各聚类数的 KL 指标值,如表 4.6 所示。图 4.8 为在 MATLAB 中运行求解 KL 指标随聚类数变化折线图。

表 4.6　KL(k)取值表

聚类数	2	3	4	5	6	7	8	9	10
KL(k)	1.9412	0.5929	2.7956	0.8818	0.9429	1.3479	1.0104	1.5863	1.5863

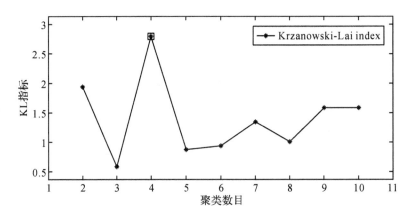

图 4.8　KL 指标变化折线图

通过计算可知,最佳聚类数为 4。由此,可以得到 4 个基本模块$\{DP_0\}$、$\{DP_3, DP_{42}, DP_{43}, DP_{46}, DP_{48}\}$、$\{DP_{41}, DP_{44}\}$和$\{DP_{45}, DP_{47}\}$。根据聚类结果对设计关联矩阵进行解耦,得到非耦合关联矩阵如表 4.7 所示。以非耦合关联矩阵为依据,继而确定系列化的参数化产品族。

表 4.7 解耦设计关联矩阵

参数		DP_0				DP_3		DP_{42}	DP_{43}	DP_{46}	DP_{48}	DP_{41}	DP_{44}	DP_{45}	DP_{47}
		DP_{11}	DP_{12}	DP_{21}	DP_{22}	DP_{31}	DP_{32}								
DP_0	DP_{11}	1	1	1	1	0.177	0.177	0.065	0.207	0.466	0.350	0.202	0.416	0.168	0.426
	DP_{12}	1	1	1	1	0.177	0.177	0.065	0.207	0.466	0.350	0.202	0.416	0.168	0.426
	DP_{21}	1	1	1	1	0.177	0.177	0.065	0.207	0.466	0.350	0.202	0.416	0.168	0.426
	DP_{22}	1	1	1	1	0.177	0.177	0.065	0.207	0.466	0.350	0.202	0.416	0.168	0.426
DP_3	DP_{31}	0.177	0.177	0.177	0.177	1	1	0.618	0.524	0.398	0.727	0.332	0.081	0.561	0.023
	DP_{32}	0.177	0.177	0.177	0.177	1	1	0.618	0.524	0.398	0.727	0.332	0.081	0.561	0.023
DP_{42}		0.065	0.065	0.065	0.065	0.618	0.618	1	0.725	0.487	0.291	0.294	0.176	0.587	0.575
DP_{43}		0.207	0.207	0.207	0.207	0.524	0.524	0.725	1	0.697	0.136	0.109	0.404	0.440	0.259
DP_{46}		0.466	0.466	0.466	0.466	0.398	0.398	0.487	0.697	1	0.047	0.367	0.226	0.418	0.303
DP_{48}		0.350	0.350	0.350	0.350	0.727	0.727	0.291	0.136	0.047	1	0.394	0.070	0.038	0.416
DP_{41}		0.202	0.202	0.202	0.202	0.332	0.332	0.294	0.109	0.367	0.394	1	0.656	0.010	0.082
DP_{44}		0.416	0.416	0.416	0.416	0.081	0.081	0.176	0.404	0.226	0.070	0.656	1	0.018	0.431
DP_{45}		0.168	0.168	0.168	0.168	0.561	0.561	0.587	0.440	0.418	0.038	0.010	0.018	1	0.658
DP_{47}		0.426	0.426	0.426	0.426	0.023	0.023	0.575	0.259	0.303	0.416	0.082	0.431	0.658	1

4.5 产品功能需求分析

产品的多样性是因用户需求的差异所产生的,产品族中的产品功能又是相似的,但为满足用户的个性化需求,产品功能要求应存在一定的差异性,这种差异性可分为功能差异性和性能差异性,并由相应的产品结构来实现。功能差异性通过在产品平台的基础上添加、删除、替换一个或多个模块来体现。性能差异性体现为通过扩展产品平台的一个或多个设计参数,或者为满足性能要求而设计一种不同的结构。

目前常规的功能—结构映射分析方法没有从用户需求的角度来探析如何使产品更好地满足用户个性化需求,从而保证设计分解的合理性。用户需求的多样化驱动了产品功能—结构的差异性,用户需求的变化体现了产品定制程度的高低,则产品应具有不同的功能要求,通过相应的特征属性来表达。然而,目前工作缺乏从用户需求角度对产品功能的需求进行深入研究,只对用户需求进行分析是不够的,因为用户对产品的需求归根结底是对产品功能的需求,产品设计最终应具备一定的功能要求,而功能要求会受到用户需求和结构设计参数的共同影响[26]。

受行为科学家赫兹伯格(Herzberg)的双因素理论的启发,东京理工大学教授 Noriaki Kano 和 Fumio Takahashi 在《质量的保健因素和激励因素》(Motivator and Hygiene Factor in Quality)一文中第一次将满意与不满意标准引入质量管理领域,并于 1982 年日本质量管理大会第 12 届年会上宣读了《魅力质量与必备质量》(Attractive Quality and Must-be Quality)的研究报告。Kano 模型定义了三个层次的顾客需求:基本型需求、期望型需求和兴奋型需求。这三种需求根据绩效指标分类就是基本因素、绩效因素和激励因素[27]。

基本型需求是用户认为产品"必须有"的属性或功能。当其特性不充足(不满足用户需求)时,用户很不满意;当其特性充足(满足用户需求)时,无所谓满意不满意,用户充其量是满意。

期望型需求要求提供的产品或服务比较优秀,但并不是"必需"的产品属性或服务行为,有些期望型需求连用户都不太清楚,但却是他们希望得到的。在市场调查中,用户谈论的通常是期望型需求,期望型需求在产品中实现得越多,用户就越满意;当没有满足这些需求时,用户就不满意。

兴奋型需求要求提供给用户一些完全出乎意料的产品属性或服务行为,使用户产生惊喜。当其特性不充足时,并且是无关紧要的特性,则用户无所谓,当产品提供了这类需求中的服务时,用户就会对产品非常满意,从而提高用户的忠诚度。

在实际操作中,企业首先要全力以赴地满足用户的基本型需求,保证用户提出的问题得到认真的解决,重视用户认为企业有义务做到的事情,尽量为用户提供方便。以实现用户最基本的需求满足。然后,企业应尽力去满足用户的期望型需求,这是质量的竞争性因素。提供用户喜爱的额外服务或产品功能,使其产品和服务优于竞争对手并有所不同,引导用户加强对本企业的良好印象,使用户达到满意。最后争取实现用户的兴奋型需求,为企业建立最忠实的用户群。

Kano 模型这种分类有助于对用户需求的理解、分析和整理,其目的是通过对用户的不同需求进行区分处理,帮助企业找出提高企业用户满意度的切入点,帮助企业了解不同层次的用户需求,识别使用户满意的至关重要的因素。用户需求特性无法直接转换成产品结构信息,需先转化为功能需求信息。在产品开发阶段只有充分地理解产品功能需求信息,将这些功能需求信息经分析、准确描述与表达并转化为产品结构信息,才有可能使所建立的产品概念模型有效地支持后续的产品设计。产品的物理结构是响应用户需求的载体,体现了产品客观的功能要求。产品设计一旦完成后,就应具备一定的功能要求,用户对某一产品的需求归根结底是对其功能的需求。

借鉴 Kano 提出的用户满意度模型,从用户需求的角度,将产品功能要求分为基本功能要求、期望功能要求和附加功能要求,如图 4.9 所示。

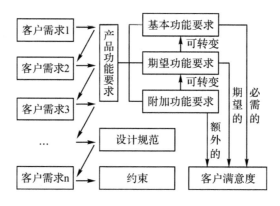

图 4.9 产品功能要求分类

① 基本功能要求。基本功能要求是用户认为产品必须具有的功能要求,是在产品平台的基础上所开发的现存产品族中众多产品所共有的功能。如果产品未具备此类功能或功能欠佳,将会引起用户的强烈不满;当产品完全具备这些功能时,可以消除用户的不满,但并不能带来用户满意度的增加,因为他们认为这是产品应有的基本功能。基本功能要求充分描述了企业所定义的产品平台的性质和内容,如起升功能应是起重机必须具备的。

②期望功能要求。期望功能要求是用户期望产品具备的功能要求,但并不是"必需的"。期望功能要求在产品中具备得越多,用户就越满意;当产品不具备这些功能或功能欠佳时,用户就不满意。这是产品处于成长期时,用户、竞争对手和企业自身都关注的功能要求,也是体现产品竞争力的功能要求。在大规模定制生产模式下,基本功能要求并不能充分满足用户的个性化需求,期望功能要求就是在产品平台的基础上,增加产品的功能来满足

市场。如起重机的调速功能为大多数用户所期望。

　　③附加功能要求。提供给用户一些完全出乎意料的产品属性,使用户产生惊喜,用户在看到这些功能之前并不知道自己需要它们。当产品不具备这类功能要求或其特性不充足时,用户也不会不满意;当产品具有这类功能要求时,用户对产品就非常满意,从而提高用户的忠诚度。合理定义附加功能要求是产品平台升级的必要条件,也是产品平台发展的动力。这类功能往往能激发用户的潜在需求,可以为产品增加额外价格,如起重机运行异常情况的预警,是超出用户预期的功能要求。

　　由于用户的需求特性是一个动态变化的因素,会随时间、技术、市场细分等情况发生改变,具有层次性和关联性,而功能要求反映了用户对产品功能的不同层次的需求,所以,随着时间的推移,功能要求会在模型中向下移动。当新产品发布时,必须具备基本功能要求;当其逐渐被用户所接受,处于成长期时,一部分期望功能要求会转变为基本功能要求;而当产品处于成熟期时,附加功能要求会转变成期望功能要求,如起重机的超载限制、手机的上网功能,现已由期望功能逐渐变成了基本功能。

4.6　基于公理设计和通用设计理论的产品族设计功能需求建模

　　公理设计是高度抽象的哲学层设计理论,可以指导产品的功能分解和层次模型的建立,为产品功能需求建模提供了一种途径。由于其具有较强的概括性和普适性,公理设计自提出以来就受到国内外众多研究者的关注。然而公理设计仅仅给出了设计的四个域、两个基本公理及若干推论定理,不能直接应用于设计实践,不能对功能需求做进一步细化,无法对设计过程中的功能需求属性特定阶段的状态进行有效描述。Yoshikawa 等[28]提出了一种描述设计过程规律的概念模型——通用设计理论(General Design Theory, GDT),它将设计视为从功能空间到属性空间逐步逐级转化的过程,即基于拓扑概念的功能空间向属性空间的映射。因此,可以结合公理设计和通用设计理论对产品的功能需求进行建模。

4.6.1　通用设计理论

GDT 对设计的概念性描述具体为:设计活动是在逻辑世界中进行的,设计是从功能空间(Function Space)到属性空间(Attribute Space)的映射过程,功能空间是设计需求的描述空间,属性空间是设计方案的描述空间,如图4.10 所示。由于现实世界的复杂性,即由于知识有限性、知识拥有量的有限性、知识操作速度有限性,决定了这种直接的映射过程(一次成功概念)只是一种理想情况,产品的设计过程实际上是一种逐步完善的过程。

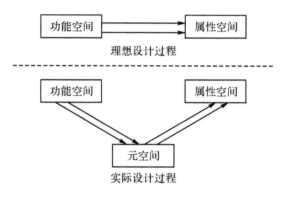

图 4.10　理想与实际设计过程的比较

GDT 引入了元模型、元模型空间(Metamodel Space)来表示这种渐变的过程。元模型(Metamodel)用一组有限的属性来描述设计对象在设计过程特定阶段的状态、设计对象的组成实体以及实体间相互关联与依赖的关系。元模型的集合构成的元模型空间是逐步完善的设计过程的具体反映。

设计的这种逐步完善的过程以设计对象的功能需求为出发点,选择、建立初始的设计方案,逐步建立设计对象的各个侧面(或产品生命周期各环节)的处理模型,称为子模型(Aspect Model)。元模型是设计过程各阶段的核心,子模型反映了设计对象特定侧面的属性,是既服务于又独立于元模型而存在的。同时,反映设计对象不同侧面属性的子模型是相互独立的。

以元模型为核心的 GDT 理论表示了设计过程从功能空间到属性空间逐步转化的过程,即对知识处理和操作的过程。这一描述模型从两个方面(二维)对设计活动的规律进行了描述:面向设计对象的子模型的逐步建立、完善过程;面向设计过程的元模型转化的过程。对设计对象的处理与操作的描述、对设计过程的状态转化过程的描述不仅包含了基于知识的对设计对象各个侧面进行的各种属性设计,而且进一步突出和强调了对设计过程即元模型的转化过程的处理、操作。因此,以元模型为核心的 GDT 理论是设计过程的描述模型。

按照通用设计理论,有学者提出了一种关于产品方案设计的 QUINT 元模型[29],本节在此基础上对一些概念和术语进行了重新定义。

【定义 4.1】对事物本质的抽象描述和高度概括称为概念,每一个概念都有它自己的标志符,在此记为 C_i。

【定义 4.2】所有在特定领域内的概念组成的集合称为概念空间。概念空间中的所有概念,并不是杂乱的堆积,而是具有特定的秩序和层次,也就是说,概念之间存在着某种联系。概念空间记作 CS,并且 $C_i \in CS$。

【定义 4.3】对设计对象功能本质的抽象描述称为功能概念,记为 FC。所有功能概念组成的集合称为功能空间,记为 FCS,且 $FCS \subseteq CS$。

【定义 4.4】对设计对象结构本质的抽象描述称为结构概念,记为 SC。所有结构概念组成的集合称为结构空间,记为 SCS,且 $SCS \subseteq CS$。

【定义 4.5】满足设计环境、目的和要求的功能概念称为有效功能概念,记为 VFC。所有有效功能概念组成的集合称为有效功能空间,记为 VFCS,且 $VFCS \subseteq FCS$。

【定义 4.6】满足设计环境、实现基本功能要求的功能概念称为基本功能概念,记为 BFC。所有基本功能概念组成的集合称为基本功能空间,记为 BFCS,且 $BFCS \subseteq VFCS$。

【定义 4.7】满足期望功能要求的功能概念称为期望功能概念,记为 EFC。所有期望功能概念组成的集合称为期望功能空间,记为 EFCS,且 $EFCS \subseteq BFCS$。

【定义 4.8】满足令客户意想不到的产品特征或功能的功能概念称为附加功能概念,记为 AFC。所有附加功能概念组成的集合称为附加功能空间,记为 AFCS,且 $AFCS \subseteq VFCS$。

【定义 4.9】满足设计环境、目的、要求和有效功能概念的结构概念称为有效结构概念,记为 VSC。所有有效结构概念组成的集合称为有效结构概念空间,记为 VSCS,且 $VSCS \subseteq VCS$。

【定义 4.10】实现基本功能要求且满足约束条件的结构概念称为基本结构概念,记为 BSC。所有基本结构概念组成的集合称为基本结构概念空间,记为 BSCS,且 BSCS⊆VSCS。

【定义 4.11】设计模式集合:设计模式集合与结构概念集合等价,每一种设计模式就是一种设计方案,模式的集合也就是满足环境、目的和要求的方案集合,记作 DMS,且 DM$_i$∈DMS。

4.6.2 基于公理设计和 GDT 的功能需求建模

产品结构是产品实现功能要求的载体,获取准确、完整的结构信息是响应用户需求的基础和关键,其实质是产品的需求知识到结构知识的转换。以元模型为核心的 GDT 理论虽然可表示设计从功能空间到属性空间的逐步转化过程,但在映射过程中难以确定较为抽象的结构概念,对于较复杂的产品设计来说,其层次性和关联性都不够清晰[30]。公理设计从哲学角度分析产品设计活动过程,将设计看作是主体需求逐渐向客观实体演化的过程,为产品设计提供了理论指导框架。公理设计通过 Z 字形逐步展开并在各个域中曲折映射,构建设计矩阵,可缩短设计中的迭代过程,减弱设计的耦合度,进而提高设计稳健性。按照公理设计和通用设计理论,产品平台的功能需求建模按以下 6 个步骤进行。

①客户需求的多样化导致了产品具有多样性及产品具有功能/性能/结构差异性的特点。企业通过市场调研、客户需求分析并加以整合和规范化处理,准确定义产品需求信息。在此基础上,明确客户的共性需求和个性化需求,有助于企业对产品进行准确定位,从而有利于企业制定出合理的产品平台策略。

在产品设计中,客户对产品的需求实质上是对产品功能的需求,而产品功能要求是表征功能域的功能属性,鉴于 QFD 在将客户需求转化为产品功能特性、指导产品的稳健设计和质量保证等方面的优势,可利用 QFD 方法将客户对产品的需求转化为产品功能要求,并形成功能概念空间 FCS。然后基于 Kano 模型,在 FCS 中选择满足技术要求和约束条件的基本功能,并组合形成基本功能空间 BFCS,可表示为 $\left(\text{FCS}, \sum_{i=1}^{m} \text{BFC}_i \mid \text{s. t.}, \text{BFCS} \right)$。

同样的方法可得到期望功能空间 $\left(\text{FCS}, \sum\limits_{i=1}^{n}\text{EFC}_i \mid \text{s.t.}, \text{EFCS}\right)$ 和附加功能

空间 $\left(\text{FCS}, \sum\limits_{i=1}^{t}\text{AFC}_i \mid \text{s.t.}, \text{AFCS}\right)$。从而确定出三类功能要求，$\text{FR}^b$，$\text{FR}^e$

和 FR^a。

②根据前一步确定的功能概念和技术要求，从知识库和设计者大脑里存储的有关结构的知识中，选择实现相应功能的结构，并形成结构概念空间 SCS。由 FCS 到 SCS 的映射过程遵循 AD 方法的 Z 字形层级展开，充分考虑两者之间的匹配关系，尽可能满足独立公理要求。FCS 和 SCS 之间的关系可通过如下方程来描述。

$$\{\text{FCS}\} = \boldsymbol{A}\{\text{SCS}\} \tag{4.14}$$

式(4.14)表示基于 GDT 描述的 FCS 和 SCS 之间的匹配关系。从公理设计角度，FCS 中的元素具体就是功能要求，SCS 元素就是设计参数。

因耦合在许多实际设计过程中有时难以避免，此时可保留该部分的耦合性；如果耦合性较强，也可将对应设计参数组成一个耦合模块，然后再考虑该模块与其他模块之间的关联关系。

③根据功能—结构映射结构，建立产品设计矩阵。

产品平台可通过一组设计参数来描述。假设功能要求的数目为 n 个，令 $\text{FR} = [\text{FR}^b, \text{FR}^e, \text{FR}^a]^T = [\text{FR}_1, \text{FR}_2, \cdots, \text{FR}_n]^T$，其中 FR^b，FR^e，FR^a 分别为基本功能要求、期望功能要求和附加功能要求；$\text{DP} = [\text{DP}_1, \text{DP}_2, \cdots, \text{DP}_n]^T$，它表示决定了一个产品族功能要求或性能指标的主要技术特征参数或结构设计参数集合。记 D_c，D_b，D_a 和 D_s 分别为 p 个公共参数、q 个平台参数、r 个变型参数和 s 个定制参数的集合（$p + q + r + s = n$），则 $\text{DP} = [D_c, D_b, D_a, D_s]^T$。根据 n 个设计参数值的不同，可得到一系列产品，其中前 $p + q$ 个设计参数值基本相同，它们即为公共平台参数，构成了产品平台基体。非耦合设计的产品对应的设计参数具有更大的柔性，更适应产品的定制需求。则功能要求与设计参数的关系可以写成：

$$
\begin{bmatrix} \mathrm{FR}^b \\ \mathrm{FR}^e \\ \mathrm{FR}^a \end{bmatrix} = \begin{bmatrix} \mathrm{FR}_1 \\ \vdots \\ \mathrm{FR}_p \\ \mathrm{FR}_{p+1} \\ \vdots \\ \mathrm{FR}_{p+q+r} \\ \mathrm{FR}_{p+q+r+1} \\ \vdots \\ \mathrm{FR}_n \end{bmatrix} = \begin{bmatrix} a_{11} & \cdots & a_{1n} \\ \vdots & & \vdots \\ a_{p1} & & a_{p,n} \\ a_{p+1,1} & & a_{p+1,n} \\ \vdots & & \vdots \\ a_{p+q,1} & & a_{p+q,n} \\ a_{p+q+1,1} & & a_{p+q+1,n} \\ \vdots & & \vdots \\ a_{n1} & \cdots & a_{nn} \end{bmatrix} \begin{bmatrix} DP_1 \\ \vdots \\ DP_p \\ DP_{p+1} \\ \vdots \\ DP_{p+q+r} \\ DP_{p+q+r+1} \\ \vdots \\ DP_n \end{bmatrix} \tag{4.15}
$$

④在结构概念空间 SCS 中选择满足基本功能要求和约束条件的设计参数,并组合形成基本结构空间,表示为 $\left(\mathrm{SCS}, \sum_{i=1}^{m} \mathrm{BSC}_i \mid \mathrm{s.\,t.\,}, \mathrm{BSCS}\right)$。BSCS 被单独划分出的目的是考虑到基本功能要求是产品必须具备的,一旦对应的设计参数被选择,其几乎不会受 BSCS 以外的结构概念影响。因此在选择其他设计参数时,应尽可能避免其对基本功能要求的影响,同时尽量与基本参数的耦合度要小。即

$$
\frac{\partial \mathrm{BFC}_i}{\partial \mathrm{SC}_j} = 0, \forall i, j;\ \mathrm{SC}_j \in \mathrm{SCS},\ \mathrm{SC}_j \notin \mathrm{BSCS} \tag{4.16}
$$

$$
\frac{\partial \mathrm{BSC}_l}{\partial \mathrm{FC}_k} = 0, \forall l, k;\ \mathrm{FC}_k \in \mathrm{EFCS} \cup \mathrm{AFCS} \tag{4.17}
$$

⑤在功能要求分解过程中,由上述的功能需求分析,可识别出那些类型不一致的、能实现客户个性化需求的设计参数,它们在系列产品之间是不同的,将其确定为 D_s。然后对剩下的设计参数再进行分析。

产品族中各变型产品的基本功能要求是一致的,与其相对应的设计参数是共享的,故公共参数及对应的功能要求不会因其他设计参数的改变而变化,即

$$
\frac{\partial \mathrm{FR}^b}{\partial \mathrm{DP}_j^{q+r+s}} = 0,\ i = 1, 2, \cdots, p, j = p+1,\ p+2, \cdots, n \tag{4.18}
$$

$$
\frac{\partial \mathrm{D}_c}{\partial \mathrm{DP}_j^{q+r+s}} = 0,\ i = 1, 2, \cdots, p, j = p+1,\ p+2, \cdots, n \tag{4.19}
$$

根据式(4.18)与(4.19),再结合产品功能需求分析中明确实现客户基本需求的结构组成,可确定公共参数 D_c。

⑥当一个功能要求 FR_i 为了满足客户新的定制需求而改变时,一般需调节对应的设计参数 DP_i,而为了消除或削弱由于 DP_i 变化的影响,其余设计参数 $DP_j (j \neq i)$ 可能也需改变。$\Delta DP_i / \Delta DP$ 比值越大,说明该设计参数的可适应性就越好。此外,随时间、技术、市场细分等动态变化,部分满足客户共性需求的期望功能要求($FR^{e'}$)会渐变为基本功能要求,如果某个期望功能要求($FR_i \in FR^{e'}$)仅与公共参数和相应的设计参数有关,即

$$\frac{\partial FR_i^{e'}}{\partial DP_j^{q+r+s}} = 0 \ , j = p+1, \cdots, n, i \neq j \tag{4.20}$$

则可将该设计参数添加到平台参数集中。如果设计满足独立公理,平台参数的识别比较容易,但当设计因种种原因不可避免存在耦合时,将因难以严格满足式(4.20)而造成平台参数过少。此时可将它们视为一般的可适应设计参数,其所对应的功能要求不依赖于或较小程度依赖于除了公共参数之外的其他设计参数,且它的改变对其他设计参数变化影响也较小。

$$\Delta FR_i^{e'} = \sum_{j=1}^{p+q+r} \frac{\partial FR_i^{e'}}{\partial DP_j} \Delta DP_j = \frac{\partial FR_i^{e'}}{\partial DP_i} \Delta DP_i + \sum_{\substack{j=1 \\ j \neq i}}^{p+q+r} \frac{\partial FR_i^{e'}}{\partial DP_j} \Delta DP_j$$

$$i = p+1, \ p+2, \cdots, q \tag{4.21}$$

根据公理设计理论,当满足式(4.22)时,此时,设计矩阵的非对角元素相对于对角线元素而言可忽略。

$$\frac{\partial FR_i^{e'}}{\partial DP_i} \Delta DP_i > \sum_{\substack{j=1 \\ j \neq i}}^{p+q+r} \frac{\partial FR_i^{e'}}{\partial DP_j} \Delta DP_j \quad i = p+1, \ p+2, \cdots, q \tag{4.22}$$

同时,可适应设计参数所对应的功能要求不因定制参数的改变而变化,即:

$$\frac{\partial FR_i^{e'}}{\partial DP_j^s} = 0 \ , i = p+1, \ p+2, \cdots, p+q+r, j = p+q+r+1, \ p+q+r+2, \cdots, n \tag{4.23}$$

通过以上 6 个步骤,可以实现产品平台的功能需求建模过程,从而为产品平台的可适应规划提供分析基础。

4.7　产品族设计功能需求建模应用实例

电力液压盘式制动器广泛应用于起重运输、矿山以及港口机械的传动

装置中,它具有制动力矩大且调节方便、转动惯量小、维护方便、工作安全可靠、散热性能好、使用寿命长等优点。本文以盘式制动器为例,分析其产品平台功能需求建模过程。

①根据当前对制动器市场的调研、客户使用后的反馈信息及开发人员的分析,归纳总结出客户对产品的功能需求,当制动力矩或者制动盘的直径发生改变时,要求所开发的制动器具有一定的可适应性。通过对客户需求的分析,由设计人员产生所有的功能概念。制动器的主要功能是停车、准确定位以及调节机构的工作速度,在形成功能概念空间 FCS 的同时,以公理设计方法为指导,对电力液压盘式制动器进行 FR-DP 映射分解,如图 4.11 所示。然后分析 FR-DP 之间的层级和关联关系,建立设计矩阵,如表 4.8 所示。

②客户对制动器的功能、性能以及品质需求具有一定的差异性,如为了客户方便读出制动力矩值可在制动弹簧一侧设标尺,如果工作环境的温度长期处于一个过低的状态时,可增加加热器,等等。由 FR-DP 映射分解图,可将产品功能要求划分为:

基本功能要求:上闸时,制动瓦制动覆面逐步贴紧制动盘产生摩擦,从而使制动器产生制动力;在松闸时,通过连接制动件产生松闸力使制动瓦制动覆面与制动盘分离。故 $FR^b = \{FR_1, FR_{21}, FR_{22}\} \in BFCS$,如表 4.8 标记为"$b$"的功能要求。这些功能要求为制动器所必备的基本功能,可满足当前客户的基本需求。

期望功能要求:在制动器上闸后出现非正常工作而不能松闸的情况下,通过手动释放装置可实现松闸;当制动力矩达不到客户的需求时,可通过力矩调节螺母调整制动力矩,使其处在一个理想的范围之内;长期的工作会造成瓦块随位及退距的变化和制动衬垫的磨损,制动衬垫磨损自动补偿装置可实现衬垫磨损时瓦块退距和制动力矩的无极自动补偿。故 $FR^e = \{FR_{23}, FR_{31}, FR_{32}, FR_{33}, FR_{35}, FR_{44}\} \in EFCS$,其中 FR_{23},FR_{31},FR_{32} 和 FR_{35} 为当前众多客户希望产品具有的共性需求。

附加功能要求:当制动器在工作环境温度较低的情况下,需要增设加热器进行加热使其处在一个正常的工作环境下;在上闸或松闸时,通过限位开关可实现制动器是否正常释放或闭合的信号显示;衬垫磨损极限限位开关,可实现制动衬垫磨损到极限时的信号显示;上、下限位开关,可实现制动器是否正确闭合、打开的指示。故 $FR^a = \{FR_{24}, FR_{34}, FR_{41}, FR_{42}, FR_{43}, FR_5, FR_{46}\} \in AFCS$,它们可以满足客户的个性化需求,其中 FR_{34}, FR_{R43} 因受越来越多的客户所期望可转变为期望功能要求。此外,如延长推杆升降时间等也是附加功能要求。

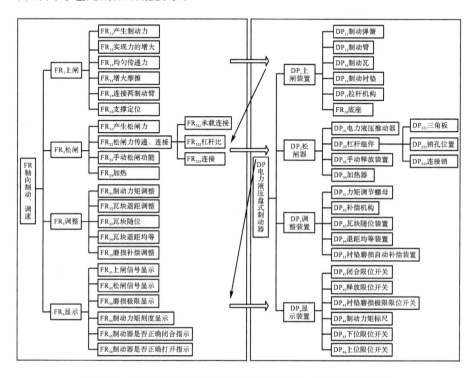

图 4.11 电力液压盘式制动器的功能要求—设计参数映射图

表 4.8　电力液压盘式制动器设计矩阵

FR\DP	DP₁ 11	12	13	14	15	16	DP₂ 21	221	222	223	23	24	DP₃ 31	33	32	34	35	DP₄ 41	42	43	44	45	46
11[b]	1																						
12[b]		1																					
13[b]			1																				
14[b]				1																			
15[b]		1			1																		
16[b]						1																	
21[b]							1																
221[b]		1						1															
222[b]								1	1														
223[b]								1	1	1													
23[e]							1				1												
24[a]												1											
31[e]	1												1										
33[e]			1											1									
32[e]			1		1		1							1	1								
34[a]			1		1									1	1	1							
35[e]	1				1		1								1		1						
41[a]																		1					
42[a]																			1				
43[a]																				1	1		
44[e]	1												1								1		
45[a]																						1	
46[a]																							1

③电力液压盘式制动器平台参数的识别。基于功能要求的划分和 4.7 节中的分析方法,将影响基本功能要求的设计参数从 DP 集中单独划分并记为 $DP^b = \{DP_1, DP_{21}, DP_{22}\}$。其中设计参数 $DP_{12}, DP_{15}, DP_{16}, DP_{22}$ 在产品系列中数值保持不变可视为公共参数,它们是制动器的基本构件,只影响制动器的基本功能要求而不依赖于其他设计参数,即 $D_c = \{DP_{12}, DP_{15}, DP_{16}, DP_{22}\}$。同时,设计参数 $DP_{11}, DP_{13}, DP_{14}, DP_{21}$ 虽然在一定范围内可以调节,但作为基本构件只影响制动器的基本功能要求,不依赖其他设计参数,因此可作为可适应平台参数。利用公式(4.16)和公式(4.17)可以比较容易确定出 DP_{31} 和 DP_{33} 的变化对其他设计参数有较大影响同时又不依赖于其他设计参数,因此这两个设计参数可作为平台参数。对于 DP_{32},运用公式(4.20)和式(4.21)得出其对其他设计参数有一定的影响而只依赖于平台参数,根据产品的实际情况定为平台参数,即平台参数为 $D_b = \{DP_{11}, DP_{13}, DP_{14}, DP_{21}, DP_{31}, DP_{32}, DP_{33}\}$。

在基本设计参数以及公共平台参数确定后,根据图 4.11 和表 4.8 及产品客户需求和市场定位分析得出:DP_{24},DP_{41},DP_{42},DP_{43},DP_{45},DP_{46} 是实现制动器附件功能要求的,它们为定制参数,这些设计参数对于不同变型产品其值是不同的,但不会影响制动器的基本功能要求,即 $D_s = \{DP_{24}, DP_{41}, DP_{42}, DP_{43}, DP_{45}, DP_{46}\}$。

其余设计参数均视为变型参数,它们主要实现客户的个性化需求,但随着时间的推移,某些设计参数也会因客户需求变化、技术的更新等情况发生转变,如图 4.12 所示。

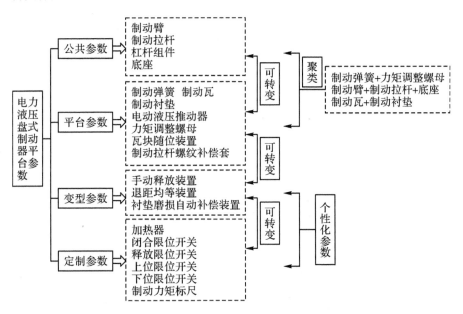

图 4.12　电力液压盘式制动器平台参数规划图

4.8　本章小结

产品族规划是实现大规模定制生产的有效方式,客户需求模型构建是产品族规划的重要内容。本章以公理设计为指导,针对需求信息具有的抽象性、模糊性等特点,采用联合分析法对客户需求信息进行量化处理,将客户需求信息分解成所有功能属性的水平效用值,并计算属性间的相对重要度;建立了以皮尔逊相关系数为度量的设计关联矩阵,运用最大树模糊聚类法对设计关联矩阵进行聚类分析,并结合基于样本几何结构的最优阈值选择,得到最优聚类结果。以最优聚类结果为依据,对设计关联矩阵进行解耦,从而为产品族规划提供理论依据。通过对客户需求模型进行研究得到的产品族能够使企业更好地响应客户的多样化需求,提高了产品的市场竞争力,同时也为产品族规划提供了一个新的研究思路。通过一个减速器实例描述了基于联合分析和模糊聚类的产品族客户需求模型的分析过程,验证了该方法的有效性和可行性。

从客户需求的角度出发,对产品平台的功能需求与可适应性进行了分析。以公理设计理论为指导框架,基于 GDT 元模型描述了设计功能—结构概念,借鉴 Kano 提出的客户满意度模型,将产品功能要求分为基本功能要求、期望功能要求和附加功能要求,以元模型方式定义并描述了功能、功能空间、结构等概念;通过功能—结构的 Z 字形映射,并将实现基本功能要求的设计参数单独划分出且定为平台参数,通过分析设计参数与各类功能要求之间的影响,并对产品平台参数的敏感性进行分析,从而确定设计参数在产品平台中的共享策略。以电力液压盘式制动器平台的功能需求建模为例进行分析,实现了该产品快速满足客户的多样化需求,有助于提高该产品开发与设计过程的可适应性,为产品平台的规划提供了一种新的研究思路。

参考文献

[1] WANG Y M, CHIN K S. A linear goal programming approach to determining the relative importance weights of customer requirements in quality function deployment[J]. Information Sciences, 2011, 181 (24):5523-5533.

[2] MALADONADO S, MONTOYA R, WEBER R. Advanced conjoint analysis using feature selection via support vector machines [J]. European Journal of Operational Research, 2015,241(2):564-574.

[3] YU S, YANG Q, TAO J, et al. Incorporating Quality Function Deployment with modularity for the end-of-life of a product family[J]. Journal of Cleaner Production, 2015,87(1):423-430.

[4] JIAO J, TSENG M M. Methodology of developing product family

architecture for mass customization [J].Journal of Intelligent Manufacturing, 1999,10(1):3-20.

[5] WANG C H, SHIH C W. Integrating conjoint analysis with quality function deployment to carry out customer-driven concept development for ultrabooks[J]. Computer Standards & Interfaces, 2013,36(1):89-96.

[6] 经有国, 但斌, 张旭梅, 等. MC 半结构化客户需求信息表达与处理方法[J]. 管理科学学报, 2011,14(1):78-85.

[7] 黄辉, 梁工谦, 隋海燕. 大规模定制产品族设计中的原理聚类研究[J]. 管理工程学报, 2008,22(3):110-114.

[8] 周春景, 林志航, 刘春涛. 顾客需求驱动的产品配置优化[J]. 西安交通大学学报, 2007,41(3):339-343.

[9] 但斌, 姚玲, 经有国, 等. 基于本体映射面向模糊客户需求的产品配置研究[J]. 计算机集成制造系统, 2010,16(2):225-232.

[10] 程贤福, 朱进, 周尔民. 基于联合分析和模糊聚类的产品族客户需求模型研究[J]. 工程设计学报, 2017, 24(1): 8-17, 26.

[11] 李柏姝, 雒兴刚, 唐加福. 基于灵敏度分析的产品族规划方法[J]. 机械工程学报, 2010, 46(15): 117-124.

[12] YADAY O P, GOEL P S. Customer satisfaction driven quality improvement target planning for product development in automotive industry[J]. International Journal of Production Economics, 2008, 113(2): 977-1011.

[13] HONG G, XUE D Y, TU Y L. Rapid identification of the optimal product configuration and its parameters based on customer-centric product modeling for one-of-a-kind production [J]. Computers in Industry, 2010, 61(3): 270-279.

[14] CHENG X. Functional requirements analysis-based method for product platform design in axiomatic design[J]. Journal of Digital Information Management, 2012, 10(5): 312-319.

[15] 顾复, 张树有. 面向配置需求获取的参数耦合网络模型及应用[J]. 浙

江大学学报(工学版)，2011，45(12)：2208-2215.

[16] 李中凯，程志红，杨金勇，等. 客户需求驱动的柔性平台功能模块识别方法[J]. 重庆大学学报，2012，35(9)：22-29.

[17] CHENG X, ZHANG S, WANG T. Modelling and analysis of system robustness for mechanical product based on axiomatic design and fuzzy clustering algorithm[J]. Advances in Mechanical Engineering, 2015, 7(8)：1-14.

[18] 程贤福. 面向可适应性的产品平台功能需求建模与分析[J]. 科研管理. 2018，39(3)：29-36.

[19] 蒋建东，张立彬，胥芳，等. 面向大批量定制生产的小型农业作业机客户需求模型的构建研究[J].农业工程学报，2005,21(9)：98-102.

[20] KANO N. Attractive quality creation under globalization[J]. China Quality, 2002(9)：32-34.

[21] KARSAK E E, SOZER S, EMRE A S. Product planningin quality function deployment using a combined analyticnetwork process and goal programming approach [J]. Computers and Industrial Engineering, 2003, 44(1)：171-190.

[22] 马彦辉，何桢. 基于 QFD、TRIZ 和 DOE 的 DFSS 集成模式研究[J]. 组合机床与自动化加工技术，2007(1)：16-19.

[23] SUH N P. Axiomatic design：Advances and Applications[M]. New York：Oxford University Press, 2001.

[24] 李卫东. 应用多元统计分析[M]. 北京：北京大学出版社，2008：291-295.

[25] KRZANOWSKI W J, LAI Y T. A Criterion for Determining the Number of Groups in a Data Set Using Sum-of-Squares Clustering [J]. Biometrics,1988, 44(1)：23-34.

[26] 程贤福，李骏，徐尤南，等. 基于公理设计的机械系统稳健性分析及应用[J]. 中国机械工程，2015，26(6)：721-728.

[27] 姚海,金烨,严隽琪. 产品功能需求的定性及定量分析[J]. 机械工程学报,2010,46(5):191-198.

［28］ YOSHIKAWA　H. General design theory and a CAD system[C]. The IFIP working group working conference on Man-machine communication in CAD/CAM, Kyoto, Japan, 2-4, Oct. , 1980: 35-53.

［29］ 肖人彬,陶振武,刘勇. 智能设计原理与技术[M]. 北京:科学出版社,2006.

［30］ 张立彬,史伟民,鲍官军,等. 基于公理设计的通用设计过程模型[J]. 机械工程学报, 2010, 46(23): 166-173.

第 5 章
基于公理设计和设计关联矩阵的产品平台设计方法

第 2 章介绍产品族设计有关支撑技术,其中公理设计和设计结构矩阵是两种比较常用的技术和方法。在第 3 章的产品族设计平台构成技术和第 4 章的产品族设计功能需求建模与分析的基础上,本章探讨基于公理设计理论和设计结构矩阵的产品族规划方法。

产品平台是产品开发的基础,根据整个市场中的产品基本功能需求就可以定义产品平台的结构。产品平台设计的基本思路是由分析客户需求、确定功能要求集并在功能域和结构域之间通过 Z 字形映射和展开,根据功能—结构映射结构,建立产品设计矩阵;分析各设计参数之间及其与功能要求之间的敏感性,构建量化的设计结构矩阵,然后通过变型产品关于设计参数的差异度计算,合理识别平台参数和变型参数,确定设计参数在产品平台中的共享策略。

5.1 引言

目前,产品平台设计方法主要是基于产品功能域和结构域的映射关系得到的,通常应用功能—结构分解的方法建立产品功能—结构树,通过确定各子功能之间的相互关系进行聚类分析。然而,这种常规的功能—结构映射分析方法没有从客户需求的角度来探析如何使产品更好地满足客户个性化需求,从而保证设计分解的合理性。客户需求的多样化驱动了产品功能—结构的差异性,客户需求的变化体现了产品定制程度的高低,则产品应具有不同的功能要求,通过相应的特征属性来表达。然而,目前工作缺乏从客户需求角度对产品功能的需求进行深入研究,只对客户需求进行分析是不够的,因为客户对产品的需求归根结底是对产品功能的需求,产品设计最终应具备一定的功能要求,而功能要求会受到客户需求和结构设计参数的共同影响。

公理设计理论在分析产品族功能—结构映射方面有很强的逻辑性,设计结构矩阵在描述设计参数间的关联关系时具有直观及可操作性的优势,因此这两种技术在产品族规划中起到了较好的指导作用,也得到了相关研究者的重视。

王爱民等[1]从功能和结构两个层次进行界面关联并构建量化的设计结构矩阵,然后进行信息处理和部件的敏感性分析,通过部件之间关联信息量及其比例的分析,规划了产品族开发顺序,从任务聚合的角度实现部件聚合。汪鸣琦等[2]提出了一种基于设计结构矩阵的产品族开发过程模型,基于设计参数间的依赖关系建立设计结构矩阵,并运用路径搜索算法将其整理为包含耦合子矩阵的解耦矩阵,将设计参数层的标准化和模块化映射到零件层,建立相应的产品族结构。史康云等[3]构造设计参数矩阵来提取主要设计参数,通过参数向物理结构的映射,找出产品的核心柔性结构,提取公共元素和柔性元素,建立柔性化的产品平台,并在其基础上添加特有元素,从而派生出一系列的产品族。程贤福[4]提出了基于设计关联矩阵和差异度分析的可调节变量产品平台设计方法,提取特征设计参数,建立设计关联矩阵,通过产品差异度计算和聚类分析,合理识别出产品平台的公共变量和可调节变量,并进行分组,构建了产品族的多组共享参数平台。乔虎等[5]根据客户需求和模块间关联关系,建立设计依赖矩阵,基于设计依赖矩阵聚类结果,结合模块间关联关系,建立产品模块设计结构矩阵,提出了一种基于设计依赖矩阵和设计结构矩阵的产品模块规划方法。

Alizon 等[6]基于设计结构矩阵的扩展提出了两种规划产品族变型的工具,可变设计结构矩阵处理产品族变型和三维设计结构矩阵进行直观分析。Simpson 等[7]利用设计结构矩阵、跨代变异指数(Generational Variety Index, GVI)、公共性指数、优化和多维数据可视化工具确定产品族公共变量和个性化参数设置。Algeddawy 和 Elmaraghy[8]利用设计结构矩阵建立了产品平台设计模型,权衡了面向制造和装配设计与产品模块化的冲突。Jung 和 Simpson[9]基于设计结构矩阵、跨代变异指数和产品线公共性提出了一种产品平台重新设计策略的集成方法,考虑产品族的可变性和公共性需求识别零部件的优先次序。Ullah 等[10]针对产品族设计变更,利用设计结构矩阵探讨了其变更传播路径,通过变更影响和传播可能性来量化传播风险。

黄辉等[11]基于公理设计理论,建立了顾客需求—功能—原理—结构的产品族扩展模型,探讨了各子模型之间的映射关系,运用模糊数学理论,对功能模型—原理模型之间的耦合及解耦做了深入的研究。江屏等[12]应用公理设计的功能独立性分析框架,建立相对独立的功能等级结构树,将存在影响的功能结构组成模块并根据功能结构和客户需求的实现关系确定产品功能平台,在保证功能独立的前提下,以设计参数的物理集成和分离原则为依据,建立通用的产品平台物理结构。程强等[13]基于公理设计推导出设计参数满足公共平台参数条件的数学模型,提出了描述设计参数之间以及设计参数与功能要求之间动态敏感关系的敏感设计结构矩阵,并通过非支配排序遗传算法合理确定平台参数优化配置解。刘曦泽等[14]结合复杂网络理论和公理设计中的信息公理,提出一种基于结构的产品平台设计方法,通过计算其他节点与关键节点的关联度,确定平台内的其他重要节点,并采用信息公理评价备选平台的性能,实现循环的设计过程。肖人彬等[15]基于公理设计原理,通过分析设计参数与各类功能要求之间的影响,构建产品设计关联矩阵,通过分析设计参数的灵敏度来选择公共平台参数,利用聚类分析以规划它们在产品平台中的共享策略。

Gedell 和 Johannesson[16]在产品平台设计中利用公理设计的功能分解和层级映射建立功能表示树。Li 等[17]提出了一种柔性平台模块化体系设计的方法,利用公理设计的独立公理识别产品族功能模块。Cheng 等[18]提出了基于公理设计和设计结构矩阵可伸缩平台设计方法,利用独立公理进行功能分解,结合设计结构矩阵和科拓聚类算法识别平台的可伸缩变量。Levandowsk 等[19]提出了一种按订单配置设计的可适应产品平台两阶段模型,利用公理设计构建改进的功能表示树描述功能、设计解和约束,每个功能由多个设计解来实现,而每个设计解完成总带宽的一部分,从而使得功能具有可适应性。还有文献[20,21]针对产品族设计耦合问题,提出一种基于公理设计和耦合关联矩阵的耦合处理方法,以公理设计为指导,进行功能需求分析及类型划分,应用层级映射确定设计参数,从平台规划策略层面减弱产品族设计的耦合性。

5.2　基于公理设计的产品族设计分析

典型产品的开发过程、方法等,同样适合于产品族设计,但由于产品族面向的是多个客户群体,其需求既有差异,也有相似、相同之处,因此各个阶段的设计内容有其自身的特点和设计方法,而产品族设计方法就是对传统设计方法学的延伸。

与单一产品设计相比,两者的主要区别表现在以下几个方面[22]。

①客户需求空间:该阶段的任务主要是准确理解客户需求,并将其转变为产品技术规格说明。面向单一产品的设计是以统一、相对稳定的市场为目标市场,为顾客提供的是大众化产品。面向产品族的设计是以多元化、多变的细分市场为目标市场,为市场提供的是个性化产品。将产品族准确地定位于各个细分市场是产品族成功开发的前提,因此对客户群体的正确划分,并区分出其中的个性需求和共性需求是产品族设计在该阶段的主要任务。

②功能原理空间:该阶段的主要任务是探索出可以满足客户需求的功能原理方案。从客户需求的角度,产品族中各细分产品之间的差异性包括两个方面:其一,需求属性之间的差异;其二,对同一需求属性的属性水平不同,即需求的属性值不同。在面向单一产品的设计中,通常需要为各产品设计出不同的功能原理方案,而在面向产品族的设计中,则希望以通用的原理方案,通过改变适当的个性参数来满足客户的个性需求,而将保持相对稳定的参数视为平台参数。因此,正确区分平台参数与个性参数是该阶段的主要任务。

③结构空间:该阶段的主要任务是对各部分原理方案实体化,并通过零件、组件或部件的形式装配成最终产品。面向单一产品的设计,通常是在已有产品的基础上根据客户对所需产品功能和性能要求的差异,进行简单的局部修改或功能模块的增减,经整理、归类而形成产品家族。由于这样设计的产品往往缺乏零部件之间的通用,因此不宜实现标准化和模块化。在面

向产品族的设计中,以通用平台或共享模块为基础,通过匹配不同的个性模块构造出不同的细分产品,是产品族结构设计的关键,也是产品族的效益所在。因此,平台规划是该阶段的主要任务,也是产品族设计的重要组成部分。

根据公理设计理论中设计域的概念,任何产品设计都是围绕用户域、功能域、结构域和过程域进行的,因此基于产品平台的产品族设计也应当围绕这4个域进行映射和展开。目前的产品平台设计方法一般都是从产品功能要求和物理结构参数映射分析入手,确定产品的模块化结构,应用聚类算法和优化方法确定产品平台参数的共享策略。利用公理设计原理进行产品平台设计的目的是结合功能独立公理和产品模块化结构的特点,模块化结构要求尽可能保证其实现功能的独立性,功能独立公理要求产品是准耦合或者非耦合设计,两者目的一致。因此,公理设计进行产品族分析是产品平台设计的基础,保证产品族功能结构和物理结构的合理性。并由此确定哪些耦合关联参数最能影响设计的反复迭代,以便在设计中分配资源,做到有的放矢,快速找到设计的技术可行解。

从本书前面章节的探讨可知,公理设计理论可以从以下几个方面指导产品族设计[23]:

第一,运用设计公理进行平台和产品族规划。

将独立公理用于获得产品族中的独立模块,将信息公理用于获得产品族中的高通用性,即良好的平台通用性。运用设计公理进行产品族规划,目标是在一族产品间用最少的差异性来满足合理的客户群需求,产品变型后延技术和过度设计技术即是以此为依据。

依据设计公理进行平台和产品族规划的原则是:①找出对市场而言是重要的产品性能,并且只为此进行设计;②找出满足 FRs 彼此独立的方案,使功能要求尽可能不耦合;③使族成员间有尽可能多的通用性,即尽量提高产品平台的通用性。

第二,运用设计公理指导平台和产品族模块化设计。

产品族中每一个族成员都可以在公理化方法指导下实现模块的划分,综合考虑各个族成员的模块划分,并实现相似模块的聚合,就导致了面向产品族的模块化。其中,模块划分和聚合程度的不同决定了模块的细化粒度。

图5.1是用公理设计描述的模块化产品族体系结构说明(从功能域到物理域的映射)。

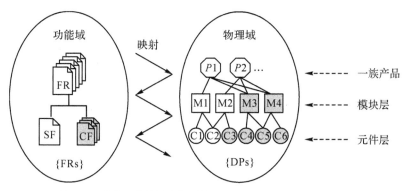

说明:FR为产品族总的功能要求;
SF为产品族中特定功能要求;
CF为产品族中公共功能要求。
图中加灰部分为平台元素。

图5.1　用公理设计描述的模块化产品族体系结构(PFA)

另外,设计公理及其推论可以指导产品族设计中耦合设计的解耦,这是模块化的基础。争取在 FRs 之间获得低的耦合,是所有设计的一个公理。在产品族设计中,获得功能解耦方案是获得功能上和物理上的模块化体系结构的第一步。在模块化体系结构中,功能与物理结构是一致的,因为每一个物理模块准确地实现一个相应的功能。即使产品族不是模块化的,而获得不耦合的方案也是特别有益的,因为耦合越少意味着接口越简单,变型产生的影响越小。

第三,公理设计中4个域间的映射可以指导产品族设计全过程。对于这一点,将在5.4节中详细介绍。

5.3　基于设计关联矩阵与可拓聚类的产品模块划分

模块是实现产品功能要求的物理载体,是具有一定功能的子结构、部件、零件或者是能表征产品某种性能的特征参数的通称。模块划分是构建产品平台的基础,模块划分的合理性,将影响产品的功能、性能、开发时间、成本和维修方便性等。模块划分粒度越细,越有利于用户参与产品定制设计,但由于组成产品的模块数增多,使得装配变得复杂,产品配置成本高;模块划分粒度越粗,越有利于产品装配,但用户的个性化需求又较难满足,用户满意度下降。一般来说,产品族设计是在产品的基本功能要求不变的情况下,通过进行添加、删除、替换模块或者零部件的变型设计获得不同的产品性能,以满足用户多样化需求。

公理设计理论中 4 个设计域之间的层级映射为模块划分提供了保障。首先,基于公理设计的独立公理建立设计域之间的设计矩阵;然后将设计矩阵转换成设计结构矩阵,分别从功能、物理和过程三个方面综合分析设计参数的相关性交互关系,得到设计参数以设计结构矩阵表示的从功能、物理和过程三个角度综合考虑的设计关联矩阵,为得到合理的模块划分提供了依据和保障;最后,应用可拓聚类算法对所得设计关联矩阵进行分析,实现模块的合理划分。

5.3.1　设计关联矩阵

公理设计为描述设计目标提供了框架,能很好地解释做出的设计决策,是一种有利于创新设计的理论与方法。公理设计矩阵虽然很好地解释了两个不同域之间的相互关系,但是不能描述同一域(如物理域、过程域)中设计因素之间的相互关系。公理设计理论方法提倡创新性的新设计,却不支持以经验为基础的设计活动。因此,一个作为复杂系统建模和分析的工具“设计结构矩阵”被提出,其为支持设计、开发方案的集成和分解问题提供了一种简单、紧凑和形象化的描述方法。系统各组成之间的关系可以通过 DSM 用具有相同行和列标志的矩阵以直观、形象的分析形式表示出来。现阶段只能在设计开发过程中的详细设计阶段,通过设计人员查阅设计资料等方式获取信息来构建 DSM,但缺乏在设计的早期阶段构建 DSM 的机制,因此,可以融合公理设计矩阵和设计结构矩阵以描述设计过程局部和动态的求解进程[24]。

在传统的基于 DSM 的产品模块设计中,矩阵元素只是定性地表示各设计参数之间是否存在耦合,而不能从量的角度进行分析及详细地描述各设计参数间的关联程度,从而降低了设计过程模块划分的精确性和可操作性,给设计过程的优化管理造成了影响。因此本节采用能详细描述设计参数之间关联程度的设计结构矩阵——“设计关联矩阵”进行产品模块划分,可以准确地描述某一类设计参数之间物质、能量、信息、结构、作用力等相互关系,能较为完整地反映与预见产品设计中的潜在问题,为产品设计中的工程变更以及优化产品结构(如产品设计分解与模块化)提供规划和分解的基础;同时,设计关联矩阵可以方便地修改矩阵元素以满足工程中随时可能出现的设计变更,从而可大大提高产品设计效率。

产品设计关联矩阵构造步骤如下[25]:

①在产品设计的概念阶段,明确用户需求并建立需求模型,基于独立公理分析,根据产品功能要求与设计参数的层级映射关系,建立功能要求与设计参数间的公理设计矩阵,重排设计矩阵使之尽可能成为三角阵;

②在设计矩阵的每一行中,选取对功能要求影响程度最大的某个设计参数作为输出参数,即可表达出各设计参数与功能需求之间的函数表达关系,并根据这些函数关系构造相应的过渡矩阵,在产品设计中,每个设计参数 DP_i 的确定主要是为了满足与其对应的功能要求 FR_i,因此一般都是对角线元素作为输出参数,如果设计矩阵不是方阵,而是冗余的,即 DPs 的数目大于 FRs 的数目时,可以采取增加功能哑元的方法使过渡矩阵变为方阵;

③删掉过渡矩阵中的功能要求,并对过渡矩阵的行和列进行相应的变换,使得相同的设计参数对应的元素处于矩阵的对角线位置,有耦合关系的设计参数对应元素尽可能处于下三角的位置,得到产品设计参数(物理结构)耦合关系的设计结构矩阵;

④对上一步骤获得的设计结构矩阵进行分析,判断各设计参数之间的关联性,以及是否满足设计要求和各种约束条件,然后计算出设计结构矩阵中各元素对应的零部件关联度值,填入矩阵对应的位置,从而得到设计关联矩阵,如图 5.2 所示。

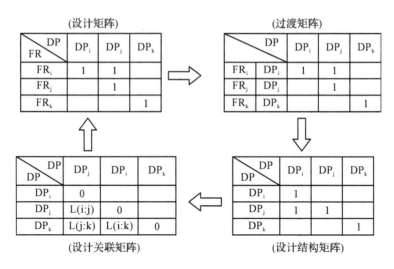

图 5.2 设计关联矩阵构建过程

公理设计矩阵用于存储 FRs 和 DPs 的关系,设计结构矩阵表示设计参数 DPs 之间的内在联系和相互制约关系,设计关联矩阵描述设计参数之间的关联程度。通过公理设计矩阵和设计关联矩阵的融合与演化可获得满足功能要求的设计方案,从而为模块的划分提供了依据。

在模块化设计中,模块划分的合理性是实施模块化设计的基础及关键所在。为了提高模块划分的合理性,必须全面考虑设计参数在功能、结构、工艺过程等方面的交互关系。设计参数在结构上也都不是孤立存在的,相互之间存在着一定的关系,具体表现为一个零部件与一个或多个零部件存在装配关系或虽无装配关系但它们之间的相对位置有着较严格的要求。归纳起来,设计参数之间的结构相关性主要分为物理相关性和几何相关性[26],如图 5.3 所示。

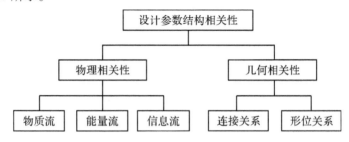

图 5.3 设计参数结构相关性

5.3.2　基于设计关联矩阵和可拓聚类的模块划分

到目前为止,针对 DSM 运算方法主要有分解、割裂、聚类、绑定、仿真和特征值分析这 6 种,本节要应用到的是分解和聚类。分解是对 DSM 的行列元素重新排序,通过分解使所得到的 DSM 中信息反馈尽可能少,即使矩阵通过行列元素的重新排列尽可能地成为下三角矩阵;聚类则是把 DSM 中具有紧密联系的行、列元素划分到同一类,从而使每个聚类中各元素之间的关联度较强,而类与类之间的关联度较弱。

基于公理设计的产品模块划分是指在保持功能要求独立性的前提下,应用公理设计的功能域—物理域的分析框架,通过 FR-DP 之间的之字形映射变换对产品进行模块划分,并建立设计矩阵,通过设计矩阵判断每一层中各个功能和结构的独立性。在每一级分解完成时都要利用独立公理对功能和结构的独立性进行评判,即当建立的设计矩阵是对角阵时,产品的功能和结构的分解才能够满足各自的独立性。该功能—结构的分解过程可视为模块划分的过程,只要满足各子结构在功能和结构上相互独立,就可以作为该级别的模块。不同类型的产品,其模块划分的层次有所不同。因此,模块划分的层次需要结合产品的实际情况而定。

通过聚类实现模块划分是模块化设计的主要手段。目前,已提出了多种对产品结构进行模块聚类划分的方法,其中可拓聚类是一种主要的方法。可拓设计是以可拓论作为理论基础的一种智能设计方法的完整理论体系,是通过建立描述设计过程中的事物和关系、信息和知识及问题的形式化模型,来研究设计对象拓展可能性的一种设计方法,其为研究设计矛盾问题的建模、求解、转化的定性及定量分析提供了指导依据。可拓聚类即是应用关联函数进行产品元素定性、定量化分析,实现不同结构之间的矛盾问题共存的方法,其运用到产品设计的各阶段分解如图 5.4 所示。可拓聚类算法步骤为:分析产品族内部任意两个特征之间的联系,如零件之间的连接关系,根据关系物元的传导性,通过对零件接口件配合方式进而对可扩因子 L 的连接形式进行定量化描述,再由基于最小关联距离法将满足关联距离小于平均关联距离的相关联零件聚为一类,从而得到满足条件的聚类模块。

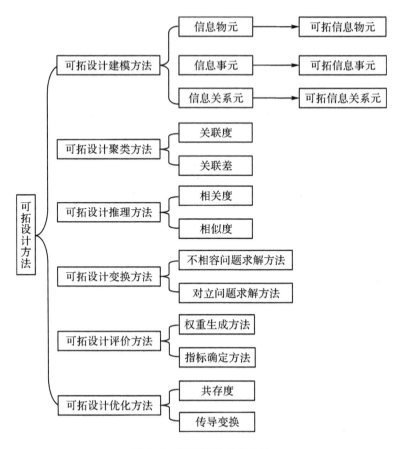

图 5.4 可拓设计研究方法

由公理设计进行功能模块划分得到设计矩阵,当设计矩阵为三角阵或满秩矩阵时,分解得到的子结构不能满足功能和结构的独立性,子结构不能作为单独的模块。在这种情况下,就需要以分解得到的子结构为基本单元,通过确定产品功能(零件)之间物质、能量、信息、结构、作用力的交互关系等因素的关联值并对各个因素赋予一定的权值,得到产品功能(零件)之间的综合关联值,最终得到产品功能(零件)关联矩阵,通过得到的设计关联矩阵对产品结构进行分析。从结构的角度进行子结构单元之间特征关联分析,将关联度大的一类结构单元聚类为一个模块。本节中采用关联距离$[L(i,j)]$进行聚类计算。其计算式为[27]:

$$L(i,j) = \left| \prod_i^m \left[\sigma_i \middle/ \sum_{i=1}^m \sigma_i \times k(x_i) \right] - \prod_j^m \left[\sigma_j \middle/ \sum_{j=1}^m \sigma_j \times k(x_j) \right] \right| \quad (5.1)$$

式中,i,j 分别为零部件序号,m 为中间连接件的数量,$k(x_i)$ 为连接方式的结构因子值,随连接件的增加零件间的关联性减弱,n 为特征个数;σ_i 为标准差权重,表示第 i 个特征关联度的标准差,其计算公式为:

$$\sigma_i = \sqrt{1/m \times \sum_{k=1}^{m} (L_{ki} - \overline{L_i})^2} \tag{5.2}$$

计算出各零部件之间的关联距离 $L(1,2),L(1,3),\cdots,L(1,n);L(2,3),$ $\cdots,L(2,n);\cdots,L(n-1,n)$,并代入设计结构矩阵中对应的元素位置,即组成零部件关联矩阵 $\boldsymbol{M}_L$,关联矩阵是一个 $n \times n$ 的对称方阵,因对角线上对应的是同一个零件之间的关联距离,其关联距离值为 0,因此共需计算 $(n-1) \times n/2$ 对关联距离。

$$\boldsymbol{M}_L = \begin{bmatrix} L(1,1) & L(1,2) & \cdots & L(1,n-1) & L(1,n) \\ L(2,1) & L(2,2) & \cdots & L(2,n-1) & L(2,n) \\ \vdots & \vdots & & \vdots & \vdots \\ L(n-1,1) & L(n-1,2) & \cdots & L(n-1,n-1) & L(n-1,n) \\ L(n,1) & L(n,2) & \cdots & L(n,n-1) & L(n,n) \end{bmatrix} \tag{5.3}$$

式中,$L(i,j)=L(j,i)$,由于 $\boldsymbol{M}_L$ 是对称矩阵,即可用其上三角或下三角代表整个矩阵,生成简化对称阵:

$$\boldsymbol{M}_L = \begin{bmatrix} L(1,1) & L(1,2) & \cdots & L(1,n-1) & L(1,n) \\ & L(2,2) & \cdots & L(2,n-1) & L(2,n) \\ & & \ddots & \vdots & \vdots \\ & & & L(n-1,n-1) & L(n-1,n) \\ & & & & L(n,n) \end{bmatrix} \tag{5.4}$$

当 $L(i,j)=0$ 或 $L(i,j)$ 越趋近于 0,零部件个体 i,j 之间的关联程度越大,反之关联程度越小。首先确立聚类分析的平均距离:

$$K_M = \sum_{i=1}^{n} \sum_{j=1}^{n} L(i,j) \Big/ n^2 \tag{5.5}$$

当两零部件间关联距离值大于 K_M,则该两个零部件不在同一模块内,若两零部件间关联距离值小于 K_M,则需要做聚类变换,交换行与列中零部件的位置,将关联度值较小的零部件放在一起,使关联度较小的值靠近对角线,然后在关联度矩阵中将小于 K_M 的数值框选出来,得到一个小的方阵,该方阵框选到的零部件即可作为一个模块,如此依次划分。

将划分的模块导入公理设计矩阵,检验其功能独立性,如果满足,则合格;若不满足,则重复上述步骤进行模块划分,直至满足独立公理为止。

5.3.3　产品模块划分实例

本小节将以桥式起重机起重小车为例来说明基于设计关联矩和可拓聚类的产品模块划分方法。桥式起重机是现代工业生产和起重运输中实现生产过程机械化、自动化的重要工具和设备,广泛地应用在工矿企业、铁路交通、港口码头以及物流周转等部门和场所。桥式起重机安装在厂房高处两侧的吊车梁上,整机可以沿铺设在吊车梁上的轨道纵向行驶。而起重小车又可沿小车轨道(铺设在起重机的桥架上)横向行驶,取物装置则做升降运动。

传统的起重机小车设计是根据客户需求和市场定位确定设计参数(如起重量、起升高度、工作等级、起升速度、小车运行速度等),然后对照现有的同类产品或相似产品进行改进直至满足参数要求。这种设计方法并不能清楚地表达零部件之间的相互关联关系,设计过程需要不断重复试验,过多依赖设计人员的经验,不利于产品设计。目前,起重机的模块化设计思想已引起许多企业的重视,通过不同模块的组合,或调节一些设计参数,形成不同规格和系列的起重机,从而降低制造成本,提高通用化程度,满足用户的多样化需求。

在起重小车方案设计阶段,对系统进行功能分解并选择相关的设计参数,基于独立公理思想与功能域到结构域之间 Z 字形的映射方式,得到起重小车功能分解和设计参数图,如图 5.5 和图 5.6 所示。根据图 5.5 和图 5.6,对应的功能与物理部件之间直接相关联的部分在 FRs-DPs 矩阵中用符号"X"标出,从而可以得到相关的从功能域到物理域映射的设计矩阵,如表 5.1 所示。

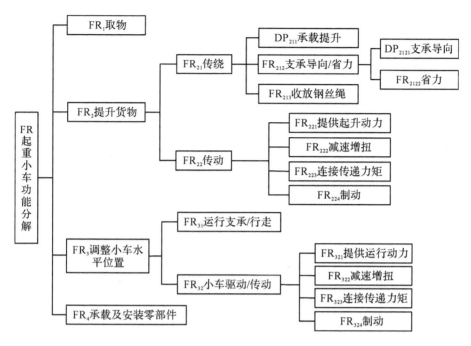

图 5.5　起重机起重小车功能分解图

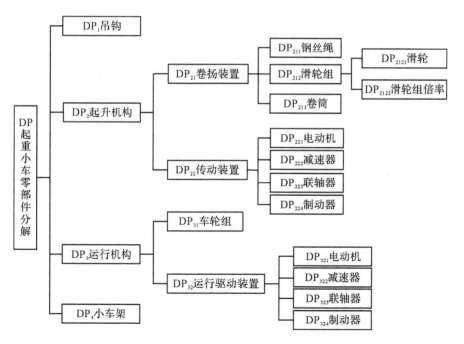

图 5.6　起重机起重小车设计参数映射图

表 5.1　起重小车 FRs 与 DPs 映射关系（设计矩阵）

参数		DPs													
		1	211	2121	2122	213	221	222	223	224	31	321	322	323	324	4
FRs	1	X														
	211		X													
	2121		X	X												
	2122				X											
	213		X		X	X										
	221						X									
	222				X		X	X								
	223						X	X	X							
	224						X	X		X						
	31										X					
	321											X				
	322											X	X			
	323											X	X	X		
	324											X	X		X	
	4															X

　　基于 FRs 与 DPs 之间的映射关系，计算出起重小车上各结构零部件之间的关联度值，分别填入基于 DPs-DPs 设计矩阵对应的位置，从而可以得出起重小车设计结构矩阵，再按照设计结构矩阵变换方法，将关联度值小于聚类平均关联度值的零部件放到一起，得出最终满足独立公理的关联矩阵，然后将得出的聚类模块标出，从而获得如表 5.2 所示的设计关联矩阵，表 5.2 中每个灰色方阵框中标出部分即可作为一个模块。然后将划分的模块对应的设计参数按顺序放入设计矩阵的第一行、第一列，根据之前的设计矩阵填入对应的功能需求，再根据独立公理，检验其功能独立性，可以得出该聚类模块满足了功能独立性，表明了基于独立公理模块划分的可行性。

表 5.2　起重小车零部件之间设计关联矩阵

参数		DPs													
		1	211	2121	2122	213	221	222	223	224	31	321	322	323	324	4
DPs	1	0														
	211	0.102	0													
	2121	0.303	0.161	0												
	2122	0.346	0.317	0.328	0											
	213	0.461	0.418	0.147	0.326	0										
	221	0.694	0.613	0.524	0.539	0.568	0									
	222	0.751	0.649	0.534	0.487	0.543	0.215	0								
	223	0.810	0.631	0.548	0.463	0.263	0.187	0.236	0							
	224	0.861	0.647	0.539	0.493	0.381	0.429	0.387	0.376	0						
	31	0.915	0.739	0.714	0.807	0.813	0.620	0.637	0.687	0.593	0					
	321	0.924	0.837	0.801	0.834	0.836	0.715	0.701	0.714	0.746	0.537	0				
	322	0.934	0.875	0.840	0.864	0.893	0.728	0.610	0.723	0.753	0.438	0.217	0			
	323	0.928	0.927	0.865	0.869	0.861	0.731	0.746	0.763	0.771	0.417	0.187	0.193	0		
	324	0.987	0.934	0.872	0.895	0.874	0.816	0.760	0.800	0.790	0.342	0.341	0.417	0.373	0	
	4	0.963	0.943	0.901	0.920	0.603	0.867	0.830	0.634	0.590	0.350	0.346	0.361	0.730	0.501	0

5.4　基于公理设计的产品平台参数的共享策略

产品平台是产品开发的基础,根据整个市场中的产品基本功能需求就可以定义产品平台的结构。产品平台设计的基本思路是由分析用户需求、确定功能要求集并在功能域和结构域之间通过 Z 字形映射和展开,再将公理设计矩阵转换为设计结构矩阵,构建产品设计关联矩阵,应用可拓聚类分析算法找出设计关联矩阵的聚类块,进而对各模块之间进行耦合性分析,找到一种具有最小依赖度的耦合设计方案;产品的差异性可以通过对构成产品满足基本功能要求的模块进行添加、替换、删除、扩展操作来实现。通过添加、删除、替换一个或多个模块实现产品的功能差异性;通过扩展操作(放大/缩小一个或多个设计参数)实现产品的性能差异性。产品平台就是通过确定相应模块的基本结构、特征参数和取值范围及基于功能—性能拓展操作进行构建,如图 5.7 所示。

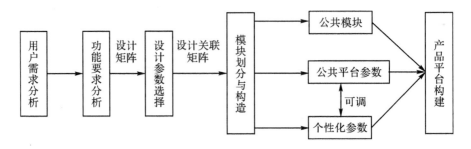

图 5.7　基于公理设计的产品平台构建过程

不同用户对产品的功能—性能要求是不同的,这种需求的差异性促进了产品多样化,从而驱动了产品功能要求的差异性,进而引发了产品物理结构的差异性。用一组多元参数表达产品几何拓扑结构与结构参数关系。令 $D_p = \{x_1, x_2, \cdots, x_n\}$,它表示决定了一个产品族功能要求或性能指标的主要技术特征参数或结构设计参数集合,其中第 i 个特征设计参数记为 x_i,n 为设计参数个数。记 D_c 为 p 个公共平台参数的集合,D_s 为 $n-p$ 个定制参数的集合,则 $D_p = \{D_c, D_s\}$。当赋予产品不同的参数值时,便可快速实现产品变型,以满足用户个性化需求。产品平台设计的任务就是识别公共平台参数 D_c 和定制参数 D_s。

构建产品平台的关键是从设计参数中识别并确定产品平台中的公共平台参数和定制参数。在满足用户多样化需求的前提下,合理确定产品族的定制点,尽可能地提高产品的通用性,降低产品设计的复杂性和成本,缩短生产周期,能够以最少设计变更最大限度满足用户个性化需求。同时,在保持产品功能要求独立性的基础上,最大限度地集成设计参数。如果公共平台参数过多,则产品处于一种浅层次的配置设计,可能难以满足用户个性化需求;如果公共平台参数过少,则产品处于一种较深层次的定制设计,可较好地满足用户个性化需求,但产品平台派生的产品冗余度会加深,生产成本也会增加。

以公理设计为指导进行产品平台设计时,首先对产品进行需求分析和功能分解,建立公理设计矩阵,设计矩阵表示的是功能域中的功能要求和结构域中的设计参数之间的映射关系。如果设计矩阵是对角阵,则得到的设计方案是一种无耦合设计,表明设计参数之间没有关联;如果无法得到满足完全独立公理的功能分解方案,则得到的设计方案是一种准耦合或耦合设计,表明设计参数之间有一定的关联性,从而导致功能要求之间的耦合性,此时,可采用分解(Partition)操作识别独立的设计参数以及耦合参数集,揭示它们之间的相互关系。在现有公理设计中,设计矩阵以"布尔"形式表示,所包含的信息太少,没有表示功能耦合的程度(强弱),因而无法为耦合设计的进一步分析提供必要的信息。本节将设计矩阵转化为设计关联矩阵,同时考虑设计参数对功能要求的影响程度,再确定平台参数,具体步骤如下。

(1)客户需求分析

客户需求是驱动产品设计的源泉。通过市场调查和客户调研以获取原始客户需求信息,这是客户对产品的主观需求。针对产品族内的不同产品变体,对获得的原始客户需求信息进行整理、归纳和分析,企业还必须明确并满足客户对产品的客观需求,才能实现最大限度的客户满意度。然后根据客户对产品族要求的特点和多样化需求,可以采用定量化的分析方法,明确客户对产品的基本、期望和个性化需求,有助于企业在竞争激烈的市场中对产品进行定位,从而制定出适合于企业自身的、合理的产品平台策略[28]。

在产品设计中,用户对产品的需求实质上是对产品功能的需求,而产品功能要求是表征功能域的功能属性,鉴于质量功能配置(Quality Function Deployment, QFD)在将用户需求转化为产品功能特性、指导产品的稳健设计和质量保证方面的优势,可利用 QFD 方法将用户对产品的需求转化为产品功能要求。然后基于 Kano 模型和模糊聚类分析方法对产品功能要求进行隶属判断,以确定三类功能要求,FR^b,FR^e 和 FR^a。

(2) 提取特征参数

从产品功能要求出发,将功能参数转化为结构参数或性能指标,通过对产品参数化结构模型的分析,提取对产品结构影响较大的参数作为特征参数。特征参数表征模块或几何拓扑结构的决定性要素,可作为产品系列不同变体之间能够相互区别的依据。

如果产品某一模块或几何拓扑结构可以经过抽象由一个或几个特征参数来表示,使得这一特征参数的不同取值能够代表该模块或几何拓扑结构所对应的产品功能或性能,则产品功能或性能与结构设计参数之间的关系便可以得到简化。在每个产品系列中,分析特征参数对产品具体结构的影响,建立特征参数与具体结构的映射关系,根据这种映射关系,确定每个系列的产品平台,可作为产品设计的通用框架。

(3) 设计参数映射

基于公理设计原理,将产品功能要求映射为产品设计参数,在每一层级映射分解完成后,根据设计参数对功能要求的影响确定各功能要求之间的耦合关系,建立设计矩阵。假设功能要求的数目为 n 个,令 $FR=\{FR^b, FR^e, FR^a\}^T=\{FR_1, FR_2, \cdots\cdots FR_n\}^T$,其中 FR^b, FR^e, FR^a 分别为基本功能要求、期望功能要求和附加功能要求集,它们各自所包含元素的数目为 u、v 和 w 个($u+v+w=n$);$DP=\{DP_1, DP_2, \cdots\cdots DP_n\}^T$,它表示决定了一个产品族功能要求或性能指标的主要技术特征参数或结构设计参数集合。则功能要求与设计参数的关系可以写成:

$$
\begin{Bmatrix} FR^b \\ FR^e \\ FR^a \end{Bmatrix} = \begin{Bmatrix} FR_1 \\ \vdots \\ FR_u \\ FR_{u+1} \\ \vdots \\ FR_{u+v} \\ FR_{u+v+1} \\ \vdots \\ FR_n \end{Bmatrix} = \begin{bmatrix} a_{11} & \cdots & a_{1n} \\ \vdots & & \vdots \\ a_{u1} & & a_{u,n} \\ a_{u+1,1} & & a_{u+1,n} \\ \vdots & & \vdots \\ a_{u+v,1} & & a_{u+v,n} \\ a_{u+v+1,1} & & a_{u+v+1,n} \\ \vdots & & \vdots \\ a_{n1} & \cdots & a_{nn} \end{bmatrix} \begin{Bmatrix} DP_1 \\ \vdots \\ DP_u \\ DP_{u+1} \\ \vdots \\ DP_{u+v} \\ DP_{u+v+1} \\ \vdots \\ DP_n \end{Bmatrix} \tag{5.6}
$$

(4) 基本设计参数和个性化设计参数的确定

由于产品族中各变型产品的基本功能要求是相同的,实现这些功能要求的相应设计参数是产品族内共享的,称为基本设计参数 DP^b,$DP^b \in D_c$。基本功能要求除受基本设计参数影响外,应该不会因其他设计参数的变化而改变,即:

$$
\frac{\partial FR_i}{\partial DP_j}=0, \ i=1, 2, \cdots, u, j=u+v+1, \cdots, n \tag{5.7}
$$

$$
\frac{\partial DP_i^b}{\partial DP_j}=0, \ i=1, 2, \cdots, u, \ j=u+v+1, \cdots, n \tag{5.8}
$$

利用 5.3.1 节的方法将 $FR^b \rightarrow DP^b$ 映射关系转化为 $DP^b \leftrightarrow DP^b$ 的设计结构矩阵关系,构建设计关联矩阵并进行聚类分析,即可获得 DP^b 内各参数之间的耦合块(也可以是独立设计参数的组合),将这些耦合块作为产品平台的公用模块。其余设计参数需进一步细分,因为如果都作为个性化参数,则意味着产品平台共享参数较少,产品的通用性会下降,冗余度增大,成本提高。同时,在功能要求和设计参数分解映射过程中,根据前述的产品客户需求和市场定位分析,可确定满足附加功能要求的设计参数,将其称为个性化设计参数 DP^c,$\mathrm{DP}^c \in D_s$,这些参数在产品族内不同变型产品之间是各异的,它们不会影响产品族的基本功能要求及对应的设计参数,即

$$\frac{\partial \mathrm{DP}_i^c}{\partial \mathrm{FR}_j} = 0 ， i = u+v+1,\cdots,n, j=1, 2,\cdots,u \tag{5.9}$$

$$\frac{\partial \mathrm{DP}_i^c}{\partial \mathrm{DP}_j} = 0 ， i = u+v+1,\cdots,n, j=1, 2,\cdots,u \tag{5.10}$$

图 5.8 是包含基本功能要求和附加功能要求的设计参数设计结构矩阵,其中左上角是基本设计参数设计结构矩阵,右下角个性化设计参数设计结构矩阵,左下角是基本设计参数的识别方法,表示基本功能要求和基本设计参数对其他设计参数的变化敏感度,右上角是个性化设计参数识别方法,表示个性化设计参数对基本功能要求和基本设计参数变化的灵敏度。

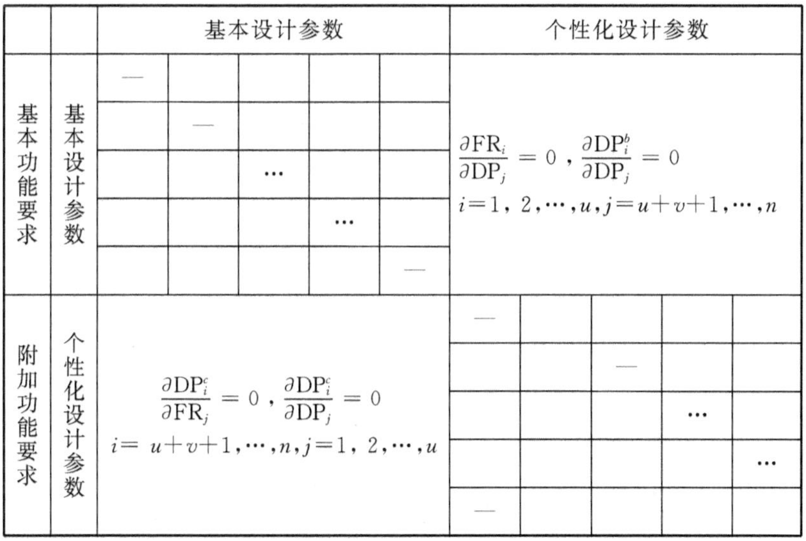

		基本设计参数				个性化设计参数			
基本功能要求	基本设计参数	—				$\dfrac{\partial \mathrm{FR}_i}{\partial \mathrm{DP}_j} = 0 ， \dfrac{\partial \mathrm{DP}_i^b}{\partial \mathrm{DP}_j} = 0$ $i=1, 2,\cdots,u, j=u+v+1,\cdots,n$			
			—						
				⋯					
					⋯				
						—			
附加功能要求	个性化设计参数	$\dfrac{\partial \mathrm{DP}_i^c}{\partial \mathrm{FR}_j} = 0 ， \dfrac{\partial \mathrm{DP}_i^c}{\partial \mathrm{DP}_j} = 0$ $i=u+v+1,\cdots,n, j=1, 2,\cdots,u$				—			
							—		
								⋯	
									⋯
						—			

图 5.8　产品平台的基本设计参数和个性化设计参数设计结构矩阵

如果仅仅考虑产品族基本功能要求和附加功能要求,将其对应的设计参数 DP^b 和 DP^c 分别视为仅有的公共平台参数和定制参数,则它们的数量可能会过少,且划分方式过于主观。需对剩下的实现期望功能要求的设计

参数再进行分析。

(5) 平台参数和定制参数的识别

产品族是响应客户需求和适应市场竞争的产品集合,其中的各个产品变体在其零部件构成方式、零部件的相关性以及功能和结构形式的映射关系中都享有一定的公共性。产品的设计结构矩阵虽然可以很好地描述复杂产品内部的相关性,但是参数和零部件之间的相关性仅仅表示了静态系统下的物料、能量流或空间关系,这种对称相关性描述没有考虑到时间因素[13]。

由于用户的需求特性是一个动态变化的因素,随着时间的推移,功能要求会在模型中向下移动,一部分具有共性的期望功能要求($FR^{e'}$)会转变为基本功能要求,因此,可将实现这部分功能要求的对应设计参数视为产品平台参数。如果某个期望功能要求($FR_i \varepsilon FR^{e'}$)只受对应的设计参数和基本设计参数影响,即

$$\frac{\partial FR_i^{e'}}{\partial DP_j^{q+r+s}} = 0 \, , j = u+1, \cdots, n, i \neq j \tag{5.11}$$

当设计满足独立公理时,利用该式容易划分公共平台参数,但是当设计存在耦合时,按照该方法将会因难以严格满足式(5.11)使得公共平台参数过少。此时,将考虑相应共性期望功能要求的设计参数 $DP^{e'}$ 对 $FR^{e'}$ 的影响:

$$\Delta FR_i = \sum_{j=1}^{u+v} \frac{\partial FR_i}{\partial DP_j} \Delta DP_j = \frac{\partial FR_i}{\partial DP_i} \Delta DP_i + \sum_{\substack{j=1 \\ j \neq i}}^{u+v} \frac{\partial FR_i}{\partial DP_j} \Delta DP_j$$

$$i = u+1, \ u+2, \cdots, u+v \tag{5.12}$$

根据公理设计理论的独立性与容差定理,当设计者规定的容差大于某个值时,如式(5.13)所示,设计可近似认为是一种无耦合设计。在这种情况下,从产品设计上考虑,设计矩阵的非对角元素可忽略不计,即设计参数除对其相应的功能要求影响较大外,对其他功能要求影响较小。

$$\frac{\partial FR_i}{\partial DP_i} \Delta DP_i > \sum_{\substack{j=1 \\ j \neq i}}^{u+v} \frac{\partial FR_i}{\partial DP_j} \Delta DP_{Pj} \quad i = u+1, \ u+2, \cdots, u+v \tag{5.13}$$

同时,该功能要求不受附加功能要求对应的设计参数的影响,即

$$\frac{\partial FR_i^{e'}}{\partial DP_j^a} = 0 \, , i = u+1, \ u+2, \cdots, u+v, j = u+v+1, \cdots, n \tag{5.14}$$

通过设定各设计参数的偏差范围,以式(5.13)和式(5.14)作为判别公

共平台参数和定制参数的依据。如果设计参数的灵敏度满足上式,则将该设计参数加入公共平台参数集 D_c。其余的设计参数都视为定制参数,一部分定制参数是因其对产品族内不同产品之间性能差异性有独立影响而被确定,另一部分个性化参数来源于因其实现了产品的附加功能要求。

经过期望功能要求分析处理后,平台参数和定制参数的设计结构矩阵如图 5.9 所示。

		公共平台参数		定制参数	
基本功能要求	公共平台参数	— / — / ⋯ / ⋯ / — (对角)	$\dfrac{\partial FR_i}{\partial DP_j}=0,\dfrac{\partial DP_i^b}{\partial DP_j}=0$ $i=1,2,\cdots,u, j=u+1,\cdots,u+v$	$\dfrac{\partial FR_i}{\partial DP_j}=0,\dfrac{\partial DP_i^b}{\partial DP_j}=0$ $i=1,2,\cdots,u, j=u+v+1,\cdots,n$	
期望功能要求		$\dfrac{\partial DP_i^i}{\partial FR_j}=0,\dfrac{\partial DP_i^c}{\partial DP_j}=0$ $i=u+1,\cdots,u+v, j=1,2,\cdots,u$	— / — / ⋯ (对角)	$\dfrac{\partial FR_i^{e'}}{\partial DP_j^{q+r+s}}=0,$ $j=u+1,\cdots,n, i\neq j$	
附加功能要求	定制参数	$\dfrac{\partial DP_i^i}{\partial FR_j}=0,\dfrac{\partial DP_i^c}{\partial DP_j}=0$ $i=u+v+1,\cdots,n, j=1,2,\cdots,u$	$\dfrac{\partial FR_i^{e'}}{\partial DP_j^a}=0,$ $i=u+1,u+2,\cdots,u+v, j=u+v+1,\cdots,n$	— / — / ⋯ / ⋯ / — (对角)	

图 5.9　产品平台的平台参数和定制参数设计结构矩阵

基于公理设计,对通过各种通信方式和途径获得的原始客户需求资料进行整理、归纳和分析,得到产品族的用户需求信息,通过聚类分析识别出基本功能要求、期望功能要求和附加功能要求。将功能参数转化为结构参数或性能指标,提取结构特征参数,对此产品系列在功能域和结构域内进行层级映射分解,分析功能要求与设计参数及不同类型设计参数之间的敏感性,识别产品族的公共平台参数。基于公理设计的平台设计方法主要从功能域和结构域间的映射主观性分析,公共平台是参数的识别不具有柔性,对系列分级特性明显、模块化程度高的产品族是比较适合的。

5.5 实例分析

电力液压块式制动器由于使用维护简单可靠、节能、无噪声、使用寿命长、价格低等优点,在起重运输、冶金、矿山、建筑、港口码头等机械驱动的制动场合得到广泛的应用。它的主要功能是实现停车和调节机构的运行速度,其制动原理是:当驱动机构断电时,电力液压制动器的推杆在弹簧力的作用下,迅速下降,并通过杠杆作用把制动瓦块压向制动轮,产生摩擦力并形成制动力矩,起到制动作用;当驱动机构电机通电时,电力液压制动器动作,其推杆迅速升起,并通过杠杆作用使制动瓦块向外侧张开,制动力矩消除。电力液压块式制动器结构简图如图5.10所示。

图 5.10 电力液压块式制动器

5.5.1 制动器的用户需求分析及功能要求——设计参数映射

根据当前制动器市场调查分析、用户的使用经验及设计人员的理解,用户对制动器的功能、性能、品质需求是有差异的,如瓦块退距均等要求、环境温度较低场合需要增设加热器、制动器是否正常释放或闭合的信号显示要求等,但从统计学的角度来看,用户对部分性能参数的要求是具有一定共性的,如制动器的制动、松闸、瓦块随位、制动力矩可调整等,其中制动和松闸是制动器的基本要求。

基于公理设计,应用 Z 字形层级映射方法对制动器进行功能要求和设计参数分解(图 5.11 和图 5.12)。在分解过程中每一层级都需进行功能独立性分析,分解完成后,根据各级功能要求和设计参数之间的关系,建立完整设计矩阵,如图 5.13 所示。

5.5.2 制动器的功能要求分类

基于用户需求的角度,通过市场调研和行业调研等方式,根据产品使用情况及用户反馈意见来归纳用户对产品的功能需求,确定各个功能要求在实现过程中的重要程度,分析相互之间的关联性及对产品功能共性需求问题,判断各个功能要求的动态变化特性。由功能要求分解图(见图 5.11),可将产品功能要求具体划分为以下三类,如图 5.14 所示。

①基本功能要求:$FR^b = \{FR_1, FR_{21}, FR_{22}\}^T$,这些功能要求是制动器必须具备的。

②期望功能要求:$FR^e = \{FR_{23}, FR_{31}, FR_{32}, FR_{33}, FR_{35}, FR_{44}\}^T$,这些功能要求是众多用户所期待产品拥有的,但不是必须具备的,其中 FR_{23},FR_{31},FR_{32} 和 FR_{35} 是目前用户期望产品具有一定的共性需求,在某种程度上也可以归纳为基本功能要求。

③附加功能要求:$FR^a = \{FR_{24}, FR_{34}, FR_{41}, FR_{42}, FR_{43}, FR_{45}, FR_{46}\}^T$,此部分可以满足不同用户的个性化需求,其中 FR_{34} 和 FR_{43} 因被越来越多的用户所需求也可视为期望功能要求。当然,除此之外,还有其他一些附加功能要求,如延长推杆上升或下降时间等。

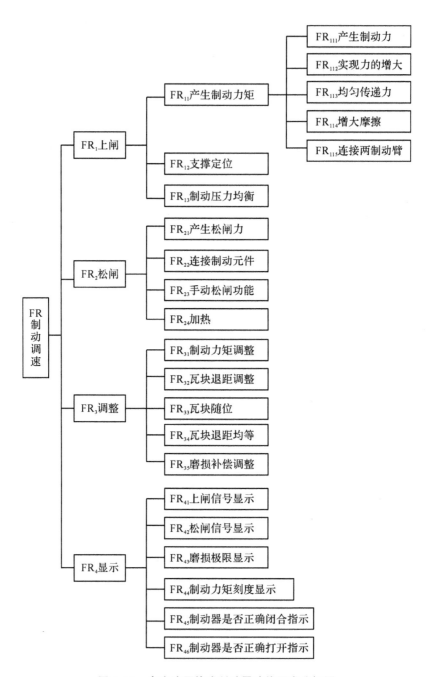

图 5.11 电力液压块式制动器功能要求分解图

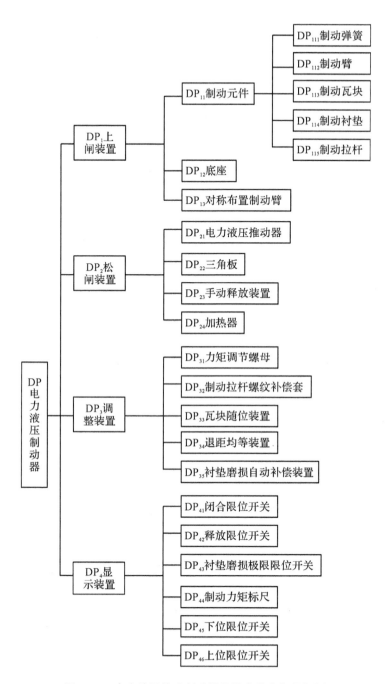

图 5.12 电力液压块式制动器设计参数分级层级图

DP \ FR	FR_{111}	FR_{112}	FR_{113}	FR_{114}	FR_{115}	FR_{12}	FR_{13}	FR_{21}	FR_{22}	FR_{23}	FR_{24}	FR_{31}	FR_{32}	FR_{33}	FR_{34}	FR_{35}	FR_{41}	FR_{42}	FR_{43}	FR_{44}	FR_{45}	FR_{46}
DP_1 111	1	1																				
DP_1 112		1	1																			
DP_1 113			1	1																		
DP_1 114				1	1																	
DP_1 115					1	1																
DP_1 12						1	1															
DP_1 13							1	1														
DP_2 21								1	1													
DP_2 22									1	1												
DP_2 23										1	1											
DP_2 24											1	1										
DP_3 31												1	1									
DP_3 32													1	1								
DP_3 33														1	1							
DP_3 34															1	1						
DP_3 35																1	1					
DP_4 41																	1					
DP_4 42																		1				
DP_4 43																			1			
DP_4 44																				1		
DP_4 45																					1	
DP_4 46																						1

图 5.13　电力液压块式制动器设计矩阵

5.5.3　制动器平台参数的确定

由 5.4 节可知,影响基本功能要求的对应设计参数可从设计参数集中单独划出,如图 5.13 中灰色区域所包含的设计参数,记为 $DP^b = \{DP_1, DP_{21}, DP_{22}\}^T$。对于具有共性的期望功能要求及对应的设计参数,利用式(5.9)和式(5.10)可以容易地确定出 DP_{23}, DP_{31}, DP_{32} 为公共平台参数;再应用式(5.13)和式(5.14)可以将 DP_{35} 加入公共平台参数集,即 $DP^p = \{DP_{23}, DP_{31}, DP_{32}, DP_{35}\}^T$,如图 5.13 中深色区域所包含的设计参数。

一旦基本设计参数和公共平台参数确定以后,就可以利用 5.2 节的方法进行模块划分。通过将设计矩阵转化为设计结构矩阵,构建设计关联矩阵并进行聚类分析(见图 5.14),可获得各参数之间的耦合块,即 $\{(DP_{111}, DP_{31}), (DP_{112}, DP_{115}, DP_{12}, DP_{13}), (DP_{113}, DP_{114}), DP_{21}, DP_{22}, DP_{23}, DP_{32}, DP_{35}\}^T$。其余的设计参数均视为个性化参数,它们主要影响用户对制动器的个性化需求,如图 5.15 所示。

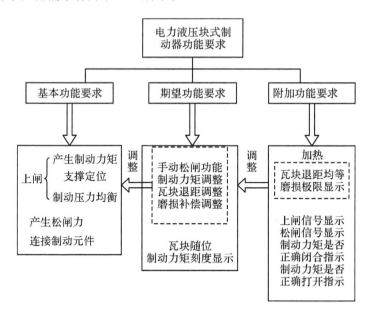

图 5.14　电力液压块式制动器功能要求分类

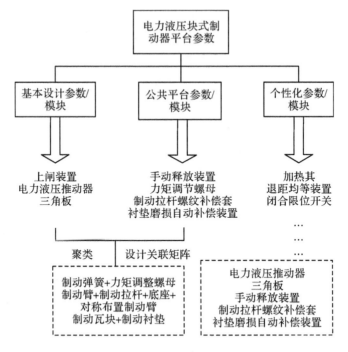

图 5.15 电力液压块式制动器平台参数规划

5.6 本章小结

本章首先讨论应用公理设计进行产品功能分解,建立产品设计矩阵,再结合设计矩阵与设计结构矩阵,构建产品设计关联矩阵,利用可拓聚类算法对该关联矩阵进行聚类运算,以此来完成产品设计的模块划分,再对聚类的模块再次做功能独立性分析,得出最终模块。在模块划分方法中,应用设计关联矩阵作为复杂系统建模和分析工具,可拓聚类算法进行元素定性、定量化聚类分析,解决不同结构之间的矛盾问题,可减少产品研发过程的时间和成本。

基于公理设计理论指导产品平台规划,从用户需求的角度,将产品功能要求分为基本功能要求、期望功能要求和附加功能要求,为产品平台当前和将来的发展指明了需求方向。将功能参数转化为结构参数或性能指标,提取结构特征参数,对此系列产品在功能域和结构域内进行层级映射分解,分析功能要求与设计参数及不同类型设计参数之间的敏感性,识别产品族的公共平台参数。

参考文献

[1] 王爱民,孟明辰,黄靖远. 基于设计结构矩阵的模块化产品族设计方法研究[J].计算机集成制造系统,2003,9(3):214-219.

[2] 汪鸣琦,陈荣秋,崔南方.工程迭代设计中产品族开发过程的研究与建模[J].计算机集成制造系统, 2007, 13(12): 2373-2381.

[3] 史康云,江屏,闫会强,等. 基于柔性产品平台的产品族开发[J]. 计算机集成制造系统, 2009, 15(10):1880-1889.

[4] 程贤福. 基于设计关联矩阵和差异度分析的可调节变量产品平台设计方法[J].机械设计. 2013, 30(4): 1-5.

[5] 乔虎,莫蓉,杨海成,等. 一种考虑客户需求的产品模块规划方法[J]. 西北工业大学学报, 2014, 32 (2): 256-260.

[6] ALIZON F, MOON S K, SHOOTER S B, et al. Three dimensional design structure matrix with cross-module and cross-interface analysis [C]. Proceedings of the InternationalDesign Engineering Technical Conferences-Design Automation Conference, Las Vegas, USA, Sep. 4-7, 2007.

[7] SIMPSON T W, BOBUK A L, SLINGERLAND A, et al. From user requirements to commonality specifications: an integrated approach to product family design[J]. Research in Engineering Design, 2012, 23 (2): 141-153.

[8] ALGEDDAWY T, ELMARAGHYH. Reactive design methodology for product family platforms, modularity and parts integration[J]. CIRP Journal of Manufacturing Science and Technology, 2013, 6(1): 34-43.

[9] JUNG S, SIMPSONT W. An integrated approach to product family redesign using commonality and variety metrics [J]. Research in Engineering Design, 2016, 27(4): 391-412.

[10] ULLAH I, TANG D, WANG Q, et al. Exploring effective change propagation in a product family design[J]. Journal of Mechanical Design, 2017, 139(12): 1-13.

[11] 黄辉，梁工谦,隋海燕.大规模定制产品族设计中的原理聚类研究[J].管理工程学报, 2008, 22(3)：110-114.

[12] 江屏，张换高，陈子顺,等. 基于公理设计的产品平台设计方法[J]. 机械工程学报, 2009, 45(10)：216-221.

[13] 程强，刘志峰，蔡力钢，等. 基于公理设计的产品平台规划方法[J]. 计算机集成制造系统,2010, 16(8)：1587-1596.

[14] 刘曦泽，祁国宁，纪杨建，等. 基于复杂网络与公理设计的产品平台设计方法[J]. 机械工程学报, 2012, 48(11)：86-93.

[15] 肖人彬，程贤福，陈诚，等. 基于公理设计和设计关联矩阵的产品平台设计新方法[J]. 机械工程学报, 2012, 48(11)：94-103.

[16] GEDELLS, JOHANNESSONH. Design rationale and system description aspects in product platform design：focusing reuse in the design lifecycle phase [J]. Concurrent Engineering：Research and Applications, 2012, 21(1)：39-53.

[17] LI Z, CHENG Z, FENG Y,et al. An integrated method for flexible platform modular architecture design. [J]. Journal of Engineering Design, 2013,24 (1)：25-44.

[18] CHENG X, LAN G, ZHU Q. Scalable product platform design basedon design structure matrix and axiomatic design [J]. International Journal of Product Development, 2015, 20(2)：91-106.

[19] LEVANDOWSK C E, JIAO J R, JOHANNESSON H. A two-stage model of adaptable product platform for engineering-to-order configuration design[J]. Journal of Engineering Design, 2015, 26(7-9)：220-235.

[20] XIAO R, CHENG X. A systematic approach to coupling disposal of product family design (part 1)：methodology[J]. Procedia CIRP, 2016(53)：21-28.

[21] CHENG X, QIU H, XIAO R. A systematic approach to coupling disposal of product family design (part 2)：case study[J]. Procedia CIRP, 2016(53)：29-34.

[22] 朱斌，江平宇. 产品族设计框架及其关键技术研究[J]. 西安交通大学学报，2003，37(11)：1110-1114.

[23] 秦红斌. 基于公共产品平台的产品族设计技术研究[D]. 武汉：华中科技大学，2006.

[24] 唐敦兵，钱晓明，王晓勇，等. 公理设计矩阵与设计结构矩阵同步演化机制研究[J]. 计算机集成制造系统，2007，13(8)：1465-1475.

[25] 程贤福，陈诚. 基于设计关联矩阵与可拓聚类的产品模块划分方法[J]. 机械设计，2012，29(1)：5-9.

[26] 潘双夏，高飞，冯培恩. 批量客户化生产模式下的模块划分方法研究[J]. 机械工程学报，2003，39(7)：1-6.

[27] 赵艳伟，苏楠. 可拓设计[M]. 北京：科学出版社，2010.

[28] CHENG X. Functional requirements analysis-based method for product platform design in axiomatic design[J]. Journal of Digital Information Management，2012，10(5)：312-319.

第 6 章
面向可适应性的产品平台规划方法

第 5 章阐述的基于公理设计理论和设计结构矩阵的产品平台设计方法是单一的产品族规划方法,平台的适应能力不足,会导致动态需求响应迟缓,产品系列化和组件可重用度弱。本章在分析已有产品平台特点的基础上,引入可适应设计理念,将模块化和参数化产品平台统一表示为基于"设计参数"的产品平台,提出面向可适应性的产品平台规划方法。

6.1 引言

目前产品平台归纳起来主要有两种类型:模块化(可配置)产品平台和参数化(可调节或可伸缩)产品平台。前者主要用于面向概念层的配置设计,通过模块共享节省成本,适合产品结构功能复杂、客户个性化需求强烈的产品,强调快速响应客户需求,而难以指导功能或性能相同的产品设计;后者主要特点是所有成员都共享一个参数化表示,部分参数具有通用性,部分参数可在一定范围内调整,对不同的产品变体,可通过调节参数的不同取值来实现,它提供了一种较深层次的纵向的可定制性,但对于产品功能的横向配置缺乏考虑,主要应用于功能相同的产品,适合于系列化产品[1]。

随着客户需求的多变,单一的调节方式已不能满足复杂产品平台规划中模块替换和参数调节的集成需求,很难指导一些功能相同或相似、模块化程度较高且结构随设计参数灵活变更的产品设计[2]。即难以同时支持低层次的横向定制和深层次的纵向定制,不能较好体现大规模定制的生产哲理。主要原因在于核心平台的适应能力不足,从而导致动态需求响应迟缓,产品系列化和组件可重用度弱。

　　企业开发产品族,一般会较大程度地重用已有产品的设计信息,往往只需对一部分设计进行更新,保持产品设计原理不变,通过对已有产品的功能、性能和结构的继承与演化而满足多样化的客户需求。根据德国机械制造业协会的调查,制造业产品中 55% 属于适应性设计,20% 属于变型设计,25% 属于新设计[3]。由此可知,有 3/4 左右产品的设计需求是在已有产品的基础上进行改进与变型的,适合采用具有可适应性的产品平台规划方法。可适应设计(Adaptable Design)是针对全球经济、资源和环境变化提出的一种产品设计理念。该方法从经济和环境的角度出发,考虑如何设计产品或者产品族通过零部件替换或修改以及柔性的参数调节便能适应新的需求[4]。可适应设计面向现代产品多任务、多品种、个性化需求,综合应用各种现代设计技术,建立可适应产品设计平台,通过调整已有产品或设计来快速地开发出新的面向客户需求的产品。通过产品的可适应性重构来满足客户的多样化需求,增加客户对产品的期望度,同时原有的设计和生产过程知识将得到重新利用,缩短新产品的上市时间,提高企业的市场竞争力。

　　可适应设计自提出以来,其相关技术的研究就引起了广泛的关注。Hashemian[5]针对可适应设计的方法和应用进行了全面、系统的阐述,根据变动信息的可预见性和非预见性,将可适应性设计划分为狭义可适应性设计和广义可适应性设计。其中狭义可适应性设计包含了多功能设计、多品种设计、升级设计和定制设计,广义可适应性设计则通过建立功能和结构之间的一一对应关系,使得开发的产品能够更好地面向未来未知的变更需求。Fricke 等[6]认为可适应性标志着系统对环境变化的适应能力,在产品生命周期中都应该考虑设计的可变性。Li 等[7]对可适应设计进行了扩展研究,提出了面向生产的可适应设计方法(Adaptable Design for Production,ADFP),以使设计产品适应动态的、变化的生产环境。陈兴玉等[8]将可适应设计方法学理论应用于 YH30 型液压机的设计,提出了可适应性重用、可适应模块重构和可适应性优化策略。Li 等[9]提出了以功能的可扩展性、模块的可升级性和零部件的可定制性三种指标来评估产品的适应性。Shao 等[10]提出了基于可适应设计的产品族可适应度度量方法。程强[11]通过接口标准化程度、功能兼容性、拆卸可逆性三个指标评定接口的可适应性,基于 Kano 模型评价了用户对适应性需求的满足程度。程贤福等[12]基于时间成本的考虑,将通过设计的更改完成新产品设计所需的时间与重新设计新产品所需的时间的比值作为衡量设计可适应性能力的指标,从相似性、重用性和定制柔性三个方面来度量产品设计的可适应性。

Wu[13]等将可适应设计分为 4 个主要过程:产品建模、产品平台的设计、详细设计和产品再设计,提出了基于设计过程的数据模型的概念,建立了基于该模型的面向产品族的具有模块化、参数驱动、变异设计等特征的通用设计平台。陈永亮等[14]基于相似度分析、聚类分析和变量化分析技术,建立了产品结构的优化元模型,提出了一种面向可适应性的参数化产品平台规划方法。Xu[15]等基于方差灵敏分析技术和相似度分析,提出了一种面向可适应性的参数化产品平台构建方法。Xue 等[16]提出将客户的可变需求描述为产品生命周期时间参数的函数,可适应性产品可以随着产品生命周期改变以响应客户需求,采用配置技术和参数化建模及优化算法来开发可适应性产品。程贤福将模块化和参数化产品平台统一表示为基于"设计参数"的产品平台,提出了面向可适应性的产品平台设计参数规划方法,他[17]还提出了面向可适应性的稳健性产品平台规划方法,在产品平台规划初期就开始考虑产品的稳健性和适应性,以避免后期出现大的返工。Zhang 等[18]提出了可适应设计方法,考虑了在产品生产过程中客户需求和设计参数的变化。Levandowski 等[19]提出了一种基于适应性平台配置设计的两阶段模型,将参数柔性调节融入模块配置中,实现客户动态需求的适应性。Cheng 等[20]分析了产品族客户需求、功能要求、设计参数和模块之间的对应关联关系,提出了一种两层次的适应性产品平台稳健性规划方法。Cheng 等[21]从平台的重用性、定制性、接口柔性和升级能力四个方面考虑,以公理设计理论中的信息量作为测度衡量平台适应客户需求更改的能力,提出了平台设计可适应性的计算方法。

6.2　面向可适应性的产品平台结构分析

在产品族设计的早期阶段进行需求分析是非常重要的,良好的需求建模可以减弱设计的耦合性,缩短产品开发周期,增强产品族设计的稳健性,提高产品族设计适应性。所以,应尽早对相关设计活动和组织计划进行合理规划,分析产品设计参数之间的关联关系。客户需求可分为静态和动态需求,动态需求是产品异质性的驱动力。将客户需求特性转化为功能需求信息,功能需求信息经分析、准确描述与表达并转化为产品结构信息。基于客户需求及产品设计适应性分析,将功能要求分为基本功能要求、适应性功能要求与个性化功能要求三种类型,对应不同的客户需求,并通过相应的设计参数和产品组件来实现。其中基本功能要求是客户认为产品应具有的基本功能,一般来说,在一定的阶段它们是比较固定的,对应客户的静态需求;适应性功能要求对应客户的动态需求,使产品具备适应需求变化的能力;个性化功能要求为满足客户多样化的需求,一部分对应客户的静态需求,另一部分对应动态需求。

6.2.1　适应性平台的构成

从系统的结构组成层面,产品族由公共组件、柔性组件和差异性组件构成,其中公共组件和柔性组件实现客户的共性需求,差异性组件实现客户的个性化需求。产品组件可以通过设计参数来表示,根据公理设计理论,实现功能要求的物理结构或关键特征参数可概括描述为设计参数。从产品设计参数层面,产品族由公共设计参数、适应性设计参数和定制参数组成。其中适应性设计参数面向客户的动态需求,通过调节该参数使得平台具有柔性。

具有可适应性的产品平台可综合模块化和参数化平台的优点,使企业在单一平台上产生多种产品变型。本节将模块的概念拓展,由代表该结构性能的特征参数抽象表示。依据公理设计理论,设计参数概念概括表示为实现功能要求的物理结构或关键技术参数。因此,将模块化和参数化产品平台归纳为基于设计参数的产品平台。基于可适应设计理念,综合这两种平台的优点,通过设计参数的概念表达,由公共设计参数和可适应设计参数组成的可定制的产品平台,在不改变公共参数的情况下,通过添加定制参数,调节可适应设计参数的数值,驱动生成相应的可适应模块结构,得到一系列产品变型和产品族。其产品平台结构如图 6.1 所示。

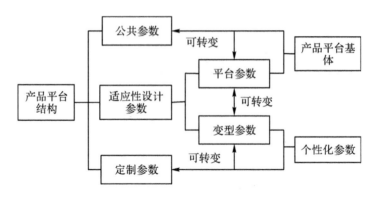

图 6.1　产品平台的结构分解

①公共参数指具有比较固定的拓扑结构、实现产品族基本功能要求、不受客户需求影响或影响很小,且在同一产品族中可以通用的设计参数。

②适应性设计参数指具有一定功能、结构相对独立、具有可适应性的设计参数。适应性设计参数的取值受一定范围的约束,既不能破坏产品拓扑结构,也不能超出设计参数规格的应用范围。它包含平台参数和变型参数两部分。

其一,平台参数指产品族内不同变型产品之间取值基本相同的或可在较小允许范围内变动的、对产品性能差异性影响较小或可以忽略不计的设计参数。

其二,变型参数指产品族内的变型产品在较大的允许范围内可调节的、对产品性能差异性有较大影响但不影响变型产品功能的设计参数。

③定制参数指产品族内某变型产品为满足客户特殊的需求或实现产品特定的功能要求而设置的设计参数,这些参数或类型不一致或类型一致但取值不尽相同。它们可根据客户需求进行定制,以满足客户个性化要求。

由于客户的需求特性会随时间、技术、市场细分等情况产生变化,功能要求则反映了客户对产品功能或性能不同层次的需求,因此,随着时间的推移,公共参数、平台参数、变型参数和定制参数之间会发生转变。所以,要求产品平台应具有适应客户需求变化的能力。由若干个公共参数和具有适应性的平台参数配置成的产品平台,具有柔性、适应性、通用性和稳健性的特点,可为产品族的变型、演化或升级提供支撑。在产品平台升级时,只需要添加或更新部分模块,其他模块可保持不变;在产品平台变型时,只需要在原有产品平台的基础上选择一个或几个可适应设计参数进行变型。因此，面向可适应性的产品平台便于产品平台的升级和更新，从而使产品拓展更加容易。适应性产品平台的功能演化如图6.2所示。

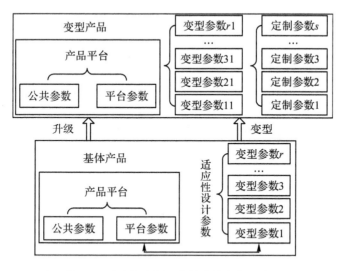

图 6.2　适应性产品平台的功能演化示意图

6.2.2　适应性平台的特点

产品适应性平台的规划方法是充分利用大规模定制、模块化设计和变型设计思想，同时简化产品族设计中的模块划分。在产品适应性平台的基础上，利用已有定制模块的配置可满足客户在不同系列上的基本横向需求。当已有定制模块组合不能满足客户的个性化适应性需求时，可通过修改定制参数值，快速设计出满足客户个性化适应性需求的产品而不增加或只增加少量的生产成本。归纳起来，产品适应性平台具备了以下基本特征[11]。

（1）通用性

开发产品适应性平台的核心思想是通过基本零部件和生产过程的最大标准化集合来获得产品的最大集合。因此，通用性和标准化是适应性平台的基本和核心特征。

（2）模块化

模块化产品体系结构显然易于实现快速设计、产品配置和可适应变换，满足大规模定制对时间和成本的要求。模块化是可适应设计产品开发中的关键之一。

(3)稳健性

当适应性平台要求的条件发生微小变化时,定制参数的可调节特性保证平台的形式和功能不发生改变,从而确保从平台上派生产品的可靠性。

(4)适应性

适应性即产品平台对市场和环境变化的快速响应和应变能力,一个产品族中的产品变体应能快速地从平台上派生。

6.3　面向可适应性的产品平台规划方法

产品结构是实现产品功能要求的载体,按照公理设计方法,将产品的功能映射到结构上,确立产品概念结构,即设计参数,结合开发者的经验知识,判断功能要求的分解和设计参数的选择是否满足设计要求,以及能否得到满意的结果。然后分析设计参数之间的关联关系,构建设计结构矩阵,确定耦合模块。面向可适应性的产品平台规划主要包括以下几个步骤。

(1) 产品族设计参数类型描述

记 D_c,D_b,D_a 和 D_s 分别为 p 个公共参数、q 个平台参数、r 个变型参数和 s 个定制参数的集合($p+q+r+s=n$),则 $\mathrm{DP}=\{D_c,\ D_b,\ D_a,\ D_s\}^{\mathrm{T}}$。根据 n 个设计参数值的不同,可得到一系列产品,其中前 $p+q$ 个设计参数值基本相同,它们即为公共平台参数,构成了产品平台基体。非耦合设计的产品对应的设计参数具有更大的柔性,更能适应产品的定制需求。

在功能要求和设计参数分解映射过程中,根据上一步骤的产品客户需求和市场定位分析,首先可确定满足个性化需求类型不一致的设计参数,将其定为 D_s,这些参数在产品族内不同变型产品之间是不同的。然后对剩下的设计参数再进行分析。

(2) 产品平台参数的敏感性分析

根据产品功能要求和设计参数之间的分解映射关系,公共参数对应的功能要求应该不受其他设计参数的影响,且公共参数不依赖于其他设计参数,即:

$$\frac{\partial \mathrm{FR}_i}{\partial \mathrm{DP}_j^{q+r+s}} = 0,\ i=1,\cdots,p,j=p+1,\cdots,n \tag{6.1}$$

$$\frac{\partial DP_j^p}{\partial DP_j^{q+r+s}} = 0 \ , \ i=1, \ \cdots, \ p, j = \ p+1, \cdots, n \quad (6.2)$$

式(6.1)与式(6.2)只是识别公共参数的必要条件而非充分条件。其充分条件是在分析市场和客户需求的基础上,明确实现客户基本需求的结构组成,该结构对应的设计参数一旦确定,在产品族中就保持固定,在产品平台中共享此参数。由这两方面就可确定公共参数 D_c。然后对剩下的设计参数再进行分析。

当某个功能要求 FR_i 因满足客户定制需求而发生变化时,则相应的设计参数 DP_i 也应做出调整以实现对应的功能要求,同时,非对应的设计参数(DP_j, $j \neq i$)也将可能会发生改变以消除由于 DP_i 变化的影响。DP_i 变化与DPs 总的变化的比值越大,说明利用该参数进行平台调节对其他设计参数的影响较小,产品变型就相对容易,则该设计参数的适应性就越好。由此可知,非耦合的或耦合性小的设计参数及其相应的功能要求更适合大规模定制,因此,它们更适合作为适应性设计参数。

适应性设计参数对应的功能要求受其他设计参数的影响较小,且该参数的变动对其他设计参数变化影响也较小。与第 5 章基于公理设计的产品平台一样,当满足式(6.4)时,设计矩阵的非对角元素相对于对角线元素而言可忽略,即某一适应性设计参数主要影响其对应的功能要求,而不影响其他功能要求或影响较小以至于可以忽略。

$$设 \ \Delta FR_i = \sum_{j=1}^{p+q+r} \frac{\partial FR_i}{\partial DP_j} \Delta DP_j = \frac{\partial FR_i}{\partial DP_i} \Delta DP_i + \sum_{\substack{j=1 \\ j \neq i}}^{p+q+r} \frac{\partial FR_i}{\partial DP_j} \Delta DP_j \quad i=p+1, \cdots, q$$

$$(6.3)$$

$$\frac{\partial FR_i}{\partial DP_i} \Delta DP_i > \sum_{\substack{j=1 \\ j \neq i}}^{p+q+r} \frac{\partial FR_i}{\partial DP_j} \Delta DP_j \quad i=p+1, \cdots, q \quad (6.4)$$

同时,适应性设计参数对应的功能要求不受定制参数的影响,即:

$$\frac{\partial FR_i}{\partial DP_j^s} = 0 \ , i=p+1, \ \cdots, p+q+r, j = \ p+q+r+1, \ \cdots, n \quad (6.5)$$

此步骤是从功能要求的角度来初步判断平台参数,因为设计矩阵是一般的布尔(Boole)形式矩阵,不能精确描述设计参数对功能要求的影响程度,且不能表示设计参数之间的依赖关系,因此,需进一步分析。

（3）构造设计关联矩阵

将公理设计矩阵转换成设计结构矩阵（具体转换过程见 5.3.1 节）。DSM 是以矩阵的形式对产品开发过程进行建模和分析，提供了一种简单、紧凑和形象化的描述方法用于支持设计，以直观、形象的分析形式表示系统各组成之间的关系。矩阵的每一行表示该行所对应任务的完成需要其他各列任务的支持信息，每一列表示该列任务对其他各行任务的输出或者支持信息。传统 DSM 中的元素用"×"标识信息依赖关系，或者用布尔变量标识"0"和"1"来表示，只是定性地表示各设计参数之间是否存在耦合，而不能从量的角度进行分析及详细地描述各设计参数间的关联程度，给设计过程的优化管理造成了影响。将每个结构的设计参数引入到关联的量化示意图中，构造量化的设计结构矩阵，如图 6.3 所示。然后对矩阵各行各列汇总，如设计参数 A 的行汇总 A_R 表达了其他设计参数的变化对设计参数 A 的影响程度，A 的列汇总说明了设计参数 A 的变化对其他设计参数的影响程度。

分析设计关联矩阵行和列汇总数据的排序结果。行排序说明对应的设计参数对其他设计参数的依赖程度，数值越大，说明其依赖性越高，对其他设计参数的变化越敏感；列排序说明对应设计参数对其他设计参数影响程度的大小，数值越大，说明其影响越大，其他设计参数对其的变化越敏感。数值最小的行参数对其他设计参数的变化具有最小的敏感性，数值最大的列参数对其他设计参数具有最大的影响性，因此可将同时满足这两个条件的设计参数作为平台参数。

DP	A	B	C	D	E	行汇总
A	—	$B-A$	$C-A$	$D-A$	$E-A$	A_R
B	$A-B$	—	$C-B$	$D-B$	$E-B$	B_R
C	$A-C$	$B-C$	—	$D-C$	$E-C$	C_R
D	$A-D$	$B-D$	$C-D$	—	$E-D$	D_R
E	$A-E$	$B-E$	$C-E$	$D-E$	—	E_R
列汇总	A_s	B_s	C_s	D_s	E_s	

图 6.3 设计关联矩阵

当设计参数的关联性较大，有时难以满足这两个条件，此时可以考虑分析变型产品之间的差异性。

（4）差异性分析

在基于产品平台的产品族设计中，关于多个变型产品对某个设计参数是否具有共性可以考虑以差异性来衡量。相似度是衡量两系统之间相似元的相似程度，是计算产品结构相似度的基础。在产品平台设计中，相似度计算主要涉及的系统是用户需求和产品结构单元。结构是通过属性来描述的，属性与属性之间的相似度是计算产品结构相似度的基础。相似度的分析需要对多个产品的设计参数进行相似分析，差异度作为一种衡量相似度的量，差异度大的元素则其相似度小；反之，差异度小的元素则其相似度大。

假设某一产品族中两个变型产品 A 和 B 的设计参数 DP_i 相似，其数值分别为 $U(DP_i^A)$，$U(DP_i^B)$，它们的相似度为：

$$s_{AB}(x_i) = \frac{\min(U(DP_i^A), U(DP_i^B))}{\max(U(DP_i^A), U(DP_i^B))} \tag{6.6}$$

则差异度可由下式计算[22]：

$$d_{AB}(x_i) = \frac{|U(DP_i^A) - U(DP_i^B)|}{\max(U(DP_i^A), U(DP_i^B))} \tag{6.7}$$

m 个产品关于设计参数 DP_i 的差异度构成的差异矩阵可以表示为：

$$M(DP_i) = \begin{bmatrix} 0 & d_{12}(DP_i) & \cdots & d_{1m}(DP_i) \\ d_{21}(DP_i) & 0 & \cdots & d_{2m}(DP_i) \\ \vdots & \vdots & \vdots & \vdots \\ d_{m1}(DP_i) & d_{m2}(DP_i) & \cdots & 0 \end{bmatrix} \tag{6.8}$$

差异度矩阵 $M(DP_i)$ 表明了产品族中各变型产品关于某设计参数的差异程度，变型产品对某个设计参数的差异度越小，说明该设计参数对产品的变型越不敏感，也即更适合作为平台参数。

（5）平台参数的识别和产品族的规划

依据上述步骤（1）和（2）的分析，提取公共参数和适应性设计参数；再结合步骤（3）和（4），将适应性设计参数的关联矩阵中同时满足"数值较小的行参数和数值较大的列参数"条件或变型产品之间差异度较小的设计参数视为平台参数，再利用聚类算法对产品平台各类型设计参数进行模块划分，从而得到产品平台，其设计流程如图 6.4 所示。在此基础上，对那些相似的产品配置结构进行整合，并对当前配置结构中接口参数进行规范化处理，利用已有模块的配置或变型参数的调节或添加、修改、删除定制参数可快速设计出适应市场多样性化需求的产品族。

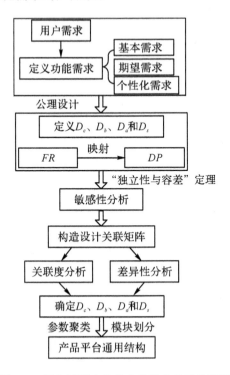

图 6.4　面向可适应性的产品平台设计流程图

6.4　面向可适应性的产品平台规划应用案例

桥式起重机是现代工业生产和起重运输中实现生产过程机械化、自动化的重要工具和设备,它具有结构较复杂、系列化分级特性不明显、客户定制性强等特点,其设计模式一般是根据客户的个性化需求驱动执行,其变型主要是根据起重量、工作速度、工作级别及使用工况等决定的,但这些变型产品往往都是在已有机型上进行改进与变型。如果利用一般的参数化或模块化产品平台设计方法,则难以满足其模块替换和参数调节的集成需求,不利于设计知识的重用。为快速响应市场变化,缩短起重机设计和生产周期,降低成本,研究其产品平台的建立实现快速配置是有必要的。以设计一双梁桥式起重机为例,工作级别 A7,跨度 $L=22.5$ m,起重量 $Q=20$ t,起升高

度 $H=11$ m,起升速度 $v_{起}=11.8$ m/min,小车运行速度 $v_{小}=45.6$ m/min,大车运行速度 $v_{大}=70$ m/min。分析其产品平台构建过程及变型方式。

①根据客户需求、现有的技术及设计者的分析,客户对起重机的性能和品质需求是有一定差异性的,当工况改变时,要求产品设计具有一定的可适应性。应用公理设计指导框架,采用 Z 字形映射方法对起重机进行功能分解,得到如图 6.5 所示的功能结构分解图,其中左半部分表示的是功能要求 FRs 的层次结构,右半部分表示的是相对应的设计参数 DPs 的层次结构。

②由功能要求分解图和设计矩阵及产品客户需求与技术现状分析,可确定设计参数 DP_{1125},DP_{125},DP_{34},DP_{41},DP_{42},DP_{43},DP_{44},DP_{45} 为实现制动器附加功能要求的定制参数,这些设计参数不会影响制动的基本功能要求,可满足当前客户的个性化需求。同时,设计参数 DP_{1111},DP_{126},DP_{127},DP_{13},DP_{25},DP_{26},DP_{32},DP_{33},DP_{35},DP_5、DP_6 可视为公共参数,如图 6.5 中深色填充区域所示。因为这些参数为桥式起重机的基本设计参数,只影响其基本功能要求,而且它们不依赖于其他设计参数,在产品变型中(一定的起重量)数值基本保持不变。然后对剩下的设计参数再进行分析。

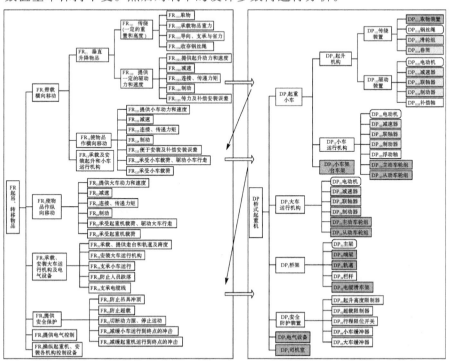

图 6.5　桥式起重机的功能要求——设计参数映射图

③设计参数 DP_{1112}（钢丝绳）、DP_{31}（主梁）虽可以在一定范围内调节，但仍是桥式起重机的基本构件，只影响基本功能要求，它们不依赖于其他设计参数。DP_{1112}取决于起重量，DP_{31}主要由起重量和跨度决定。而部分其他设计参数会受其影响，因此应该视为平台参数。再对剩下的设计参数进行设计关联分析。因为大车运行机构和小车运行机构的性质相同，为简化计算分析，所以在剩下的设计参数中只考虑小车的参数，如表 6.1 所示。

表 6.1　桥式起重机小车设计参数关联矩阵

设计参数	DP_{1112}	DP_{1113}	DP_{1114}	DP_{1121}	DP_{1122}	DP_{1123}	DP_{1124}	DP_{121}	DP_{122}	DP_{123}	DP_{124}	行汇总
DP_{1112}	—	0	0	0	0	0	0	0	0	0	0	0
DP_{1113}	3	—	0	0	0	0	0	0	0	0	0	3
DP_{1114}	3	3	—	0	0	0	0	0	0	0	0	6
DP_{1121}	0	0	0	—	0	0	0	0	0	0	0	0
DP_{1122}	0	0	6	6	—	0	0	0	0	0	0	12
DP_{1123}	0	0	0	0	0	—	0	0	0	0	0	
DP_{1124}	0	0	0	3	3	0	—	0	0	0	0	6
DP_{121}	0	0	0	0	0	0	0	—	0	0	0	0
DP_{122}	0	0	0	0	0	0	0	6	—	0	0	6
DP_{123}	0	0	0	0	0	0	0	0	0	—	0	6
DP_{124}	0	0	0	0	0	0	0	3	3	—	0	0
列汇总	6	3	6	9	3	0	0	9	3	0	0	

由表 6.1 可知，小车中 DP_{1112}，DP_{1121} 与 DP_{121} 的列汇总值较大且行汇总值为 0，表示它们的变化对其他设计参数有较大影响同时又不依赖于其他设计参数，因此，这 3 个设计参数可作为平台参数，其余设计参数都作为变型参数。同理，大车运行机构的 DP_{21} 也可作为平台参数。这样桥式起重机的平台参数就可被确定，如图 6.5 中带圆角边框区域所示。

④根据以上的分析，可以得到桥式起重机的平台参数和个性化参数，根据产品实际情况可在平台参数和变型参数之间进行协调。随着时间的推移，某些设计参数会因升级或变型的需要发生转变，如 DP_{1112} 可在平台参数和变型参数之间转变，DP_{1125} 可在变型参数和定制参数之间转变。当客户根据自身情况需要不同的起重机产品时，设计者只需柔性调节平台参数值及

部分变型参数值,再添加或改变定制参数值,便可快速配置出适应市场需求的产品。

　　起重量是起重机的重要参数,如果起重量不改变,则起重机各机构的载荷基本不变。因此,起重量在一定程度上表征了起重机的特征。其他功能或性能的改变,如需报警、水平导向、轨道排障等辅助功能,则可通过添加相应的装置来实现;也通过调节主梁的参数值可以实现不同的跨度,或通过调整卷筒参数值以满足不同起升高度及传动比。在本例中,假设客户需求发生改变: $L = 19.5$ m, $H = 12$ m, $v_{起} = 9.4$ m/min, $v_{小} = 35.7$ m/min, $v_{大} = 45.4$ m/min;如需要再配置一个副钩,其 $Q_{副} = 5$ t, $H_{副} = 14$ m, $v_{副起} = 20$ m/min。则通过计算可知,主起升 Q 未变,取物装置和钢丝绳可以不修改; L 变小一点,但增加了副钩,桥架和大车车轮组基本上可以不变。因 $v_{起}$ 与 $v_{小}$ 改变了,则电机功率和减速器传动比需相应改变; H 变了,则卷筒尺寸会相应调整,但其直径未改变,这样其所受扭矩不变。有时为了有更好的制动性能,可以将电力液压臂盘式制动器更换电力液压块式制动器,而其制动力矩不变。变型产品的主要设计参数如表 6.2 所示。

　　因此,可以将上述的公共参数和平台参数作为该类起重机的产品基体,通过在产品平台的基础上添加、删除、替换一个或多个设计参数可以衍生出适应客户需求的不同产品,或者通过调节平台的一个或多个参数实现产品的衍生,从而实现产品的快速配置。即使客户对起重量有不同的需求,上述的变型方式还是基本一致,只是调节的参数要多一些,设计信息和资源可以重用,设计的可适应能力强。

表6.2 桥式起重机主要设计参数变型

设计参数		钢丝绳直径(mm)	滑轮直径(mm)	卷筒(mm×mm)	起升机构电动机功率/转速(kW)/(r/min)	起升减速器传动比	起升机构制动器制动力矩(N·m)	小车车轮直径(mm)	小车运行机构电动机功率/转速(kW)/(r/min)	小车运行机构减速器传动比	小车运行机构制动器制动力矩(N·m)
初始值		Φ18	Φ450	Φ500×1400	55.0/735	25.02	2×1000	Φ350	5.5/970	22.4	200
变型	主起升	Φ18	Φ450	Φ500×1500	45.0/725	31.5	2×1000	Φ350	3.7/910	28	200
	副起升	Φ14	Φ355	Φ380×1500	15.0/960	31.5	630				

6.5　面向可适应性的桥式起重机车轮组参数化产品族设计方法

随着日益激烈的市场竞争以及用户对起重机个性化、多样化、柔性化需求的增强,设计效率的提升对缩短产品开发时间,降低生产成本有着至关重要的作用。而模块化设计可用较少数量的零部件组成多品种、多规格的系列产品,提高产品的通用化程度,能较好地满足用户需求。为适应起重机快速开发多样化的产品,常将运行机构的车轮、轴、轴承等设计成车轮组件,与角轴承箱装配在一起,组成车轮组。车轮组的参数化可为起重机的模块化提供技术上的支持,采用面向可适应性的车轮组参数化产品族设计方法,更容易满足用户对产品的一系列个性化需求,也更能使企业拥有更短的交货期、更高的产品质量稳定性。

桥式起重机车轮都与角轴承箱装配在一起,称为车轮组[23]。考虑到制造、安装和维修的方便以及系列化的要求,常把车轮、轴、轴承等设计成车轮组件,将这三部分归类为一个模块。根据模型的嵌套关系,以及功能和模型的不同,可将车轮组划分为如下模块:整个的车轮组可作为一个大的模块,作为一级模块,车轮、车轮轴、轴承套件为二级模块,轴承、轴承座、螺栓、轴承挡圈、轴承端盖、轴承透盖为三级模块。

产品族设计包括模块化和参数化产品族设计,由于车轮组已自成模块,本节只研究它的参数化设计。参数化设计一般是指对形状特征相同或相近的零部件,用一组参数来约束该模型的结构尺寸与其内部拓扑关系,当赋予产品不同的参数值时便可实现产品变体和快速设计,通过对现有产品局部结构形式和参数的变异可以满足不同工作性能的需求[24]。参数化设计系统按功能分为设计计算、知识库管理和程序系统控制等三部分。设计计算部分在标准化设计和非标设计中所起的作用不同。在标准化设计中,可根据合同参数查询车轮组产品数据库中已完成的标准化产品,对于车轮等小型部件,设计人员只需知道新订单的基本合同参数就可以定制出新产品所需的车轮零部件,能节省大量设计时间;当需要设计非标车轮时,设计计算模块可根据设计人员自定的参数,计算校核新产品的各个尺寸,定制出非标车轮组。

6.5.1 桥式起重机车轮组参数化建模

通过市场调查和用户调研以获取原始用户需求信息,这是用户对产品的主观需求。对于起重机而言,不同的场合以及起重量的不同使得用户对车轮组的尺寸要求不同。用户可根据车轮直径 D、轴承型号、使用环境,按车轮组系列选择。

车轮组建模是在参数化的基础上建立起来的,首先确定它的主要特征参数。从产品功能要求出发,将功能参数转化为结构参数或性能指标,通过对产品参数化结构模型的分析,提取对产品结构影响较大的参数作为特征参数[25]。特征参数表征模块或几何拓扑结构的决定性要素,可作为产品系列不同变体之间能够相互区别的依据。通过分析可确定主要参数:车轮直径 D,轮缘直径 D_1,车轮宽度 B,轮毂长度 B_1,车轮孔径 d_3,轴承内径 d_2,与端盖配合直径 d_1,轴端直径 d,轴承外端盖到车轮中刨面的距离 L_1,中刨面到轴端距离 L,带键槽的轴段长度 l,轴承盖外径 H。

SolidWorks 就是这种基于特征造型的参数化的实体建模软件,如果定义某个特征的变量参数发生了改变,则零件的这个特征的几何形状或尺寸大小将随着参数的改变而改变,软件会随之重新生成该特征及其相关的各个特征,而无须用户重新绘制。图 6.6 为基于 SolidWorks 的车轮组参数化模型。

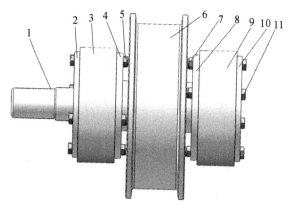

1-车轮轴 2,4,8-轴承透盖 3,9-轴承座 5,7-螺母 6-小车轮 10-轴承端盖 11-螺栓

图 6.6 车轮组三维模板造型

6.5.2　车轮疲劳计算载荷确定

车轮与轨道面的接触包括线接触和点接触。理论上,线接触的受力情况较好,但实际上,往往由于机架变形和安装误差等因素的影响,线接触的应力分布并不均匀,从而形成不良的点接触,因而在起重机的运行机构中常用点接触的情况。

起重小车的运行机构承担着重物的横向运动,起重机车轮的尺寸取决于轮压的大小。车轮踏面的计算载荷 P_c 可由车轮的最大轮压和最小轮压决定,其计算式为[27]:

$$P_c = \frac{2P_{max} + P_{min}}{3} \tag{6.9}$$

式中,P_{max} 为起重机正常工作时最大轮压(N),P_{min} 为起重机正常工作时最小轮压(N)。

按赫兹公式计算接触疲劳强度:

$$P_c \leqslant k_2 \frac{R^2}{m^3} C_1 C_2 \tag{6.10}$$

式中,k_2 为与材料有关的许用点接触应力常数(N/mm²),钢制车轮按表 6.3 选取;R 为曲率半径,取车轮和轨道曲率半径中之大值(mm);m 为由轨道顶与车轮曲率半径之比(r/R)所确定的系数,按表 6.4 选取;C_1 为转速系数,按表 6.5 选取;C_2 为工作级别系数,按表 6.6 选取。

表 6.3　系数 k_1 及 k_2 值

σ_b	k_1	k_2
500	3.8	0.053
600	5.6	0.100
650	6.0	0.132
700	6.6	0.181
≥800	7.2	0.245

注:σ_b 为材料的抗拉强度(N/mm²)。

表 6.4　系数 m 值

r/R	1.0	0.9	0.8	0.7	0.6	0.5	0.4	0.3
m	0.388	0.400	0.420	0.440	0.468	0.490	0.536	0.600

表 6.5　转速系数 C_1 值

车轮转速(r/min)	C_1	车轮转速(r/min)	C_1	车轮转速(r/min)	C_1
200	0.66	50	0.94	16.0	1.09
160	0.72	45	0.96	14.0	1.00
125	0.77	40	0.97	12.5	1.00
112	0.79	35.5	0.99	11.2	1.12
100	0.82	31.5	1.00	10	1.13
0	0.84	28	1.02	8	1.14
80	0.87	25	1.03	6.3	1.15
71	0.89	22.4	1.04	5.6	1.16
63	0.91	20	1.06	5	1.17
56	0.92	18	1.07		

表 6.6　工作级别系数 C_2 值

运行机构工作级别	C_2
M1—M3	1.25
M4	1.12
M5	1.00
M6	0.90
M7、M8	0.80

　　对车轮组来说,首先需要考虑的参数是车轮直径 D。因为 D 的大小直接影响到车轮组中其他组件的尺寸大小,从而决定了整个车轮组的结构尺寸。因此,根据上述车轮疲劳强度载荷的计算分析,结合通常情况下对起重量的统计,首先应确定车轮的直径。

6.5.3　车轮组优先系数选取

在设计产品时,产品的主参数系列应最大限度采用优先数系。对规格杂乱、品种繁多的老产品,应通过调查分析加以整顿,从优先数系中选用合适的系列作为产品的主要参数系列。在零部件的系列设计中应选取一些主要尺寸作为自变量选用优先数系。下面为起重机车轮组结构尺寸的选取示例。起重机车轮组结构尺寸如图 6.7 所示。

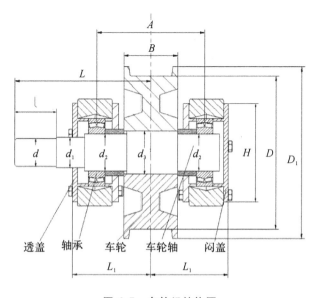

图 6.7　车轮组结构图

(1) 确定采用优先系数的参数

由于车轮直径大小决定整个车轮组的结构尺寸,首先确定车轮直径 D 为优先数,取 $R10$ 系列,尺寸在 $250 \sim 1000$ mm 范围内。

车轮按有无轮缘可分双轮缘、单轮缘、无轮缘车轮三种,起重机上广泛采用双轮缘车轮。本章以双轮缘车轮为研究对象,其轮缘直径 D_1 可按下式计算:

$$D_1 = D + 2h \tag{6.11}$$

D_1 一般不再为优先数。

其次,取车轮宽度 B 为优先数,采用派生系列中的 $R40$ 每隔一项选取一个优先数,即 $R40/2$ 系列,从 90 开始选取,每隔一项选取一值。

轮缘宽度 b 一般为 10 mm。轮毂长度 B_1 可按下式计算：

$$B = B_1 + 2b \tag{6.12}$$

B_1 一般也不再为优先数。

取车轮孔径 d_3 为优先数，采用派生系列中的 R40 每隔两项选取一个优先数，即 R40/3 系列，从 70 开始选取，每隔两项选取一值。其他轴径 d_2 为与轴承相配合的轴径，即轴承内径，d_1 为轴与轴承端盖相配合的直径，d 为与外部联轴器或减速器相配合的直径，可根据 d 及与轴承的公差配合以及轴肩大小确定。两轴承中心的距离 A 取为优先数，采用派生系列中的 R40 每隔一项选取一个优先数，即 R40/2 系列。

轴承外端盖到车轮中刨面的距离 L_1，中刨面到轴端距离 L，带键槽的轴段长度 l，轴承盖外径 H 都取为优先数。L 采用派生系列中的 R40 每隔三项选取一个优先数，即 R40/4 系列，从 225 开始选取，每隔三项选取一值。L_1 取优先数系，采用派生系列中的 R40 每隔一项选取一个优先数，即 R40/2 系列，从 130 开始选取。H 采用派生系列中的 R20 每隔一项选取一个优先数，即 R20/2 系列，从 160 开始选取，每隔一项选取一值。

利用优先数确定的直径尺寸需遵守优先数规则，尺寸无法改变，与其相配合的轴径，车轮轴长度均为可调节变量。

（2）确定车轮直径 D

车轮直径系列取 R10 系列，尺寸在 250～1000 mm 范围内，根据优先数规则，D 的值可取为 250，315，350，400，500，630，800，1000 mm。SolidWorks 软件为零件建模提供了系列表驱动方式，直接采用系列表配置，可以方便地实现系列化的零件参数化建模。根据选取的各结构参数值，制定车轮组的系列尺寸。通过与一些起重机生产厂家交流与分析，将他们提供的车轮组主要特征参数数据进行比较整合，文中有序列部分参照优先数选取序列值，无序列部分根据各厂家给出的参考数值进行计算分析，得出车轮组的参数化模型和系列相对应的事物特征表，如表 6.7 所示。表 6.7 中只给出了中小型起重机车轮组数据，超大型的未做分析。按表 6.7 选择一组参数即生成相应的车轮组。

表 6.7　车轮组的事物特征表(mm)

车轮直径 D	轮缘直径 D_1	轴承中距 A	车轮宽度 B	轮毂长度 B_1	车轮孔径 d_3	轴承内径 d_2	与端盖配合直径 d_1	轴端直径 d	带键槽的轴段长度 l	中刨面到轴端距离 L	轴承外端盖到车轮中刨面的距离 L_1	轴承盖外径 H
∅250	280	180	90	70	70	60	50	45	70	225	130	160
∅315	350	200	95	75	90	80	75	60	80	280	140	200
∅350	380	200	100	81	100	90	85	65	85	300	150	210
∅400	440	240	120	100	110	100	85	80	115	350	170	240
∅500	540	270	130	110	130	120	110	80	115	350	195	280
∅630	680	300	150	130	160	140	130	95	125	450	210	355
∅800	850	340	170	150	190	160	150	110	145	560	240	450
∅1000	1060	380	190	170	220	180	170	120	165	710	260	560

6.5.4　车轮组设计关联矩阵构造

传统 DSM 中的元素用"X"标识信息依赖关系,或者用布尔变量标识"0"和"1"来表示,只是定性地表示各设计参数之间是否存在耦合,而不能从量的角度进行分析及详细地描述各设计参数间的关联程度,给设计过程的优化管理造成了影响。本节以所分析参数对其他参数的影响及其导致的变化为参照基础,选取 0—1 之间包括 0 和 1 在内的 5 个量化值,构造设计结构矩阵,并对矩阵各行各列进行汇总,用汇总值进一步分析表达参数间的相互影响程度。根据所规定的量化准则,对提取出的设计参数进行关联性量化分析,构造车轮组参数的设计结构矩阵,如图 6.8 所示。

由图 6.8 可知,轴承内径 d_2 的列汇总值最大,说明其改变对其他设计参数有很大影响,轮宽 B、车轮孔径 d_3 列汇总值较大,车轮直径 D 次之。其中 D 和 d_3 的行汇总值很小,说明它们受其他参数影响较小,对其他设计参数的依赖程度很小;B, B_1 和 d 次之,因此这几个参数可作为产品族系列设计的候选主参数。

	D	D_1	A	B	B_1	d_3	d_2	d_1	d	l	L	L_1	H	汇总
D	—	0.2	0	0	0	0.5	0	0	0	0	0	0	0	0.7
D_1	1	—	0	0	0	0.5	0	0	0	0	0	0	0	1.5
A	0	0	—	0.8	0	0	0.8	0	0	0	0	0.5	0	2.1
B	0.5	0	0	—	0.5	0	0	0	0	0	0	0	0	1
B_1	0	0	0	1	—	0	0	0	0	0	0	0	0	1
d_3	0.5	0	0	0	0	—	0.2	0	0	0	0	0	0	0.7
d_2	0	0	0	0	0	0.8	—	0.5	0	0	0	0	0	1.3
d_1	0	0	0	0	0	0.5	0.8	—	0.2	0	0	0	0	1.5
d	0	0	0	0	0	0.2	0	0.8	—	0	0	0	0	1
l	0	0	0	0	0	.0	0	0	0.8	—	0.5	0	0	1.3
L	0	0	0.2	0.2	0	0	0	0	0	1	—	0.5	0	1.9
L_1	0	0	1	0.5	0	0	0.8	0	0	0	0.5	—	0	2.8
H	0	0	0	0	0	0.2	1	0	0	0	0	0	—	1.2
汇总	2	0.2	1.2	2.5	0.5	2.7	3.6	1.3	1	1	1	1.0	0	—

图 6.8　车轮组参数设计结构矩阵

6.5.5　车轮组变量聚类分析

在利用设计结构矩阵选取出了候选设计参数的基础上,采用聚类分析进一步确定车轮组设计的主参数。聚类可分为变量聚类和样本聚类,其相似性均用距离和相似系数来度量,针对变量进行聚类,采用关联距离进行计算。为了克服变量测量标准的影响,在计算关联距离之前,一般对变量要做标准化处理,通常是把变量变成均值为 0、方差为 1 的标准化变量。本节采用关联距离进行聚类计算,其计算式为[28]:

$$s(x_i, x_j) = \sum_{k=1}^{M} \frac{1}{1 + \lceil x_{ik} - x_{jk} \rceil} \qquad (6.13)$$

式中,k 为聚类数,M 为特征属性数。

根据式(6.13),确定车轮组的各个结构参数的关联值并按照影响程度对各个因素赋予一定的权值,使得处理后的数据在 0—1 范围内,且值越接近 1,关联度越高。整理得到车轮组各结构参数之间的关联距离,最终得到各结构变量的设计关联矩阵,值越大,关联性越强,如图 6.9 所示。

	d_3	d_2	d_1	d	H	B	B_1	L_1		A	L	l	D	D_1
d_3	1.000	0.967	0.946	0.905	0.938	0.975	0.959	0.883		0.770	0.636	0.963	0.556	0.528
d_2	0.967	1.000	0.978	0.934	0.920	0.962	0.982	0.857		0.750	0.622	0.979	0.545	0.518
d_1	0.946	0.978	1.000	0.955	0.908	0.942	0.984	0.841		0.738	0.614	0.975	0.539	0.512
d	0.905	0.934	0.955	1.000	0.885	0.900	0.942	0.808		0.712	0.596	0.935	0.525	0.500
H	0.938	0.920	0.908	0.885	1.000	0.742	0.715	0.822		0.937	0.822	0.719	0.693	0.650
B	0.975	0.962	0.942	0.900	0.742	1.000	0.953	0.886		0.772	0.838	0.960	0.558	0.530
B_1	0.959	0.982	0.984	0.942	0.715	0.953	1.000	0.850		0.745	0.819	0.987	0.543	0.516
L_1	0.883	0.857	0.841	0.808	0.822	0.886	0.850	1.000		0.856	0.895	0.855	0.602	0.569
A	0.770	0.750	0.738	0.712	0.937	0.772	0.745	0.856		1.000	0.788	0.748	0.673	0.631
L	0.636	0.622	0.614	0.596	0.822	0.838	0.819	0.895		0.788	1.000	0.822	0.822	0.761
l	0.963	0.979	0.975	0.935	0.719	0.960	0.987	0.855		0.748	0.822	1.000	0.545	0.518
D	0.556	0.545	0.539	0.525	0.693	0.558	0.543	0.602		0.673	0.822	0.545	1.000	0.914
D_1	0.528	0.518	0.512	0.500	0.650	0.530	0.516	0.569		0.631	0.761	0.518	0.914	1.000

图 6.9　车轮组相似性矩阵

为使数据聚类更具合理准确性,选用组间连接法对变量进行聚类,将车轮组数据输入到数据分析软件 SPSS 中,将相似性大的一类结构单元聚为一类,得到能够体现聚类分析过程的车轮组各结构聚类对象关系表和各结构变量层次聚类分析树形图,分别如表 6.8 和图 6.10 所示。

由于车轮孔径 d_3、轴承内径 d_2、与端盖配合直径 d_1、轴端直径 d、轴承盖外径 H 标准化系数很相近,可以归为第 Ⅰ 类;车轮宽度 B、轮毂长度 B_1、中刨面到轴端距离 L、轴承外端盖到车轮中刨面的距离 L_1、轴承中距 A、带键槽的轴段长度 l 归为第 Ⅱ 类;车轮直径 D、轮缘直径 D_1 归为第 Ⅲ 类,图 6.9 中用灰色部分标明了这三种类别。

表 6.8　聚类对象关系表

对象	聚类类别	对象	聚类类别
车轮直径 D	Ⅲ	与端盖配合直径 d_1	Ⅰ
轮缘直径 D_1	Ⅲ	轴端直径 d	Ⅰ
轴承中距 A	Ⅱ	带键槽的轴段长度 l	Ⅲ
轮宽 B	Ⅱ	中刨面到轴端距离 L	Ⅱ

续　表

对象	聚类类别	对象	聚类类别
轮毂长度 B_1	II	轴承外端盖到车轮中刨面的距离 L_1	II
车轮孔径 d_3	I	轴承盖外径 H	I
轴承内径 d_2	I		

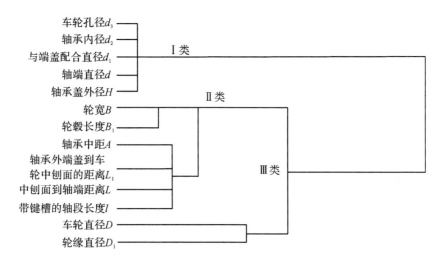

图 6.10　车轮组各结构变量层次聚类分析树形图

　　通过聚类分析,由于这一系列的产品性能随轮压与车轮直径变化而变化,车轮直径 D 可作为参数化车轮组设计的主参数,由 D 生成的 D_1 作为从动参数,由前面 2.3 节可知,确定了 D,才能确定车轮组的系列。由于影响系数最大的轴承内径 d_2 与影响系数较大的 d_3 同聚为一类,可选其中的一个作为主参数,d_2 对其他参数的影响虽大,但它对其他参数的依赖程度却比 d_3 大,综合考虑,可将 d_3 选为车轮组系列化设计的主参数,d_2 可由它确定,其他的车轮轴直径也可根据轮宽直径 d_3 依次确定。第 II 类中,可将轮宽 B 作为车轮组设计的主要影响参数,由 B 生成的 B_1 作为从动参数,主参数确定之后,可根据它们的影响程度确定其他设计参数,从而确定一系列的车轮组产品参数,又根据优先数选取的直径 D,继而确定系列化的参数化产品族。

6.6　本章小结

本章首先在分析目前平台特点的基础上,将基于模块化和参数化的产品平台统一于基于"设计参数"的产品平台,提出了面向可适应性的产品平台规划方法。利用该方法进行产品族规划,将实现产品的功能映射到产品结构上,构建设计结构矩阵,通过产品设计的可适应性重构来满足客户的多样化需求,有助于提高该产品开发与设计过程的柔性。将所提方法应用在桥式起重机产品族规划中,只需柔性调节平台参数值及部分变型参数值,再添加或改变定制参数值,便可快速配置出适应市场需求的产品,提高了核心平台的规划效率,增强了企业快速响应市场变化的能力。

本章还以起重机车轮组为例建立车轮组参数化产品平台,建立了车轮组模型,提取出特征参数,利用优先数选取,确定了车轮组的系列值,构造了车轮组设计关联矩阵。对车轮组参数进行处理运算,规划了产品参数相似性矩阵,并进行聚类分析。合理识别出车轮组系列化设计的主参数,确定了平台参数,实现了参数化产品平台规划,更好地满足了用户需求,为进一步扩展到整个起重机参数化产品平台设计奠定了基础。

参考文献

[1] 程贤福. 面向可适应性的产品平台设计参数规划方法[J]. 工程设计学报, 2014, 21(2): 140-146.

[2] 李中凯, 朱真才, 程志红,等. 基于联合分析和定量指数的柔性产品平台多目标规划方法[J]. 计算机集成制造系统, 2011, 17(8): 1757-1765.

[3] PAHL G, BEITZ W. Engineering design-a systematic approach[M]. New York: Springer-Verlag, 2007.

[4] GU P, HASHERMIAN M, NEE A Y C. Adaptable design[J]. CIRPAnnals Manufacturing Technology, 2004, 53(2): 539-557.

[5] HASHERMIAN M. Design for adaptability [D]. Saskatoon: University of Saskatchewan, 2005.

[6] FRICKE E, SCHULZ A P. Design for changeability: Principles to enable changes in systems throughout their entire lifecycle [J]. Systems Engineering. 2005, 8(4): 342-359.

[7] LI P, CHENGQ, SHAOX, et al. ADFP: A novel method of adaptable design for production [C]. The 16th CIRP international design seminar: design & innovation for a sustainable society, Kananaskis, Alberta, Canada: Jul. 16, 2006: 42-46.

[8] 陈兴玉,赵韩,董玉德,等. YH30 型液压机的可适应性设计[J]. 农业工程学报, 2009, 25(3): 55-59.

[9] LI Y, XUE D, GU P. Design for product adaptability[J]. Concurrent Engineering: Research and Application, 2008, 16(3): 221-232.

[10] SHAO X, CHENG Q, ZHANG G, et al. A structure-based approach to measuring adaptability of product design[C]. Proceedings of the International Design Engineering Technical Conferences & Computers and Information in Engineering Conference, New Yoke, USA, Aug. 3-6, 2008.

[11] 程强. 面向可适应性的产品模块化设计方法与应用研究[D]. 武汉: 华中科技大学, 2009.

[12] 程贤福,李文杰,王浩伦. 基于相似性、重用性和定制柔性的产品设计适应性评价方法[J]. 现代制造工程, 2017(6): 156-161.

[13] WU Q, MEI H. Adaptable design in product development [J]. Chinese Journal of Mechanical Engineering, 2006, 19(3): 348-351.

[14] 陈永亮,褚巍丽,徐燕申. 面向可适应性的参数化产品平台设计[J]. 计算机集成制造系统, 2007, 13(5): 877-884.

[15] XU Y, CHEN Y, ZHANG G, et al. Adaptable design of machine tools structures[J]. Chinese Journal of Mechanical Engineer, 2008, 21(3): 7-15.

[16] XUE D, HUA G, MEHRADAV, et al. Optimal adaptable design for creating the changeable product based on changeable requirements [J]. Journal of Manufacturing Systems, 2012, 31(1): 59-68.

[17] 程贤福. 面向可适应性的稳健性产品平台规划方法[J]. 机械工程学报, 2015, 51(19): 154-163.

[18] ZHANG J, XUE D, GU P. Robust adaptable design considering changes of requirements and parameters during product operation stage[J]. International Journal of Advanced Manufacturing Technology, 2014, 72(1): 387-401.

[19] LEVANDOWSKI C E, JIAO J R, JOHANNESSON H. A two-stage model of adaptable product platform for engineering-to-order configuration design[J]. Journal of Engineering Design, 2015, 26(7-9):220-235.

[20] CHENG X, XIAO R. A two-level robust design approach to adaptive product platform. [C]. Proceedings of the 2017 International Conference on Mechanical Design, Nov. 19-21, 2017, Beijing, China.

[21] CHENG X, LIANGG, WANC. Measurement method and application of design adaptability for product platform based on information content [J]. International Journal of Innovative Computing and Applications, 2017, 8(4): 213-221.

[22] 程贤福, 邱浩洋, 万丽云, 等. 基于公理设计和模块关联矩阵的产品族设计耦合分析方法[J].中国机械工程, 2019, 30(7): 794-803.

[23] 程贤福. 基于设计关联矩阵和差异度分析的可调节变量产品平台设计方法[J]. 机械设计. 2013, 30(4): 1-5.

[24] 严大考, 郑兰霞. 起重机械[M]. 郑州: 郑州大学出版社,2003.

[25] 王相兵, 王宗彦, 吴淑芳, 等.面向模块化、智能化、参数化的产品变型设计技术研究[J]. 机械科学与技术, 2009, 29(2): 153-158.

[26] 程贤福, 朱启航, 李骏, 等. 面向可适应性的起重机卷筒参数化设计 [C]. The 10th International Conference on Applied Mechanisms and Machine Science, Taiyuan, China, July 8-12, 2013: 284-287.

[27] 程贤福, 兰光英, 朱启航, 等.面向可适应性的桥式起重机车轮组参数化产品族设计方法[J]. 机械设计, 2014, 31(11): 13-17.

[28] 张质文, 虞和谦, 王金诺, 等. 起重机设计手册[M]. 北京:中国铁道出版社, 1998.

[29] 赖桃桃,冯少荣. 聚类算法中的相似性度量方法研究[J]. 心智与计算，
2008, 2(2)：176-181.

第 7 章
面向可适应性的稳健性产品平台规划方法

第 6 章论述可适应平台拓扑结构,提出了面向可适应性的产品平台规划方法。本章在此基础上,根据稳健设计与可适应设计在提升产品适应外部环境变化的能力、考虑设计变更及以低成本获得高质量产品方面的一致性,提出面向可适应性的稳健性产品平台规划方法,在产品平台规划初期就开始考虑产品的稳健性,并使设计具有可适应性,以避免后期出现大量的返工。

7.1 引言

在产品设计的早期阶段,良好的设计决策对整个产品开发过程有着非常重要的影响。产品系统稳健性的提高,可以在随后的整个产品生命周期中减少失误,从而大大地提高设计质量[1]。为使产品设计具有可适应性以满足用户的多样化需求,应提前对系统设计活动和组织计划进行合理规划。另外,设计者希望尽早地了解和分析产品设计因素之间的相互作用关系,以尽量减少产品设计后期的变更,增强产品设计的稳健性。因此,以稳健设计为基础,融合可适应设计思想,是制造业快速、低成本满足用户多样化需求高质量产品的较佳途径。

稳健设计方法在产品设计阶段就考虑到了其生命周期中存在的许多不确定性因素,尽量减小它们对产品质量的影响,能够以低成本的方式保证产品质量,而不是寄希望于去消除或控制不确定性因素,是一种既可行又经济的途径。Taguchi 稳健设计方法(又称田口方法,由日本学者 Taguchi 创立)以试验设计为基础,因而难以应用到产品系统设计过程中。Andersson[2]指出,在系统设计阶段实际上已经决定了后续设计阶段产品的稳健性程度,参数设计和施工设计阶段难以纠正设计方案的缺点。此外,该方法只从不确定参数的角度来探析系统达到稳健性的条件,而没有从理论的高度揭示影响系统稳健性具体的内在关系,因此,当产品因用户需求发生变化时,系统原有的稳健特性将难以得到有效的保证。为了提高产品设计的稳健性,必须在系统设计阶段就开始考虑产品的稳健设计。在设计的初期就监控设计过程,使设计者在确定参数前能够考虑下游的约束条件,并使产品设计具有可适应性,以避免后期出现大量的返工。

产品品种多、批量小、生产周期短、质量高、成本低是目前制造业的发展趋势,基于产品平台的产品族是满足这种发展趋势的一种有效开发模式,也是产品创新和快速满足用户多样化需求的有效方法[3]。产品设计的基本内容之一是定义满足用户所需的功能产品,从功能设计到设计出能实现预期功能的产品平台,称为产品功能到平台的映射,在系统设计阶段起着关键的作用。目前对系统设计中功能—结构、功能—行为—结构或功能—原理—结构等映射方式研究较多,但均没有考虑其可适应性和稳健性。构建稳健的产品平台就需要建立一种结构化的方法,该方法有助于产品功能分类、功能到设计参数的映射及平台参数不确定性分析。

Taguchi 稳健设计方法自提出以来就得到了不断地发展和完善,但其方法本身存在着局限性。该方法是以试验设计为基础,因而难以应用到产品系统设计中。目前稳健设计方法大多只针对产品的参数设计和容差设计阶段,通过试验技术将反馈信息作用于改进产品性能,在很大程度上依赖于通过对产品进行模拟实验或仿真设计从而提出改进方法以实现提高产品的稳健性。为了克服该方法的局限性,基于数学分析的稳健设计方法引起了研究者的重视,Beyer 等[4]对此方法的发展做了较为全面的概括。

Zakarian[5]提出了一种基于系统建模、集成分析和质量工程技术的稳健系统开发框架,通过规定各子系统结构以使它们之间的作用最小化以及使系统对噪声因素不敏感来实现系统稳健性,但没有考虑下游设计过程中的不确定因素。Lu 等[6]研究了模型不确定性的系统稳健性,提出了基于摄动敏感矩阵的稳健设计方法,该方法对于高度非线性的系统模型是很保守的。张健等[7]在假设系统各个不可控因素相互独立,而且都符合正态分布的情况下,提出非线性条件下系统功能需求与结构特征参数、设计参数以及不可控因素之间的关系模型,对系统敏感性指数进行了分析求解,提出了系统的稳健灵敏性矩阵。程贤福等[8]分别探讨了系统设计过程中独立公理与稳健设计的关系,揭示了公理设计与稳健设计之间的内在联系,并且建立了它们之间数学上的联系。在此基础上,程贤福[9]提出了基于公理设计和相容决策支持问题法的稳健优化设计方法。在产品的系统设计阶段,大部分设计信息是不确定的,而是随着设计过程的深入而逐渐确定的,很难用传统的基于统计学的稳健模型来描述。

近年来,产品稳健设计概念已被一些学者引入产品族设计过程中。Simpson[10]提出了产品平台概念探索方法,将稳健设计思想融合到产品族设计中,通过划分市场网格来确定合适的比例因子,由此扩展产品平台,完成产品平台和个性结构的参数化设计。Martin[11]等以跨代多样化指数和耦合指数为判据构建了稳健的产品平台,重点研究了产品平台中涉及的跨代变量,但对产品平台内部参数共享策略没有深入研究。Sopadang[12]等为定义产品族的市场细分和产品规范提出了产品平台概念探索方法,基于统计实验、仿真和优化技术开发了一种六步骤的稳健设计框架,建立产品平台以满足用户的个性化需求。在此基础上,Wang[13]建立了产品族参数化平台的规划设计过程模型,将稳健设计概念引入产品平台的设计过程中,可以帮助企业快速而高效地创建产品平台。Dai 等[14]提出了基于敏感度分析和聚类分析的多平台可调节产品族优化设计方法,根据变量敏感性确定适宜的平台变量集合,并通过聚类分析规划平台变量的共享。上述研究考虑了用户需求的变化,而没有对与产品平台稳健性相关的设计因素进行描述和分析。

李柏姝[15]等通过探索表征产品设计域的客户需求、功能属性、结构设计参数以及过程参数之间所固有的灵敏度关系,得到确定产品平台特征和产品族规划的依据;丁力平[16]等提出了一种基于性能稳健指数的产品族稳健优化设计方法,通过分析设计参数的灵敏度来选择平台参数,使用模糊 C 均值算法对性能变化进行聚类以确定平台参数的共享策略;张换高等[17]提出了通过功能和概念结构相似性分析以及通用化设计建立产品概念平台,通过实体结构对需求变化的敏感性分析和通用化设计建立产品实体平台。以上研究均没有考虑产品设计的可适应性。程贤福[18]根据稳健设计与可适应设计在提升产品适应外部环境变化的能力、考虑设计变更及以低成本获得高质量产品方面的一致性,将灰色系统理论应用到产品平台的稳健设计中,提出了面向可适应性的稳健性产品平台规划方法。

本章以公理设计理论为指导,通过"Zigzagging"映射,依照功能需求分析,合理提炼特征设计参数,建立产品平台的功能要求和设计参数矩阵。将灰色系统理论应用到产品平台的稳健设计中,结合试验设计与关联度方差分析,合理识别平台参数和变型参数。然后分两阶段进行稳健优化,确定产品族基体产品和每个变型产品的设计参数的最佳设计方案。通过卷筒组产品族的规划实例,说明该方法的可行性和实用性。

7.2　稳健设计概述

7.2.1　稳健设计的基本内涵

众所周知,产品质量是企业赢得用户的一个关键因素,然而在产品质量设计中,由于功能因素的不确定性,产品的质量特性变得很不稳定,易发生波动。从设计的观点来看,可将这些因素分为两类:可控变量和不可控变量。可控变量(即设计变量),指在设计过程中设计者可以控制的变量,如几何尺寸、装配间隙、所用材料种类、电路中的电阻等;不可控变量(亦称干扰因素或噪声因素),指设计过程中不可能或很难控制的变量,如工作环境中的温度、湿度,材料的老化、磨损等。稳健设计就是要使产品在一些参数值发生微小的变动时仍能保证其质量性能指标稳定在允许范围内的一种工程方法,或者换一种说法,若给出的设计在经受各种因素干扰下质量是稳定的,或是用廉价的零部件组装出质量上乘、性能稳定且可靠的产品,则认为该产品的设计是稳健的[19]。

稳健设计源于 20 世纪 60 年代末日本学者 Taguchi 所创立的以试验设计和信噪比为工具的三次设计法,该方法将设计工作细化分成系统设计、参数设计、容差设计三个阶段,因此,又称三次设计。国外对稳健设计研究最多的是美国和日本,1980 年左右,稳健设计法受到我国学术界和质量管理部门的重视[20],系统性的研究则始于 1992 年《三次设计》的出版[21]。稳健设计方法在设计时就考虑到了制造和使用时的多种不确定因素,能够以低成本的方式保证产品质量,它通过消除可控因素和不可控因素的变差来提高产品的质量。稳健设计已成为设计师选择和控制变差的有力工具,作为一种保证产品质量的有效设计方法,已经在机械、化工、电子等诸多领域得到重视和应用。

事实上,Taguchi 稳健设计基于两个概念:①信噪比——测量质量特性对噪声因素的敏感性;②质量损失函数——"给予社会的损失"[22]。除了质量损失函数和信噪比,还经常采用部分缺陷(或废品率)和质量信息熵来定量地度量设计的稳健性。

(1) 质量损失函数

Taguchi 使用质量损失函数来描述产品的质量损失。假设质量特性值为 y,其目标值为 y_0,若 y 偏离目标值,则造成质量损失 L,其损失函数 $L(y)$ 可以表示为:

$$L(y) = K(y - y_0)^2 \tag{7.1}$$

式中,K 为常数,称为质量损失系数。

很显然,y 越接近于 y_0,质量损失越小,产品的质量就越好。在理想情况下,当 y 等于 y_0 时,损失为零。由于 y 的随机性,产品质量应用平均损失来衡量。即:

$$\bar{L}(y) = E\{L(y)\} = E\{K(y - y_0)^2\} = K[(\mu_y - y_0)^2 + \sigma_y^2] \tag{7.2}$$

平均质量损失由均值对目标值的偏差 $(\mu_y - y_0)^2$ 和方差 σ_y^2 两部分组成。

(2) 信噪比

信噪比是用以模拟噪声因素对产品质量特性的影响,并作为衡量产品质量特性优良程度的度量。产品质量特性分三种类型:望目特性、望小特性和望大特性。不同特性的信噪比计算公式如下:

①望目特性的信噪比:

假设质量特性 y 服从数学期望为 μ_y、方差为 σ_y^2 的正态分布,希望 $\mu_y = y_0$,而且 σ_y^2 越小越好。μ_y^2 称为信号,σ_y^2 称为噪声,则信噪比 η 为:

$$\eta = \frac{\mu_y^2}{\sigma_y^2} \tag{7.3}$$

η 越大,产品的质量水平越高。在实际计算中,常取对数后扩大 10 倍,

以分贝值表示,即:

$$SN = 10\lg\left(\frac{\mu^2}{\sigma_y^2}\right) \tag{7.4}$$

②望小特性的信噪比:

$$SN = -10\lg(\mu^2 + \sigma_y^2) \tag{7.5}$$

③望大特性的信噪比:

$$SN = 10\lg(\mu^2 + \sigma_y^2) \tag{7.6}$$

(3)部分缺陷或废品率

设质量特性值 y 的公差为 $\pm\Delta T_y$,部分缺陷或废品率记为 p_d,是质量特性值超出允许范围的比例,即产品在 $[y_0 - \Delta T_y,\ y_0 + \Delta T_y]$ 范围外的比例,则废品率为:

$$p_d = 1 - \int_{y_0 - \Delta T_y}^{y_0 + \Delta T_y} f(y)\mathrm{d}y \tag{7.7}$$

式中,$f(y)$ 为质量特性值 y 的概率分布函数。

稳健设计的质量损失可定义为:

$$Q = K\frac{p_d}{1 - p_d} \tag{7.8}$$

式中,K 为质量损失系数。

(4)质量信息熵

当质量特性不服从正态分布时,可用质量信息和质量信息量的大小来评定设计的好坏。将产品质量特性满足规定要求的概率 p 作为人们所感觉到的一种信息,并认为满足的概率越大,信息量越小,则可定义以下的质量信息熵函数:

$$I = -\ln p \tag{7.9}$$

当 $p=1$ 时,即 y 全部落在允许范围内时,$I=0$,质量信息熵函数达到最小值,产品质量最好;而当 $p \to 0$ 时,质量信息熵函数将越来越大,质量也越来越差。

目前,稳健设计已被广泛用于提高和改善产品的设计质量。稳健设计就是要使产品在一些参数值发生微小的变动时仍能保证其质量性能指标稳定在允许范围内的一种工程设计方法。图 7.1 给出了面向产品质量稳健设计的图解关系,首先要使性能指标的实际值尽可能达到目标值,其次还要使其随机变化的"钟形"分布变得"瘦小"些,以保证在一批的产品中使其性能指标值的波动限制在规定的容差内。

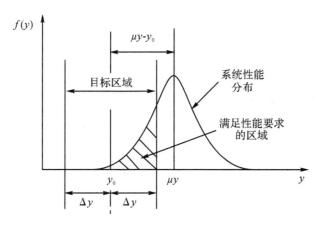

图 7.1　产品质量的稳健设计图解关系

7.2.2　稳健优化设计

随着计算机技术、数值方法以及其他设计理论与方法的发展,Taguchi方法注入了许多新的内容,稳健设计从传统的三次设计发展为现代稳健设计。现代稳健设计的思想是同时追求性能最优化、性能偏差最小化和设计可行稳健性。目前的稳健设计方法大体上可以归纳为两类[19]:一类是以经验或半经验设计为基础的传统的稳健设计方法;另一类是以工程模型为基础,与优化技术相结合的稳健优化方法。目前对稳健设计研究得较多、应用较广的是第二类方法。

稳健优化设计是近年来随着计算机技术、优化方法迅速发展并被工程模型广泛应用于设计而发展起来的一种方法,是稳健设计和优化设计两种方法的结合。稳健优化设计方法又称为解析稳健设计方法,主要方法有容差模型法、容差多面体法、随机模型法、灵敏度法、基于成本—质量模型的混合稳健设计等。该方法是通过调整设计变量的名义值和控制其偏差来保证设计最优解的稳健性,即一方面需要保证最优点 x^* 的可行稳健性,当设计参数产生变差时仍能保持最优点是可行的;另一方面使准则函数(质量指标性能函数)具有较低的灵敏度,即不灵敏性,使设计参数的微小变动仍能保证质量性能指标限在此所规定的容差之内。

一般地,工程设计中确定性优化设计的表达式为:

$$\text{Min}: f(\boldsymbol{x}, \boldsymbol{z})$$
$$\text{s. t.} \quad g_j(\boldsymbol{x}, \boldsymbol{z}) \leqslant 0 \quad j = 1, \cdots, q \tag{7.10}$$

式中,$\boldsymbol{x}$ 为设计变量,$\boldsymbol{x} = \{x_1, x_2, \cdots, x_n\}^T$,$\boldsymbol{z}$ 为不可控变量,$\boldsymbol{z} = \{x_1, x_2, \cdots, x_k\}^T$,$f(\boldsymbol{x}, \boldsymbol{z})$ 为目标函数,$g_j(\boldsymbol{x}, \boldsymbol{z})$ 为第 j 个约束,q 为约束函数个数。

实际上,由于制造和使用上的条件不同,可控变量和不可控变量的值与制造后或使用中的实际值会有差异,这种差异称为变差。在建立稳健优化模型时,首先需要确定设计变量的变差。当已知设计变量 x_i 服从正态分布 $N(\mu_{xi}, \sigma_{xi}^2)$ 时,其变差 Δx_i 和标准差的关系一般取 $\Delta x_i = 3\sigma_{xi}$。在实际应用中,可以直接使用给定的变差而不考虑其随机分布,由概率统计可知,设计变量有 99.73% 的概率落在 $\mu_{xi} - 3\sigma_{xi}$ 和 $\mu_{xi} + 3\sigma_{xi}$ 范围之内。按照相同的方法,也可定义不可控变量的变差。

变量的变差会传递给目标函数和约束函数,引起质量指标和约束的变差。图 7.2 展示了一个设计变量变化对目标函数的影响。A 点和 B 点分别为确定性最优点和稳健最优点。当设计变量 x_1 变化 $\pm \Delta x_1 / 2$,目标函数随之也发生变化。A 点引起的变化为 $\Delta f(x_A)$,B 点引起的变化为 $\Delta f(x_B)$。从图中可看出,$\Delta f(x_A) > \Delta f(x_B)$。所以目标函数对稳健最优点 B 的灵敏度低。因此稳健优化的目的是要使当可控变量和不可控变量发生变差时,其设计解是稳健的,即一方面使质量特性对这些变差的灵敏度低,另一方面要求设计结果是最优可行解。

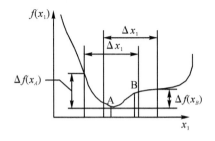

图 7.2　确定性最优和稳健最优

7.2.3　稳健优化设计模型

在一般的工程设计问题中,设计函数与可控和不可控变量之间呈非线性关系,可控变量变差 Δx 和不可控变量 Δz 值很小,且变量将随 x 和 z 连续变化,因此可将非线性函数 $f(x, z)$ 用线性化方法来计算,即将非线性函数在可控变量和不可控变量的均值 μ_x 和 μ_z 的微小邻域内展开成泰勒级数,并取一阶项作为一次近似,而略去高阶项的误差。于是,设计目标函数可用下面线性关系式来近似代替,即

$$f = f(\mu_x, \mu_z) + \sum_{i=1}^{n} \left(\frac{\partial f}{\partial x_i} \right) \Delta x_i + \sum_{i=1}^{k} \left(\frac{\partial f}{\partial z_i} \right) \Delta z_i \tag{7.11}$$

式(7.11)表明了目标函数与可控变量变差和不可控变量变差之间的传递关系。当目标函数的非线性程度不是很高且变量的变化不是很大时,这种近似是合理的。

以 μ_f,Δf 分别表示目标函数的均值和变差,则:

$$\mu_f = f(\mu_x, \mu_z)$$

$$\Delta f = \sum_{i=1}^{n} \left(\frac{\partial f}{\partial x_i} \Big|_{\mu_x, \mu_z} \right) \Delta x_i + \sum_{i=1}^{k} \left(\frac{\partial f}{\partial z_i} \Big|_{\mu_x, \mu_z} \right) \Delta z \tag{7.12}$$

约束函数的变差为:

$$\Delta g_j = \sum_{i=1}^{n} \left(\frac{\partial g_j}{\partial x_i} \Big|_{\mu_x, \mu_z} \right) \Delta x_i + \sum_{i=1}^{k} \left(\frac{\partial g_j}{\partial z_i} \Big|_{\mu_x, \mu_z} \right) \Delta z_i \tag{7.13}$$

将该项作为"惩罚项"加到原有的约束函数上,有时为了保证在整个区域上的稳健性,一般可以在惩罚项前加上一个惩罚因子 k_j 来实现。从而经过调整后的约束函数就成为:

$$g_j + k_j \Delta g_j \leqslant 0 \tag{7.14}$$

当可控变量和不可控变量的变差服从正态分布并已知它们的方差 σ_{xi}^2,σ_{zi}^2 时,且假设概率上独立的,则目标函数和约束函数在均值处的方差分别为:

$$\sigma_f^2 = \sum_{i=1}^{n} \left(\frac{\partial f}{\partial x_i} \Big|_{\mu_x, \mu_z} \right)^2 \sigma_{xi}^2 + \sum_{i=1}^{k} \left(\frac{\partial f}{\partial z_i} \Big|_{\mu_x, \mu_z} \right)^2 \sigma_{zi}^2 \tag{7.15}$$

$$\sigma_{g_j}^2 = \sum_{i=1}^{n} \left(\frac{\partial g_j}{\partial x_i} \Big|_{\mu_x, \mu_z} \right)^2 \sigma_{xi}^2 + \sum_{i=1}^{k} \left(\frac{\partial g_j}{\partial z_i} \Big|_{\mu_x, \mu_z} \right)^2 \sigma_{zi}^2 \tag{7.16}$$

一般地,可取 $\Delta f = 3\sigma_f$。

同时为了保证设计变量偏离的可行性,设计变量的边界也应该相应改变。因此,工程设计中稳健优化设计的一般模型为[23]:

$$\text{Min:} f(\mu_x, \mu_{yz}) + w \left[\sum_{i=1}^{n} \left(\frac{\partial f}{\partial x_i} \right) \Delta x_i + \sum_{i=1}^{k} \left(\frac{\partial f}{\partial z_i} \right) \Delta z_i \right]$$

$$\text{s. t.} \quad g_j + k_j \Delta g_j \leqslant 0 \text{ 或 } g_j + k_j \sigma_{gj} \leqslant 0$$

$$\mu_x^L \leqslant \mu_x \pm \Delta x \leqslant \mu_x^U \tag{7.17}$$

式中,w 为权重($0 \leqslant w \leqslant 1$),$\sigma_{gj}$ 是第 j 个约束函数的标准差,μ_x^L,μ_x^U 分别是均值 μ_x 的下限与上限。

一般地稳健优化算法流程如图 7.3 所示。

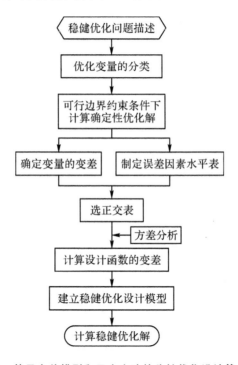

图 7.3　基于容差模型和正交实验的稳健优化设计算法流程

7.3　产品平台功能要求和设计参数矩阵分析

可适应设计从系统角度分析产品设计活动过程,将设计看作是主体需求逐渐向客观实体演化的过程,考虑了适应用户需求多样化和柔性化的能力。稳健设计可处理并行工程环境下的与产品设计有关的不确定性参数,尽量减小它们对产品质量的影响。可适应设计和稳健设计均可提升产品适应外部环境变化的能力,在考虑设计变更及以低成本获得高质量产品方面具有一致性。为了提高产品设计的稳健性,必须在系统设计阶段就开始考虑产品的稳健性,并使产品设计具有可适应性,以避免后期出现大量的返工。为此,需要建立一种面向适应性的产品平台稳健性分析方法,对设计过程中的不确定性参数进行分析和处理,实现产品平台的稳健性。

公理设计理论旨在为产品设计的合理性提供判别准则和科学依据,其认为遵循两条公理的设计更易实现设计的稳健性,耦合弱的设计是更稳健的设计[24]。有关研究揭示了公理设计与稳健设计之间的内在联系,并建立了两者之间数学上的联系,表明了公理设计与稳健设计在稳健概念上是相同的,与改善产品设计质量方面的思想是一致的。鉴于此,本节利用公理设计方法指导产品平台的规划。

产品平台规划分析的首要环节是对产品功能需求信息的准确获取与表达,产品功能需求建模是基于用户需求分析与企业自身能力考虑的。在产品开发阶段只有充分地理解产品功能需求信息,将这些功能需求信息经分析、准确描述与表达并转化为产品结构信息,才有可能使所建立的产品概念模型有效地支持后续的产品设计。产品设计一旦完成,就应具备一定的功能要求,用户对某一产品的需求归根结底是对其功能的需求。不同用户对产品功能—性能的要求是不同的,这种需求的差异性促进了产品多样化,从而驱动了产品功能要求的差异性,进而引发了产品物理结构的差异性。产品族中各变型产品之间功能/性能和结构上应该具有一定的差异性。

产品族中各变型产品的功能要求基本相同,其物理结构组成及拓扑形状也相同,可用一组多元设计参数来描述产品几何拓扑结构与结构参数关系。功能要求的变化与延伸可通过功能要求矩阵规划来表达,此处的功能要求可以是一子功能要求或功能模块,可根据产品的复杂程度层级展开;对应地,设计参数及其规格的变化可通过设计参数矩阵来表达,此处的设计参数可以是一个参数或结构模块。矩阵 F_R 和 D_P 都为列矩阵,通过将 F_R 的强弱或大小变化和相应的 D_P 规格变化添加到对应的矩阵中,构成新的功能要求和设计参数矩阵,如图 7.4 所示。假设变型产品数量为 t 个,相应地,每个主功能要求和主设计参数的规格也为 t 个。当然,实际上每个主功能要求规格变化的数量可以不同,为了矩阵描述的规范化,在功能要求矩阵同一行中,其数值可以相同。同理,设计参数矩阵也可以按如此方法描述。

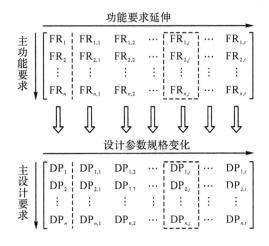

图 7.4 主功能要求和主设计参数矩阵

在功能要求矩阵中,第一列表示产品族的主功能要求,其他列表示变型产品的功能要求;任意一行表示某功能要求的延伸(功能要求的强弱或大小变化)。而在设计参数矩阵中,第一列表示产品族的主设计参数,其他列表示变型产品;任意一行表示该设计参数的规格变化。图中第 $j+1$ 列虚框中的功能要求和对应的设计参数就是第 j 个变型产品的功能参数属性。

一般情况下,产品功能需求可分为"质变"需求与"量变"需求两种类型。"质变"需求通常指功能域的变化,可通过添加、替换、删除操作某一个或几个设计参数来实现,体现产品定制程度的高低;"量变"需求通常指功能要求的强弱或大小变化,可通过调节某一个或几个设计参数来实现,对应产品族不同规格的系列产品。由于设计参数具有一定的规格范围,当通过调节设计参数仍无法满足产品功能要求时,可将此功能要求作为产品族新的功能,再通过映射由新的设计参数来实现,这个过程也即"量变"需求到"质变"需求的转变。这也说明了客户的需求特性会随时间、技术、市场细分等情况产生变化,功能要求则反映了客户对产品功能或性能不同层次的需求,因此,随着时间的推移,公共参数、平台参数、变型参数和定制参数之间会发生转变。所以,要求产品平台应具有适应客户需求变化的能力。

借鉴某文献[25]的方法将产品功能要求分为基本功能要求、期望功能要求和附加功能要求。从产品满足用户需求角度分析,每一设计参数都对应固定的产品功能要求,将实现产品族基本功能要求的设计参数定义为公共参数。由于产品族中各变型产品的基本功能要求是相同的,公共参数对应的基本功能要求应该不会因其他设计参数的变化而改变,且公共参数不依赖于其他设计参数,因此它们可作为产品族基体的设计参数。然而,仅公共参数作为产品族基体的设计参数,则意味着产品平台共享参数较少,产品族的通用性会降低,差异化过大,成本提高,且适应性较差。因此可以考虑将部分实现产品期望功能要求的设计参数视作平台参数,以提高产品族的通用性和可适应性。平台参数是指产品族内不同变型产品之间取值基本相同的或可在较小允许范围内变动的,对产品性能差异性影响较小或可以忽略不计的可适应设计参数。变型参数是指产品族内的变型产品可在较大的允许范围内进行调节的、对产品性能有较大影响但不影响功能的可适应设计参数。定制参数是指产品族内某变型产品为满足客户特殊的需求或实现产品特定的功能要求而设置的设计参数,这些参数可根据用户需求进行定制,以得到个性化的产品,体现用户对产品族中产品个性化的附加功能要求。

对于变型产品新增的期望和附加功能要求及它们的强弱或大小变化,可添加到矩阵 $\boldsymbol{F}_R$ 中,从而构成整个产品族的功能要求矩阵。同理,变型产品新增的适应性设计参数和定制参数及它们的规格变化,可添加到矩阵 $\boldsymbol{D}_P$ 中,从而构建产品族的设计参数矩阵。功能要求矩阵及对应的设计参数矩阵描述了产品族中产品的变型情况。假设功能要求的数目为 n 个,其中基本功能要求、期望功能要求和附加功能要求的数目分别为 $p,q+r$ 和 $s(p+q+r+s=n)$,变型产品数量为 t 个;与 6.3 节一致,令 $\mathbf{DP}=\{\boldsymbol{D}_c,\boldsymbol{D}_b,\boldsymbol{D}_a,\boldsymbol{D}_s\}^{\mathrm{T}}$。产品平台的功能要求和设计参数矩阵如图 7.5 所示。

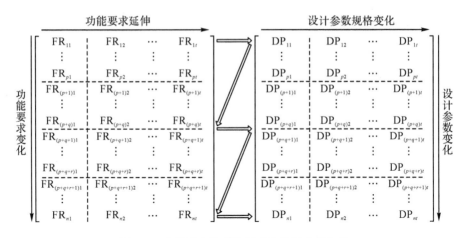

图 7.5　产品平台的功能要求和设计参数矩阵

以图 7.5 右边的设计参数矩阵来说明，该矩阵可分成 8 块。第一列表示产品族的主设计参数及其拓展变化，它被分成 4 部分，包括公共参数、平台参数、变型参数和定制参数，其中 $[\boldsymbol{D}_c, \boldsymbol{D}_b]^{\mathrm{T}} = [\mathrm{DP}_{11}, \mathrm{DP}_{12}, \cdots, \mathrm{DP}_{(p+q)1}]^{\mathrm{T}}$ 为产品族基体的主设计参数；其他列表示变型产品的设计参数；任意一行表示所在行的主设计参数的规格变化。产品需求的变化对应着矩阵的纵横方向，纵向（列）表示产品的定制，横向（行）表示产品的变型。平台规划的任务就是根据前述的功能需求分析，确定公共参数和可适应设计参数。由前述的功能要求类型划分，先确定出具体的功能要求，再通过映射寻找对应的设计参数，从而可初步确定公共参数、可适应设计参数和定制参数。关键是如何识别平台参数和变型参数，使得产品平台具有更大的稳健性。

7.4　稳健性产品平台规划方法

在平台参数的识别过程中，有一些因素会影响产品的质量性能指标，包括可控因素和不可控因素。稳健设计就是考虑产品族设计过程中的不确定性因素，能够以低成本的方式保证产品质量，通过降低设计参数的变差对性能指标波动的影响来提高产品的质量。灰色系统理论为处理不精确数据提供了理论指导，在多目标优化决策中得到了应用，与稳健设计结合的研究也受了关注。文献[26,27]应用灰色关联度分析方法对单一产品进行了稳健优化设计。本节将灰色系统理论应用到产品平台的稳健设计中，结合试验设计与方差分析,解决平台规划的稳健性问题。

7.4.1　灰色关联分析概述

灰色系统理论中的关联分析法是一种因素比较分析法,其基本思想是依据序列曲线几何形状的相似程度来判断比较序列与参考序列的关系是否紧密,通过关联度计算找出影响目标值的主要因素,对多种因素的影响做出评价。其实质是曲线发展变化态势的分析,它是以曲线间差值大小作为关联程度的衡量尺度。用该方法评价多个事物的优劣时,首先根据具体情况确定方案的评价因素集,然后确定各方案的相应的评价因素特征指标灰量值(可按百分制打分),同时确定理想方案基准特征参量序列,在此基础上建立备选方案与理想方案的关联度。关联度越大,该评价方案与最佳方案的关联程度亦越深。根据关联度深浅,即可对各评价方案进行合理优劣排序。灰色关联分析法的一般过程如下。

设有 n 个比较序列 $\{x_1\}$, $\{x_2\}$,$\cdots$,$\{x_n\}$。$\{x_i\} = \{x_i(1)$, $x_i(2)$, $\cdots$, $x_i(m)\}$,$i=1, 2, \cdots, n, n$ 为方案数, m 为多属性的准则数目。指定一个参考序列 $\{x_0\}$,$\{x_0\} = \{x_0(1)$, $x_0(2)$, $\cdots$, $x_0(m)\}$,则 $\{x_i\}$ 与 $\{x_0\}$ 关于第 k 个元素关联系数为[28]:

$$\gamma_i(k) = \frac{\min\limits_{i}\min\limits_{k} \mid x_0(k) - x_i(k) \mid + \xi \max\limits_{i}\max\limits_{k} \mid x_0(k) - x_i(k) \mid}{\mid x_0(k) - x_i(k) \mid + \xi \max\limits_{i}\max\limits_{k} \mid x_0(k) - x_i(k) \mid}$$

(7.18)

式中,ξ 为分辨系数,一般取 0.5,$\xi \in (0,1)$。

获得关联系数后,将它们的信息集中起来以便于比较,求出 $\{x_i\}$ 与 $\{x_0\}$ 的关联度 r_i,一般采用求平均值的方法。

$$r_i = \frac{1}{m} \sum_{k=1}^{m} \gamma_i(k)$$

(7.19)

关联度分析方法是按发展趋势做分析,是一种客观量化的分析方法。但当评价指标较多时,指标权重的归一化,可能使某些指标分得的权重很小,从而忽略这些指标在评价中的作用,并且权重的选择是很困难的。对于不采用权重加权思想的灰色关联法,实质是各指标按等权处理,未能体现出各指标的相对重要性。由于各评价指标的物理意义不同,通常具有不同的量纲,甚至数据的数量级有可能相差悬殊,因此需要对指标原始数据进行规范化处理,以化为无量纲、同级、正向可加的数据。一般情况下,按如下方法处理[29]。

对于指标为望大型特性的数据规范化:

$$X_i(k) = \frac{x_i(k) - \min_i x_i(k)}{\max_i x_i(k) - \min_i x_i(k)} \tag{7.20}$$

对于指标为望小型特性的数据规范化:

$$X_i(k) = \frac{\max_i x_i(k) - x_i(k)}{\max_i x_i(k) - \min_i x_i(k)} \tag{7.21}$$

对于指标为望目型特性的数据规范化:

$$X_i(k) = 1 - \frac{|x_0(k) - x_i(k)|}{\max\{\max_i x_i(k) - x_0(k), x_0(k) - \min_i x_i(k)\}} \tag{7.22}$$

7.4.2 基于灰色关联度的平台参数识别

在平台参数的识别过程中,以适应性设计参数为因素,进行试验设计,一般可选 3 水平的正交试验安排。计算各个指标试验值与指标理想值之间的关联系数,综合关联度值,并通过对关联度的直观分析或利用方差分析技术,了解每个因素对关联度影响的重要程度,根据各因素的水平和的最大值确定最佳的因素组合。然而这种分析方法不能确定每个因素对单个试验指标的影响程度,因为有的因素对某个指标有正影响,对其他指标可能是负影响,综合关联度就相互削弱了影响,因此不利于平台参数的识别。本节提出将各个因素对每个试验指标关联系数的水平和的极差和作为判断依据,因素的极差和越大,说明该因素对试验指标的影响大。这样一来,对指标影响较为显著的因素添加到 D_p 中,而其余不显著影响的因素则归到 D_r 中,它们可作为调节参数以适应产品的定制与变型,从而在保证了产品族较高通用性的前提下使族内产品间差异尽可能大,同时也提高了平台的稳健性。基于灰色关联度的平台参数识别流程如图 7.6 所示。

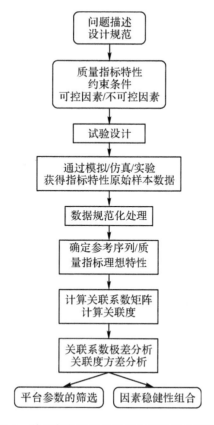

图 7.6　基于灰色关联度的平台参数识别流程图

7.4.3　产品族稳健性规划

　　产品族平台参数确定后,就可以对主设计参数及每个变型产品重新构建面向该产品族的特定描述,进行优化再设计。产品族规划是一个优化问题,在许多情况下,在给定产品的一组设计参数描述及对其取值范围约束的前提下,需要在各个性能、成本等目标之间进行权衡,确定所有产品的设计参数最优值,得到产品族系列产品的最佳设计方案。传统的产品族优化模型中,一般未考虑不确定因素引发的参数变差对设计目标所产生的波动影响。而在工程实际应用中,由于设计过程中一些设计变量、参数和约束条件的不确定性,以及环境条件、材料特性等因素的随机性,这些不确定性引发的变差将会传递给设计目标,从而引起质量性能指标的波动。因此,为提高产品族设计的稳健性,在设计过程中,各种设计参数的取值大小不仅要保证优化设计的水平,而且要保证每个变型产品所有质量性能指标的偏差最小。

稳健优化有两类设计目标,一是使每个优化目标函数的均值达到最优,二是使每个目标函数的偏差(或方差)越小越好。将产品族稳健优化问题分两个阶段处理。第一阶段对产品族基体产品进行稳健优化,确定公共参数和可适应设计参数的合理取值,以保证主设计参数的变异所导致的目标的波动最小。其稳健优化模型 I 如下:

$$\text{Find:} \ \boldsymbol{D}_c, \ \boldsymbol{D}_b, \ d_i^-, \ d_i^+ ; \tag{7.23}$$

$$\min: Z = \sum_{i=1}^{U} w_i(d_i^- + d_i^+);$$

$$\text{s.t.} \quad f_i(D_c, D_b) + d_i^- - d_i^+ = G_i \qquad i=1, 2, \cdots, U;$$

$$g_k(\boldsymbol{D}_c, \boldsymbol{D}_b) \leqslant 0 \qquad k=1, 2, \cdots, u;$$

$$h_l(\boldsymbol{D}_c, \boldsymbol{D}_b) = 0 \qquad l=1, 2, \cdots, v;$$

$$d_i^-, d_i^+ \geqslant 0, d_i^- \cdot d_i^+ = 0; \qquad i=1, 2, \cdots, U;$$

$$[\boldsymbol{D}_c, \boldsymbol{D}_b]^{\min} \leqslant [\boldsymbol{D}_c, \boldsymbol{D}_b] \leqslant [\boldsymbol{D}_c, \boldsymbol{D}_b]^{\max}$$

式中,d_i^-, d_i^+ 为第 i 个目标函数值 $f_i(\boldsymbol{D}_c, \boldsymbol{D}_b)$ 与目标设定值 G_i 的偏差变量,$f_i(\boldsymbol{D}_c, \boldsymbol{D}_b)$ 包含原目标函数的均值和偏差(或方差)两类目标;$g_k(\boldsymbol{D}_c, \boldsymbol{D}_b) = \leqslant 0$ 表示产品族基体需满足的第 k 个不等式约束,$h_l(\boldsymbol{D}_c, \boldsymbol{D}_b) = 0$ 表示产品族基体需满足的第 l 个等式约束,$[\boldsymbol{D}_c, \boldsymbol{D}_b]^{\min}, [\boldsymbol{D}_c, \boldsymbol{D}_b]^{\max}$ 分别表示设计参数取值范围的最小值和最大值。当每个优化目标的期望值设定后,优化问题的要求是尽可能缩小目标函数值与目标设定值的偏差。因为此阶段主要确定主设计参数的取值,暂不考虑设计参数规格范围和约束条件的偏差。

第二阶段对单个变型产品的稳健优化,即在考虑设计参数的变异及约束条件的不确定性情况下,确定公共参数、平台参数、变型参数和定制参数的规格变化数值,以保证变型产品的质量性能稳健最优。变型产品质量指标与基体产品不一定完全一致,有可能尚需考虑其他指标,因此其优化的目标函数的个数可能就会改变,为了区别于模型 I,将两类目标函数都列出,则某单个变型产品的稳健优化模型 II 如下:

$$\text{Find:} \ \mathbf{DP} = [\boldsymbol{D}_c, \ \boldsymbol{D}_b, \ \boldsymbol{D}_a, \ \boldsymbol{D}_s]^{\mathrm{T}}, \ d_i^-, \ d_i^+ ; \tag{7.24}$$

$$\min : Z = \sum_{i=1}^{2V} w_i (d_i^- + d_i^+);$$

$$\text{s. t.} \quad f_i(\mathbf{DP}) + d_i^- - d_i^+ = G_i \qquad\qquad i=1, 2, \cdots, V;$$

$$f_j(\mathbf{DP}) + d_j^- - d_j^+ = G_j \qquad\qquad j=1, 2, \cdots, V;$$

$$g_k(\mathbf{DP}) + \sum_{i=1}^{n} \left(\frac{\partial g_k}{\partial DP_i}\right)\Delta DP_i + \sum_{i=1}^{J} \left(\frac{\partial g_k}{\partial z_i}\right)\Delta z_i \leqslant 0 \quad k=1, 2, \cdots, u;$$

$$h_l(\mathbf{DP})=0 \qquad\qquad l=1, 2, \cdots, v;$$

$$d_i^-, d_i^+ \geqslant 0, d_i^- \cdot d_i^+ = 0; \qquad\qquad i=1, 2, \cdots, V;$$

$$\mathbf{DP}^{\min} \leqslant \mathbf{DP} \pm \triangle \mathbf{DP} \leqslant \mathbf{DP}^{\max}$$

式中，$f_i(\mathbf{DP})$ 为原目标函数的均值，$f_j(\mathbf{DP})$ 为原目标函数的偏差（或方差），$\left(\frac{\partial g_k}{\partial z_i}\right)\Delta z_i$ 为第 k 个不等式约束对第 i 个不可控变量的偏差。

7.5　卷筒组稳健性平台设计

卷筒组作为起重机起升机构重要的承载部件，主要用来卷绕并储存钢丝绳，并将原动机的回转运动变为钢丝绳的直线运动，同时把驱动装置的驱动力传递给钢丝绳，其性能直接影响到起重机的工作效率。卷筒设计会因起重量、起升高度、绳径、起升速度、工作级别、滑轮组倍率等因素的改变而随之改变，因而卷筒难以完全标准化，一般都是单件小批生产。为了缩短卷筒的设计周期，提高设计效率及企业对市场的快速响应能力，增强设计的可适应性，应建立卷筒组产品平台，优化卷筒设计参数。

将卷筒的各项几何约束用设计参数表示，如图 7.7 所示，其中 D 表示卷筒直径、l 表示卷筒长度、l_1 表示固定绳圈长度、δ 表示卷筒厚度、l_g 表示中间光滑部分长度、l_0 表示绳槽长度（与槽距 p 有关，用其表示）。

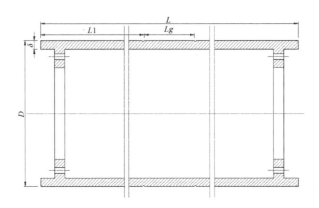

图 7.7 卷筒结构示意图

7.5.1 卷筒组功能要求与设计参数分析

卷筒及其连接方式有几种,以桥式起重机较常用的单层双联卷筒为例来分析。根据用户需求、现有的技术及设计者的分析,由设计者产生主要的功能概念。提取对产品结构影响较大的参数作为特征参数,这些参数表征模块或几何拓扑结构的决定性要素,可作为产品族不同变型产品之间能够相互区别的依据。客户对卷筒的性能和品质需求有一定差异性,当工况改变时,要求卷筒设计具有一定的可适应性,可重用已有的设计知识和资源。运用公理设计方法,通过 Zigzagging 层级映射,在完成每一层级分解时可利用独立公理对功能和结构的独立性进行判断,使之尽可能满足独立公理,即所建立的设计矩阵尽可能是对角阵或三角阵,得到如图 7.8 所示的功能分解图,其中左半部分表示的是功能要求 FRs 的层次结构,右半部分表示的是相对应的设计参数 DPs 的层次结构。在设计参数映射过程中,有些参数是以模块方式体现,如压绳板组件、轴承座、卷筒底座等,而对卷绕性能有主要影响的模块则进行进一步分解,如卷筒体。卷筒最重要的特征参数为名义直径(槽底直径),一般选型的依据便是直径[30]。以常见的 ø500 mm 卷筒为例,该卷筒可适用于 5~20 t 起重量、2~4 倍率的起升机构,假设起升高度为12 m,起重量 20 t,可进行以下分析。

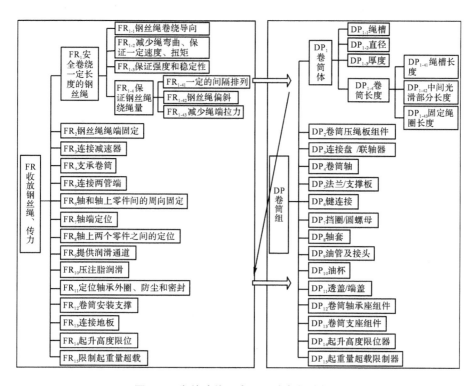

图 7.8　卷筒功能要求—设计参数映射图

　　根据建立的功能要求—设计参数映射关系及对卷筒组在起重机上所起的主要作用与结构分析,可以确定卷筒组的基本功能要求(包括 FR_1,FR_4,FR_{12} 和 FR_{13})、期望功能要求和附加功能要求(包括 FR_9,FR_{10},FR_{14} 和 FR_{15})。则对应的公共参数 $\boldsymbol{D}_c = [DP_{1-1}, DP_{1-2}, DP_4, DP_{12}, DP_{13}]^T$,$DP_{1-1}$ 和 DP_{1-2} 是由 DP_1 展开的公共参数,定制参数 $\boldsymbol{D}_s [DP_9, DP_{10}, DP_{14}, DP_{15}]^T$,其余为可适应设计参数。

7.5.2　平台参数关联度分析

　　卷筒组的性能基本上取决于卷筒体的参数,因此先对该部分参数进行分析。由上一节的功能要求——设计参数分析可知,已将 DP_{1-1} 和 DP_{1-2} 作为公共参数,则对余下的 4 个设计参数作为可控因素进行关联度分析。每个因素设置 3 个水平,选正交表 $L_9(3^4)$ 进行正交试验。一旦起升高度、滑轮组倍率和卷筒直径一定,则绳槽长度就取决于槽距,因此 DP_{1-41} 数据可以槽距代之。对卷筒的性能要求主要考虑结构紧凑性(重量轻)、强度高和抗压稳定性高,重量可直接计算,强度和稳定性系数可通过有限元模拟计算得到。图 7.9 所示为一双联卷筒屈曲分析 ANSYS 计算图。按照灰色理论的式 (7.20)—(7.22)进行数据规范化处理,再根据式(7.18)和式(7.19)计算获得各自的灰色关联数据及关联度,计算结果如表 7.1 所示。

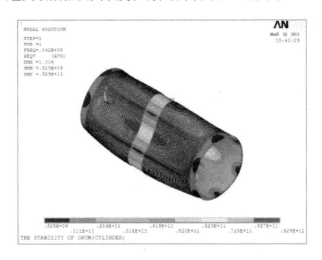

图 7.9 卷筒屈曲分析结果

表 7.1 正交试验安排、目标函数值及关联度

试验序号	DP_{1-3} (mm)	DP_{1-41} (mm)	DP_{1-42} (mm)	DP_{1-43} (mm)	重量 (kg)	应力 (MPa)	稳定系数	γ_1	γ_2	γ_3	关联度
1	19	20	100	60	206.3764	69.1807	6.9285	1.0000	0.3333	0.3333	0.5556
2	19	21	110	65	216.0323	65.8864	7.1890	0.6484	0.4059	0.3545	0.4696
3	19	22	120	70	225.6883	62.8915	7.4502	0.4797	0.5062	0.3785	0.4548
4	20	20	110	70	219.1122	65.7217	7.9809	0.5830	0.4104	0.4390	0.4775
5	20	21	120	60	225.6026	62.5921	8.2856	0.4808	0.5190	0.4834	0.4944
6	20	22	100	65	232.093	59.7470	8.5909	0.4091	0.6833	0.5379	0.5435
7	21	20	120	65	228.3579	62.5921	9.1348	0.4475	0.5190	0.6731	0.5465
8	21	21	100	70	235.1728	59.6115	9.4883	0.3821	0.6938	0.8045	0.6268
9	21	22	110	60	241.9877	56.9019	9.8424	0.3333	1.0000	1.0000	0.7778

通过对表 7.1 中关联度的数据分析,可知 DP_{1-3} 与 DP_{1-41} 取第 3 水平、DP_{1-42} 与 DP_{1-43} 取第 1 水平即为参数的最佳组合。然后分析每个因素对单个

试验指标的影响程度,计算各个因素对每个指标关联系数的水平和,再计算极差,将同一因素对不同指标关联系数的极差相加,如表 7.2 所示。将影响较为显著的因素$[DP_{1-3}, DP_{1-41}]$作为平台参数。

表 7.2 各因素对每个试验指标的极差分析

	DP_{1-3}	DP_{1-41}	DP_{1-42}	DP_{1-43}
指标 1 极差	0.9652	0.8084	0.3832	0.3693
指标 2 极差	0.9688	0.9269	0.2721	0.2441
指标 3 极差	1.4113	0.4710	0.2585	0.2512
极差和	3.3453	2.2063	0.9138	0.8646
百分比(%)	45.6400	30.1000	12.4700	11.8000
排序	1	2	3	4

其余的设计参数$[DP_2, DP_3, DP_5, DP_6, DP_7, DP_8, DP_{11}]^T$由于不直接影响卷筒卷绕性能,主要从结构性能上分析,判断它们的功能需求和物理结构上关联敏感性。其中$[DP_2, DP_3, DP_5]^T$取决于钢丝绳直径和卷筒直径,对它们的变化很敏感;而$[DP_6, DP_7, DP_8, DP_{11}]^T$可根据卷筒组的结构特点进行一定范围的调整,具有一定的适应性。因此可以确定平台参数 $\boldsymbol{D}_b$ $=[DP_{1-3}, DP_{1-41}, DP_2, DP_3, DP_5]^T$,变型参数 $\boldsymbol{D}_r = [DP_{1-42}, DP_{1-43}, DP_6, DP_7, DP_8, DP_{11}]^T$。

7.5.3 卷筒稳健优化设计

平台参数确定后,就可以对卷筒参数进行第一阶段优化,即确定产品族基体设计参数的合理取值。卷筒一般采用标准绳槽,则由上述分析可知,平台基体设计参数为 DP_{1-2},DP_{1-3} 和 DP_{1-41},影响卷筒性能的指标是重量、强度和抗压稳定性,因强度和稳定性必须要得到满足,所以在优化时这两个指标作为约束条件,优化目标为卷筒重量最轻及其波动最小。其优化模型如下:

$$\text{Find:} DP_{1-2}, DP_{1-3}, DP_{1-41}, d_i^-, d_i^+ ; \tag{7.25}$$

$$\min: Z = \sum_{i=1}^{2} (d_i^- + d_i^+);$$

$$\text{s.t.} \quad f + d_1^- - d_1^+ = 160$$

$$\Delta f + d_2^- - d_2^+ = 0;$$

$$\sigma-[\sigma]/1.48\leqslant 0, 1.3-p_k/p\leqslant 0;$$

$$d_i^-, d_i^+\geqslant 0, d_i^-\cdot d_i^+=0; \qquad i=1, 2;$$

$$500\leqslant DP_{1-2}\leqslant 520, 15\leqslant DP_{1-3}\leqslant 25, 20\leqslant DP_{1-41}\leqslant 22$$

式中，f 和 Δf 分别为卷筒重量目标及其偏差，σ 和 $[\sigma]$ 分别为卷筒压应力和许用应力，p 和 p_k 分别为卷筒压力和临界压力。

第一阶段的优化合理确定了卷筒基体的设计参数值，从而为平台结构奠定了基础，也为第二阶段的优化提供了参考。然后根据起重机工作方式、起重量、起升高度、工作级别，选择滑轮组倍率，结合起重机设计规范、结构工艺要求等，考虑约束可行性及设计参数的变异，确定卷筒实例产品设计参数[DP_{1-2}, DP_{1-3}, DP_{1-41}, DP_{1-42}, DP_{1-43}]的合理取值。卷筒材料采用 Q345-B，实例产品的设计参数优化结果如表 7.3 所示。

表 7.3　卷筒实例产品设计参数优化结果

产品序号	起重量 (t)	高度 (m)	倍率	DP_{1-2} (mm)	DP_{1-3} (mm)	DP_{1-41} (mm)	DP_{1-42} (mm)	DP_{1-43} (mm)	DP_{1-4} (mm)
0(基体)	20	12	4	500	15	20	100	60	1500
1	20	14	4	500	15	20	100	60	1620
2	20	16	3	500	16	20	90	60	1490
3	16	12	3	500	15	20	90	60	1170
4	16	12	3	450	15	20	90	60	1310
5	16	16	3	500	15	20	90	60	1500
6	10	16	3	500	14	18	90	54	1350
7	10	22	2	500	15	20	80	60	1360
8	10	16	3	450	14	18	82	54	1450
9	32	15	4	560	18	24	128	66	1940
10	32	16	4	630	18	24	128	66	1850

注：表中最后一列 DP_{1-4} 为卷筒长度。

从表 7.3 可以看出，当用户需求在一定范围内变动时，卷筒的公共参数和平台参数基本不变，也仅仅在规格范围内微小改变，因此产品变型 1—8 都可纳入同一产品族。当起重机起重量较大时，相应的结构参数也发生了较大变化，无法通过简单调整设计参数来满足要求，因而产品 9 和 10 不归属到该产品族中。为了卷筒的总体布置,可以调整绳端长度和中间光滑部分长度。当用户需要对起升机构进行高度限位和超载限制时,则可以增加高度限位器和超载限制器来实现。进一步分析,如果需求有一定批量直径相同的、厚度接近的卷筒,则可以通过钢管加工;如果客户需求量少、厚度接近且直径在一定范围内变化的卷筒,则可通过钢板卷扬焊接来实现。因此,通过调节平台的一个或多个可适应设计参数实现产品的衍生,从而实现产品的快速配置,企业资源、设计信息及生产方式都可以得到重用,增强了设计的可适应能力。

7.6　本章小结

本章以公理设计理论为指导,分析并建立了产品平台功能要求矩阵和设计参数矩阵,考虑了功能要求的延伸和设计参数的规格变化。以适应性设计参数为因素,进行试验设计,并通过对关联度的分析判断因素对关联度影响的重要程度,将对指标影响较为显著的因素视为平台参数,从策略层面提高了平台的稳健性。将产品族稳健优化问题分两个阶段处理,确定公共参数、平台参数、变型参数和定制参数的规格变化数值,以保证变型产品的质量性能稳健最优,从而在保证了产品族较高通用性的前提下,使族内变型产品间差异性尽可能大,同时也提高了平台的稳健性。将所提方法应用在卷筒组产品族规划中,实现了卷筒产品快速响应客户的多样化需求,提高了平台的可适应能力,可为设计者、产品工程师及研究者提供一种新的开发方法。

参考文献

[1] 余俊. 现代设计方法及应用[M]. 北京:中国标准出版社,2002.

[2] ANDERSSON P. On robust design in the conceptual design phase: a qualitative approach[J]. Journal of Engineering Design, 1997, 8(1): 75-89.

[3] JIAO J, MA Q, TSENG M M. Towards high value-added products and services: mass customization and beyond[J]. Technovation, 2003,

23(10): 809-821.

[4] BEYER H G, SENDHOFF B. Robust optimization-acomprehensive survey[J]. Computer Methods in AppliedMechanics and Engineering, 2007, 196(33): 3190-3218.

[5] ZAKARIAN A, KNIGHT J W, BAGHDASARYAN L. Modelling and analysis of system robustness[J]. Journal of Engineering Design, 2007, 18(3): 243-263.

[6] LU X J, LI H X. Perturbation theory based robust design under model uncertainty[J]. Journal of Mechanical Design, 2009, 131(12): 1-9.

[7] 张健, 顾佩华, 包能胜, 等. 非线性机械系统分析性稳健设计[J]. 机械工程学报, 2009, 45(10): 207-215.

[8] XIAO R B, CHENG X F. An analytic approach to the relationship of axiomatic design and robust design [J]. International Journal of Materials and Product Technology, 2008, 31(2/3/4):241-258.

[9] 程贤福. 基于公理设计和相容决策支持问题法的稳健优化设计方法研究[J]. 工程设计学报. 2008, 15(6): 393-397.

[10] SIMPSON T W. A concept exploration method for product family design[D]. Georgia: Georgia Institute of Technology, 1998.

[11] MARTINM V, ISHII K. Design for variety: developingstandardized and modularized product platform architectures [J]. Researching in Engineering Design, 2002, 11(13): 213-235.

[12] SOPADANG A, BYUNG R C, LEONARD M. Development of a scaling factor identification method using design of experiments for product family based product and process design [J]. Quality Engineering, 2002, 14(2), 319-329.

[13] WANG M H. A systematic approach for the robust design of scalable product platforms[J]. Proceedings of the Institution of Mechanical Engineers, Part C: Journal of Engineering Manufacture, 2006, 220 (12): 1983-1995.

[14] DAI Z, SCOTT M J. Product platform design through sensitivity analysis

and cluster analysis[J]. Journal of Intelligent Manufacturing, 2007, 18 (1): 97-113.

[15] 李柏姝, 雒兴刚, 唐加福. 基于灵敏度分析的产品族规划方法[J]. 机械工程学报, 2010, 46(15): 117-124.

[16] 丁力平, 冯毅雄, 谭建荣, 等. 基于性能稳健指数的产品族稳健优化设计[J]. 计算机集成制造系统, 2010, 16(6): 1121-1130.

[17] 张换高, 赵文燕, 江屏, 等. 基于相似性与结构敏感性分析的产品平台设计过程模型[J]. 机械工程学报, 2012, 48(11): 104-118.

[18] 程贤福. 面向可适应性的稳健性产品平台规划方法[J]. 机械工程学报, 2015, 51(19): 154-163.

[19] 陈立周. 稳健设计[M]. 北京: 机械工业出版社, 2000.

[20] 程贤福. 稳健优化设计的研究现状及发展趋势[J]. 机械设计与制造. 2005(8): 158-160.

[21] 韩之俊. 三次设计[M]. 北京: 机械工业出版社, 1992.

[22] AL-WIDYAN, K ANGELES J. A model-based formulation of robust design[J]. Journal of Mechanical Design, 2005, 127(3): 388-396.

[23] 程贤福, 肖人彬. 基于容差模型和正交实验的四连杆变幅机构稳健优化设计[J]. 中国机械工程, 2006, 17(21): 2274-2278.

[24] SUH N P. Axiomatic design: advances and applications[M]. New York: Oxford University Press, 2001.

[25] 肖人彬, 程贤福, 陈诚, 等. 基于公理设计和设计关联矩阵的产品平台设计新方法[J]. 机械工程学报, 2012, 48(11): 93-103.

[26] KOPAC J, KRAJNIK P. Robust design of flank milling parameters based on grey-Taguchi method[J]. Journal of Materials Processing Technology, 2007, 191(13): 400-403.

[27] 李昇平, 张恩君. 基于关联度分析的静态和动态稳健性设计[J]. 机械工程学报, 2013, 49(5): 131-137.

[28] 邓聚龙. 灰理论基础[M]. 武汉: 华中科技大学出版社, 2002.

[29] 程贤福. 基于灰色关联分析和信息公理的多属性设备优选研究[J]. 武汉理工大学学报(交通科学与工程版), 2010, 34(1): 106-109.

[30] 张质文，虞和谦，王金诺，等. 起重机设计手册[M]. 北京：中国铁道出版社，1998.

第8章
产品族设计平台实例研究

本章在前面章节的理论技术的基础上,以桥式起重机为研究对象,进行产品族设计平台实例研究。探讨桥式起重机设计的可适应性,分析实现可适应设计平台的关键技术,对平台整体进行规划,开发桥式起重机可适应设计平台。

8.1 平台技术概述

产品平台是指同一系列产品中被共享和重用的零部件的集合[1]。这一类零部件是产品族公用的通用零部件,它们在功能、性能、结构、设计等方面具有相似性。而产品设计平台,则是利用平台技术针对产品中的通用部分开发出一系列模块和接口。当平台面对产品族中所有产品类型时,都能以功能组合完成设计。产品设计平台的形式主要有两种,一种是面向产品的结构模块的设计,另一种是面向产品过程参数的设计[2]。

面向产品结构模块的设计平台技术是基于产品构造划分而建立的。针对产品结构模型中的相似性,通过对不同功能进行划分,将相同或者相似功能模块结构进行归类,利用平台完成这些结构的设计。

面向产品过程参数的设计平台技术是基于参数类型区别不大、计算方法相似、数据能够共享的设计过程。通过对产品通用零部件结构参数的改变,在产品主要结构没有改变或者改变很小的前提下,得到产品在纵向系列变化的设计。

可适应产品平台是将可适应设计技术运用在设计平台上面,也可以看成将模块化设计和参数化设计两种平台技术的优点相互结合而成的综合性平台。可适应设计平台的可适应性主要表现在平台中的参数可以应对设计需求的改变。利用平台进行改进设计时,能保证设计过程简单、省时和有效。可适应设计平台的对象是同一个系列的产品、相互之间类似的产品、产品之间有通用性的一些模块。在平台构建之前,为了扩展平台的可适应性,还要充分分析产品存在的一些变化,其中包括客户需求变化、方法的更新变革、技术的进步等方面。

可适应设计平台中的模块化,将产品分为通用模块和专有模块,通用模块就是可适应设计平台面对的设计对象。可适应产品平台通过对通用模块的选择、组合设计出不同的产品,来达到可适应设计目的,而且平台还要能完成对于通用模块进行必要的修改、升级等操作。

任何产品的设计过程都不可能一蹴而就,其过程之中都不可避免地需要进行反复的修改,对设计步骤、结构方案、零件尺寸等不断协调。参数化设计就成为可适应设计产品生命周期全过程的一种手段,包括概念设计、结构计算、动态分析、实体造型、装配过程、公差分析、机构仿真、优化设计等过程。参数化可适应设计是一个包含设计要求、设计目标、设计原则、设计方法与设计结果等完整过程,能够在人机交互时根据实际情况对产品加以修改的技术。

在平台开发完成之后,就可以利用其进行整个系列产品设计。其设计对象也可以是该系列产品的相类似产品或者有共通性的模块,只要在产品平台上设计的时候,选取需要的模块进行参数化变形设计就能完成。如果平台上没有通用模块,可以选择对平台进行升级,扩展模块,就能完成该产品的设计。图 8.1 表示了基于可适应设计平台设计和平台扩展的过程。

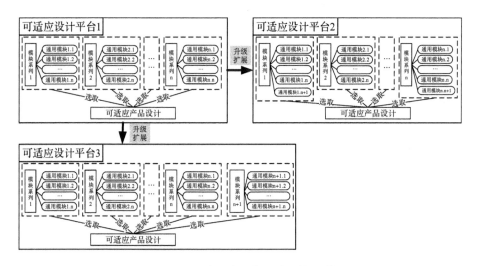

图 8.1 可适应设计平台设计和扩展过程

8.2 桥式起重机设计可适应性分析

8.2.1 桥式起重机概述

桥式起重机是横架于厂房、物料仓库顶部或上空,进行物料起吊运输的设备,由于设备本身支撑于室内上方水泥柱或金属支架上,形状类似于桥而得名[3]。桥式起重机一般由四大部分构成:①两端坐落在高大的水泥柱或高耸的支架上,由轨道支撑的金属结构桥架;②驱动整机在轨道上行走的大车运行结构;③沿着主梁上铺设的轨道运行的小车;④其他辅助设施机构,如控制室、护栏、走台等。桥式起重机的工作服务空间为桥架沿着铺设在高架上的轨道纵向前后运行、小车沿着铺设在桥架上的轨道左右运行、起升机构吊着重物上下运行的三维立体空间。桥式起重机能充分利用桥架下方空间吊运物料,却不受地面障碍物阻碍,所以深受客户的喜爱。据调查,在室内工作的各类起重机中,桥式起重机约占 90%,成为使用范围最广、数量最多的一种起重机械[4]。

由于桥式起重机应用范围广,需求量大,使用场所多变,为了满足各种需求,出现了各种类型的桥式起重机,其中主要有以下几个类型:电动单梁桥式起重机、电动双梁桥式起重机、单主梁桥式起重机、电葫芦双梁桥式起重机等[5]。

本章主要探讨的对象是电动双梁桥式起重机,它的主要机械结构包括起重小车、桥架运行机构、桥架金属结构[6]。起重小车又由起升机构、小车运行机构和小车架三部分组成。起升机构包括电动机、制动器、减速器、卷筒和滑轮组。电动机通过减速器,带动卷筒转动,使钢丝绳绕上卷筒或从卷筒放下,以升降重物。小车架是支撑和安装起升机构和小车运行机构等部件的机架。起重机大车运行机构一般采用两个主动车轮组和两个从动车轮组组成。桥架的金属结构由主梁和端梁构成。

综上所述,桥式起重机虽然复杂多变,但是通过详细的分析可以发现组成桥式起重机的主要结构(主梁、端梁、运行结构、小车、起升机构等)较为稳定,因此,即使是对不同的起重机,也有类似的设计过程。本章根据桥式起重机的通用设计过程,结合桥式起重机产品族所拥有的类型、系列等,利用相关设计方法,开发出一个专门用于桥式起重机设计过程的设计平台,设计者只需要根据客户的需要输入与设计有关的设计参数,设计平台系统便能够设计出符合客户需要的产品。

8.2.2　设计平台可适应性影响因素

可适应设计目的是使产品具备可变的功能、设计过程能满足多种设计需求。实现可适应设计最主要的方式便是重用、变更、替换,可适应设计构成要素包括功能结构、平台构架、可适应接口设计和设计知识模型,如图 8.2 所示。

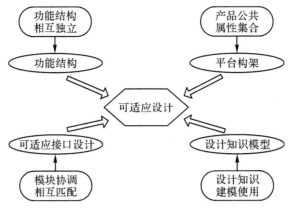

图 8.2　可适应设计构成要素

①功能结构。可适应设计是基于以往设计知识重用,进行局部修改或变更而完成。局部的修改往往不会涉及整个产品,所以要了解产品的功能结构,使得功能结构相对独立,做到局部修改变更不引起整个产品的改变。

②平台构架。平台构架是能让产品系列中的公共属性、相类似的功能、通用的模块进行共享和组合在一起。平台构架组合包括三个方面:基于设计需求和数据来源、基于产品功能分析和类似结构、基于设计过程的设计步骤。

③可适应接口。所谓接口,是指针对产品的各个独立模块之间的相互结合的部分,每个独立的模块是通过接口组合成为整个产品[7]。可适应接口还要面对变型、升级之后的产品模块,这样才能有利于适应多变的要求,设计出来的模块也能装配成功。

④设计知识模型。机械产品设计是包含着丰富的内容却又有所变化的集合,主要集中在三个方面:数据(需求、分析数据等)、过程(计算方法)、模型(以往知识、标准等)。设计知识模型是对上面三点内容进行获取、使用最终得到结果的过程。

产品平台要想具有很强的可适应性,就必须知道哪些因素对可适应性产生影响,然后在平台构建过程中,充分利用其中有利因素。影响平台可适应性的因素主要有以下三点:设计数据分析、产品模块划分和产品接口设置。

(1) 设计数据分析

任何设计,从开始到完成,无不需要各种数据的支持。在设计过程中,数据会发生转变:需求数据→计算数据→结构数据→尺寸数据。可适应设计不仅需要关注当前所设计产品的数据,而且还要留意相关产品/产品族的数据,甚至还要掌握这些数据的变化,只有这样做,才能达到可适应设计目的,建立具有可适应性的设计平台。

可适应设计数据分析首先要进行数据方面的信息收集。针对桥式起重机的数据信息收集,需要关注以下三个方面:①产品主要基础设计方面数据;②客户对于起重机功能特定要求数据;③客户对于起重机结构方面数据。标准化、系列化、规范化是任何设计过程都必须要遵守的准则[8],而对桥式起重机这种市场前景大且发展成熟的机械设备而言,它的一些重要的基础参数已经颁布了行业标准,甚至是国家标准,因此对于起重机基础设计数据方面,一般都是参照这些标准。详细的用户数据收集,能够有助于在规划之初,就充分考虑产品的各个方面可能的变化,以实现设计可适应性。

(2)产品模块划分

可适应设计平台的对象是组成产品的各功能模块,因此产品的模块划分会直接影响平台的可适应性。一般来说,首先要将功能划分为较小的子功能,然后给出能够实现这些子功能的模块。平台则是通过对功能模块的模型增减、替换、拓展、升级等操作,实现设计过程的可适应性[9]。如果划分出来的功能模块,只能由单一模型实现,就无法进行上述操作,设计可适应性更无从说起。因此,划分出能够满足要求的功能模块是可适应设计的重要一步。

将产品各功能单元转化为可以组合成实体的模型,要想在转化过程中做到功能有效准确的实现,并且符合可适应性的要求,就必须做到以下三点:①每个功能必须保证独立性,这样才能做到后面的功能、结构、参数之间的相互对应,才能在可适应设计过程中,在对某些结构进行更改、替换等操作的时候,不至于其他相关功能造成影响或者影响很大;②功能需要有明确的指向性和目的性,即这些功能必须要有明确的实现结构,这样设计者就可以对实现功能的结构进行明确的选择,才能实现可适应设计;③不同功能之间的关系必须是确定的,这样才能够实现整个产品设计需求,因为不明确的关系,会造成产品功能无法实现。

(3)产品接口设置

在产品模块建立之后,如何将这些模块组合成所需要的产品,就需要进行设计接口的规划[10]。接口是指不同的模块在组合时的相互接合的部分,由于接口在产品中重要作用和特殊位置关系,因此对接口有一定的要求:①在组成特征方面,接口是有相互连接关系的模块的组合部位,因此必须具有特定的几何形状、尺寸大小、位置关系、精度高低等方面的要求;②在功能传递方面,接口是不同模块之间可以相互传递功能的一个媒介,能量、信息都是由接口传递的,通过接口连接之后,模块功能不能受到影响,因此接口需要独立于模块功能之外。

机械产品的装配过程是以实体作为连接方式完成组装工作,因此零件接口就必须在力学强度、尺寸形状、相互位置关系三个方面符合要求[11]。对产品可适应设计而言,还要充分考虑各种接口结构。对于同类产品,即使在形状有所改变或者某些模块被替换的时候,接口也要具有连接功能,即需要设计出兼容性强的接口,这样才能解决可适应设计中有所差别的模块模型与同一个模型连接的矛盾,即能使接口不随选择实现功能模块不同而有差异,以提高设计的可适应性,延长产品的重复使用率。

8.2.3　桥式起重机设计参数分析

每一个产品的设计过程都伴随着大量设计参数,这些参数都来源于客户对产品性能的需求。设计参数包含了整个产品结构设计、模型构建、组成材料、零部件选取等各个方面,并且参与产品设计过程中每一步,它们是计算的基础。本小节就这些设计过程参数进行分析,并且找到这些参数与设计可适应性之间的关联性。

(1)客户需求分析

机械产品的整个生命周期包含需求分析、概念设计、详细设计、制造、销售、使用、报废等内容,其中,需求分析、概念设计和详细设计三个阶段组成了机械产品的设计过程[12]。从上述生命周期过程分析不难看出,需求分析是产品生命周期的第一步,设计就是将客户需求转化为有效概念产品的过程。就产品本身而言,一方面需要具备应有的指定功能,另一方面还要尽可能满足定性条件、指定特征、特有规格等一些产品形式上的需求,只有这样才能保证所设计、制造的产品为使用者所喜爱[13]。因此,产品开发的趋势必须向以消费者为中心的方向发展,所设计制造的产品能否充分反映消费者的需求已经成为产品成败的关键[14]。在现代设计理论中,更是重视客户需求在设计过程中的作用,现代设计要求产品设计者应把客户的需求融入产品的功能及形式设计中去,并且还将这些贯穿于整个设计过程[15]。

可适应设计平台的客户需求分析,并不只是得到某个产品的需求参数就可以,需要综合各方面的数据来源,这样才能使设计过程中的产品的内容更加充分,平台的可适应性更强。针对平台数据挖掘方面,一般可以先从一个企业入手,来考虑以下四个方面的需求(客户需求构成如图 8.3 所示)。

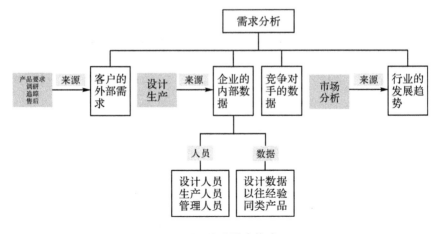

图 8.3　客户需求构成

①客户的外部需求。任何产品设计服务对象都是客户,因此客户需求分析是产品设计之前最重要的一步。对企业外部客户而言,不仅需要得到他们的需求数据,还要在产品后续跟踪观察,找到他们满意的地方和需要改进的不满意的地方,这些可通过市场调研、产品追踪、售后服务等方法获得。

②企业的内部数据。这个主要表现在两个部分:其一是内部工作人员的数据,包括产品设计人员、生产管理人员、产品制造人员等企业人员,这些工作人员是整个产品生命周期设计、生产阶段最为直接的参与者,他们是最了解整个产品以及产品在设计过程中遇到的所有问题的人,因此他们的数据至关重要;其二是企业关于产品的数据,因为任何一个企业在设计过程中,都积累了丰富的设计经验以及设计数据,这些设计经验和数据对需求分析之前的规划是重要的依据,也是后续同类产品设计的参考。

③竞争对手的数据。每个行业都有很多公司,其中包括在经验、实力方面都很强大的对手,通过分析对手的情况,了解他们有哪些设计优点可以借鉴,从而提高自身的设计能力。

④行业的发展趋势。任何企业要得到长足的发展,就必须要了解所在行业的发展趋势,只有紧跟时代的潮流,企业才能拥有顽强的生命力,并在未来的竞争中立于不败之地。

(2)客户需求向设计参数转化

满足客户需求是产品设计的出发点和最终目标,因此需要将这些需求转化为能够直接用于计算的实际参数[16]。而在设计产品时,设计者往往面对的是数量庞大、错综复杂的客户需求。因此根据需求特性进行分析,将这些需求转化为能够用于计算的设计参数。

由于不同客户需求之间偏差客观存在,所以产品可能拥有不同的功能,即使功能属性相同,也可能存在着规格、性能上的偏差。针对需求的不同,可把客户需求分为质变需求和量变需求两种类型[17]。质变需求是指产品本质的差异,体现在产品功能需求的变化上,如产品结构、工作状态等,会导致产品本质的改变;而量变需求则是指场合与对象基本一致,只是在属性强弱方面的变化,即有相同的结构、工作状态、实现功能,只是这些产品的纵向系列不一样(如尺寸、位置、细节结构等)。

以上客户需求无论是质变需求还是量变需求,都无一例外要全部转化为用于计算实际参数,只有这样才能进行设计计算。下面将分别针对质变需求和量变需求,给出转化的方法。

①质变需求代表功能域范围的变化,通常表现为需求的使用场合、场景变化、产品某些子功能的有无、安全性、可操作性、方便性、非标准的功能要求等,这种需求相对模糊,通常由客户直接表述,表现为一些自然语言的定性描述[18]。对于桥式起重机中的质变需求,一般采用两种方式将其转化为有效设计参数。

其一,通过设计手册、相关规则、计算方法等手段。有以下两种情况:第一,针对桥式起升重量上等规范的数据选取方面,例如,设计手册上规定起升重量为"起重机一次允许吊运的最大货物量和区位装置之和,但是吊钩起重机和滑轮组质量不包括在额定起重量之内。设计时,根据使用要求,选择靠近但是不小于表列的标准数值"[19]。第二,针对桥式起重机的使用等级、载荷状态等级等一些设计数据,一般都有相关选取规则。有些计算过程中的数据,是有一定的计算方法的,例如,对于轴承的计算,可以根据轴承设计计算方式来选取。

其二,根据可适应设计的特点,选用质量功能配置(QFD)作为转化方法。质量功能配置能够将客户对技术、服务等方面需求全面反映到产品开发、设计、制造各个阶段,通过映射得到相应的模块并取其主要参数。QFD的基本方法是依靠质量关系矩阵将客户需求转换为产品特性要求、关键零部件要求、工艺要求、生产控制要求。QFD所用的技术工具是一个类似房屋结构的关系矩阵,叫作质量屋[20]。

②量变需求是客户给出了确定的设计数值的需求,这些数值能够直接在计算时使用的。量变需求一般根据给出的数值,分为单一值和区间值。

单一值是指这些需求参数直接用一个确定的数值表示出来,不需要进行任何处理直接使用,如额定起重量 Q、跨度 L、起升高度 H 等。

区间数值是指给出了数值范围,不是一个确定的数值。区间值取值有两种类型:第一种是取范围内的任何数值,如起重机的端梁高度要求等;而另一种是要选取极端数值,即根据实际情况,选取最大值或者最小值,如要求起重机运行速度为 0.5～3.5 m/min,则在计算的时候,就选取 3.5 m/min 来进行计算。

(3)可适应性参数的确定

得到的众多参数之中,不可能所有参数都是符合可适应性的要求,要针对平台进行设计,就需要在平台开发之初,确定哪些设计参数能够用于可适应性设计。在构建平台的过程中,平台的开发者需要针对这些设计参数进行一些处理,让这些参数在平台之上满足可适应性。

一般来说,以下两类参数能够满足要求:①与结构相关的规范性的参数,这一类参数在手册、规则等上面是明确规定的,一般对于这些参数,设计者是不能进行更改的,但是它们与结构有着直接的关系。例如,桥式起重机的跨度,起重机设计手册中有规范的系列值,而跨度将会直接决定桥式起重机横梁的长度。②计算之后会直接决定可适应结构的参数,这类参数将直接决定产品可适应设计的结构,例如,起升高度与卷筒的长度息息相关。

而对于不符合上述条件的参数,基本上都不是可适应性参数,针对上面两种设计参数,一般在平台构建过程中,采取如下方式进行处理:①针对与结构相关的规范性的参数,就直接将这些参数映射到最后的建模层次,让这些参数直接与模型相连,并且在平台的后台进行控制,不得随便修改;②针对计算之后直接决定可适应结构的参数,在计算过程中,保留好相关的中间参数与结果参数,并且利用结果参数来驱动模型,以防止在计算过程中或者最后建模的时候出错。

8.2.4　桥式起重机模块化划分

模块化设计作为实现设计可适应性的重要步骤,其目的是针对特定的产品族,找到它们之间能够独立存在却相互之间有相似或者共通之处的基本单元。根据指定的要求,通过对于不同单元的选择,组合成产品。本节内容在客户需求分析的基础上,基于产品功能进行模块划分,得到可适应模块。

(1)桥式起重机模块化划分步骤

模块的定义为:可组合成系统的,具有某种特定功能和接口结构的、典型通用的独立模块[21]。由定义可知,具备明确而又特定功能是模块内在的特点,是模块独立于零件的根本,也是模块能够被划分的基础。模块所具备特性的要求是:能够不依附于其他功能而独立存在;不会受到其他功能的干扰;按照物理功能特性分解而得到。根据模块以上自身的属性以及可适应性的特点,需要满足以下 5 点要求:

①分解时要处理好模块数量多少与模块规模大小之间的矛盾关系[22]。模块划分时,如果要求数量能够尽量地少,其结果必然会导致有些模块会过于庞大,那么对于这样的模块下一步处理就会十分困难;而如果将每个模块都划分得比较小,虽然对于模块的处理会变得更加简单,然而模块的数量却会相应增多,这就为后面结构模块接口、管理等方面的处理带来很多麻烦。因此,处理好上面的矛盾关系显得尤为重要。

②模块的节点选择要适当。在选择模块划分的时候,应该遵循的基本原则是:使模块内的聚集度尽可能地大而模块间的结合度尽可能地小[23]。因为只有这样,各个模块之间的结合就会很强,才比较容易实现接口标准化;而在模块内部,要求按聚集度最大原则加以划分,这样才能为以后选取模块、组合成产品打下良好的基础。

③模块间接口要尽量简单。如果两个模块之间的接口过于烦琐的话,则很难做到接口之间的通用化,这样会让以后对于整个模块的改造、升级变得很困难,同时也不利于进行可适应设计。

④划分的模块要具有较强的通用性。只有具备较强通用性的模块,才能在可适应设计中,满足更多的客户需求,才能实现与之类似产品的变更。

⑤划分出来的模块要具有一定的变异性。因为作为可适应设计的模块,设计对象并不是特定的某个产品,而是要面向整个产品系列或者相似的产品,如果模块是某种单一的、特定的结构,不能适应其他产品,则这个模块就不能满足可适应设计的要求。

根据上面对于模块的要求,可适应性模块划分步骤如图8.4所示。在参数分析的基础上,构建产品的功能结构图,根据功能结构图,进行模块的划分,划分完成之后,还要根据产品的特性,进行产品的系列规划以及模块的扩展,以保证模块能满足更多的需求,从而达到可适应性的目的。

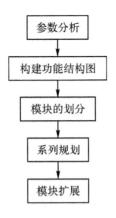

图 8.4 模块化划分步骤

(2)桥式起重机功能结构分解与模块划分

要想进行功能分解,设计者首先要弄清楚功能的概念。所谓功能是指抽象地描述机械产品输入量和输出量之间的因果关系,对具体产品来说,功能是指产品的效能、用途和作用[24]。功能是产品所具有的属性,是从客户使用的角度对产品提出的要求。模块化设计中,功能就是产品所具有的、能满足客户需要的特性,或者也可以说是产品所具有的用途和使用价值[23]。

对机械产品,通常都有很多方面的要求,因此一般来说,机械产品的总功能往往有很多内容,所以如果想要直接实现产品的总功能是一件很困难的事情,而为了能够让设计过程变得更加简单和方便,常常要进行功能分解。对于有所差别的产品,总功能需要并且能够分解到哪个层次,一般取决于该功能在相应的层次拥有实现它的技术物理效应和机械结构。

功能分解是针对复杂产品设计过程非常有效的工具,它的优点是能够通过分解来减少设计过程的复杂性。按照产品的要求,将功能划分为以下几种形式,如图 8.5 所示。①基本功能,这个功能指的是产品需要反复使用的功能,它是体现产品存在意义的。针对这种功能,一般需要将其进行细致的划分,如在桥式起重机中,基本功能就是对物料实现在三维空间的吊运。②辅助功能,这一类功能是指产品实现基本功能时所需要的一些功能,如在起重机主梁两侧的走道等。③补充功能,是指对产品某些功能的扩展,使其更加完善,如起重机运行轨道、联轴器等。④特殊功能,这一功能是根据需要,特别附加在产品之上的,如起重机上的防护罩、栏杆等。

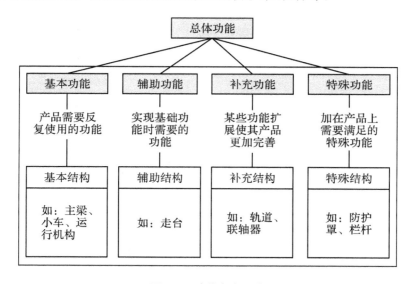

图 8.5 功能存在形式

功能存在形式确定后,应对这些功能进行分解。在功能分解的过程中,要能够满足以下要求:①体现上下级之间顺序关系,从而知道哪个下级功能是由具体的上级功能分解而来;②功能分解的时候,一定要有产品结构相应的模块作为依据,否则划分出来的功能就没有相应的模块与之对应;③分解过程中不能对重要的功能有遗漏,否则设计的产品将不能满足设计需求。

为了得到桥式起重机功能与模块,本节基于公理设计进行功能域和结构域之间的映射。首先在功能域中将其分为若干个子系统,然后将产品向底层逐层分解。随着功能层次化分解和对结构域中的映射,整个产品也分解成总结构、分结构、组件、部件等不同的层次,直到分解到所有要实现的功能都解决为止,这便是 FR→DP→FR(低层) 的 Z 字形分解的过程。在分解过程中,每一个层次功能域中的需求都映射到结构域中得到相应的结构模块。

为了减小设计过程的复杂性,在实现层次化分解过程中,尽量将那些与外部部件关联性小且内部关联性大的部件看成整体。最终得到整个起重机模块化分解结构如图8.6所示。

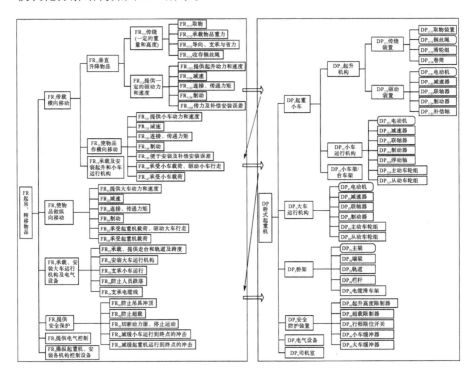

图8.6 桥式起重机模块分解结构

(3)桥式起重机模块系列化构建与横向、纵向扩展

通过对桥式起重机功能分解与模块划分,得到了桥式起重机的各个模块,然后要进行可适应设计,就需要对每个模块本身进行深入分析,让这些模块有扩展能力来适应多变的需求。本节将对桥式起重机进行系列划分和横向、纵向的扩展,从而最终完成桥式起重机的可适应性模块划分的总体策划。

桥式起重机设计可适应性分析是针对产品的整个系列进行的,因此可适应性模块划分的最终目的是要求产品在主要功能不变或者变化不大的情况下,产品功能需求能够通过不同模块的选择以及组合来完成相应的要求。如图8.7所示是产品全系列规划模型,下面是对其过程的说明。

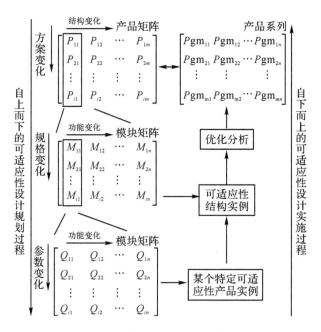

图 8.7　产品全系列规划模型

可适应规划第一步是建立产品矩阵 **P**，这是根据结构、功能等变化而建立的。矩阵中每一个横向表示结构变化，每一个纵向表示方案变化。在桥式起重机的产品矩阵 **P** 中，随着客户的不同需求而产生功能变异，用产品矩阵来确定设计的基本方案。

模块矩阵 **M** 是针对产品的某个特定的结构，由某个产品矩阵某列生成，每一个横向表示产品选择模型方案变化，每一个纵向表示产品规格变化。模块划分的细致程度取决于实现功能的方案的多少，它是根据模型的种类，产生横向变化。

结构矩阵 **Q** 是针对每一种模块最终型号，它是由某一模块矩阵某一列生成，每一个横向表示产品某个特定的型号，每一个纵向表示某种型号特定的规格。根据结构矩阵实现可适应设计后，便能得到最终产品，需要对产品性能进行验证，如果设计结果满足要求，那便是可适应产品系列中的某个产品。

在完成桥式起重机全系列模块划分之后，还要进行设计模块的横向和纵向扩展。横向扩展的实质是指能够在实现同一个功能方面的相对变化的模块结构，但是不是所有的模块都具备这个能力。纵向扩展的实质就是针对概念模块进行设计的时候，根据有解区间内产生一系列参数解。

(4)模块化划分的可适应性分析

桥式起重机模块化划分,全系列构建,横向、纵向扩展,是为了实现设计的可适应性。传统模块划分方法只从设计和计算的角度出发,直接进行模块划分,很少考虑产品模块之间的关联性。本节的模块划分有别于传统模块划分,是通过对产品的功能结构分解而得到的产品模块。可适应设计平台的桥式起重机模块划分,从多方面来源的客户需求出发,对产品功能进行分解,然后结合公理设计,通过在功能域和结构域之间的映射关系,逐步依次向下进行功能分解和划分模块,从而保证了模块功能的独立性,使其更加符合可适应设计的要求。

在模块划分结果的基础上,再进行全系列规划,对模块横向、纵向扩展。当客户需求变化时,就可以直接选取符合需求的模块进行相应的设计,然后组合成产品,这样就完成了设计。由此可以看出,这样的模块划分具有很强的可适应性。

8.2.5　桥式起重机特征参数化模型建立

产品模块划分之后,根据划分结果,建立产品的模型。可适应设计平台模型,不同于一般产品模型的建立方法,它要求建立的模型能够根据平台可适应设计结果进行驱动。因此,本节就如何建立能够用于可适应设计平台参数化设计模型进行详细论述。

(1)可适应性模型参数化驱动的实现

设计的最终目的就是能生成用于生产制造过程的图纸,利用平台进行产品设计也不例外,也是要生成产品的图纸[25]。基于平台完成产品最终设计结果模型,本质是利用平台以参数化设计方法实现驱动建模。目前市场上主流通用 CAD 软件都有基于参数化建模功能,参数化设计建模方法可分为以下三种:

①基于软件自身的参数化驱动方式。这种是利用软件本身的参数化设计性能来实现。建模时针对三维模型,系统自身就会生成建模过程中的参数变量,或者通过设计者来输入这些变量。在用户需要参数化建模时,只需要直接对模型参数进行更改,将不同的数值赋给这些变量,就能改变模型的尺寸。针对本节所用的 SolidWorks 软件而言,可直接通过内部自带 Excel

输入或者调用其中的数据,就能实现模型的驱动。这种建模方式的特点是设计者能够直观看到模型,了解模型的结构特征,但是它不能与其他设计实现连接,所以无法在平台的开发之中使用。

②利用宏技术,针对软件进行二次开发,对软件内部程序进行编程实现参数化。通用软件都提供给客户二次开发的编程方式,设计者并不需要事先建立三维模型,而是将整个建模过程用编程的方式,在程序命令一步一步执行的过程中,完成对每个特征的建模。而建模过程中所需要的参数,则是以植入到这些程序之中的方式表达出来的,这样就能直接在三维模型建模过程中实现参数化驱动。这种方式的特点在于建模过程明确、建立的模型精准,然而最大的缺点就是每个模型建立都要运行一遍完整的程序,很难实现可重复性,编程过程复杂烦琐。

③以第三方高级编程软件作为编程语言,利用 API(Application Program Interface)软件接口技术对 SolidWorks 进行操作,进行参数化驱动的方式。其一般过程为:首先设计者根据模型的结构,建立一个含有参数化变量的模型,这个模型被称为主模型,是其他模型改变的基础模型;然后通过编制高级编程软件的程序,以接口代码链接打开主模型;最后以程序代码驱动这些设计参数链接主模型尺寸,对其进行赋值改变。这种方法最大的特点在于操作简便、运行快捷、代码简洁、界面清楚,只是在针对某些特定结构处理方面有些困难。

根据上面对驱动实现技术的论述,不难看出,第三种技术更适合用于可适应设计平台开发,所以本章以第三种方式为主,第二种方式为辅进行参数化驱动。根据其应用过程,设计者需要建立建模所用的主模型,然后利用主模型来实现参数化设计。

(2)基于特征技术的参数化建模技术

建模技术是将现实世界中的物体及其属性,转化为计算机内部数字化表达的原理和方法[26]。在机械行业,特征是指具有特定属性、相互关联的几何形体,是对零件形状、工艺、功能等信息的综合描述,它能携带和传送有关设计和制造所需的工程信息[26]。这个定义强调的特征包括几何形状、精度、材料等各种属性,并强调特征是与设计和制造活动有关的几何实体,含有工程意义的信息,即特征反映了设计者和制造者的意图[27]。

根据以上对于特征的定义可以看出,特征是面向零部件设计、制造过程,因此针对其属性,可以将其分为两个大类:一类是形状特征;另一类是过程特征。

形状特征,是指能够确定勾勒出零件几何形状(外在轮廓、具体形状、内部构造)的特征,它是与零部件相关信息的载体。形状特征可以划分为设计特征和标准特征,设计特征又可分为实体特征(是零部件实体模型构建过程的特征,主要包括拉伸、旋转、扫描、放样等)、参考特征(是零部件模型中实际并不存在的,作为参照,便于设计和表示的特征,主要包括基准面、基准轴、基准坐标系)和图纸特征,而标准特征又分为穿孔特征、倒角特征、圆角特征、操作特征(主要包括镜像、阵列、复制等)。形状特征构成如图 8.8 所示。

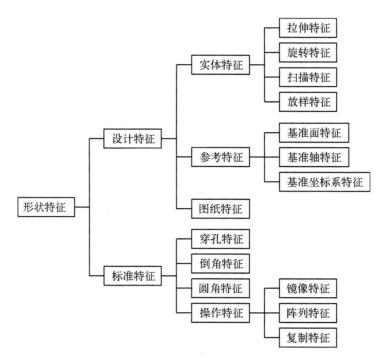

图 8.8　形状特征构成

过程特征是指零部件除了上述形状特征之外,与产品的内在属性以及生产过程相关的特征。可以将其细分为精度特征、管理特征、技术特征、装配特征和材料特征。精度特征是描述几何形状许可的变动量或误差的特

征,可以分为尺寸公差特征、形位公差特征、表面粗糙度特征;管理特征则是
与零件管理有关的信息,如标题栏信息等;材料特征是描述材料的类型、性
能以及热处理等信息的特征;技术特征是描述有关性能参数的特征;装配特
征用以表达零件的装配关系。图 8.9 为过程特征构成。

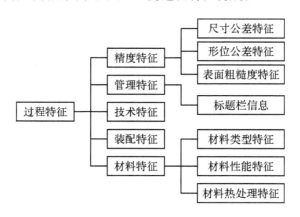

图 8.9　过程特征构成

基于特征技术的参数化建模技术,就是将特征表达方式应用到参数化
设计方法之中,以零部件特征作为参数化设计对象。根据特征表述可以得
知,形状结构特征在建模过程中便能得到确定,建模完成之后特征相互之间
的拓扑关系不会再发生改变,这就表明零件模型自身能够保证各特征之间
存在着约束关系。因此其特征本身的改变只能在绘制特征过程中完成,但
是在尺寸方面的修改却能够转变为对组成零件特征参数值的修改,还保证
不会影响图形本身结构。这样很大程度上推进了零件的设计建模进程,提
高了设计效率和准确性。

应用特征的参数化技术,其最终是利用 CAD 软件建立产品的参数化模
型,因此特征参数将与后面的平台性能有直接的关联,为了使模型更加合
理,要做到以下几点:①零件的建模过程中,特征尺寸是在软件中自动生成
的,而在建模的时候,操作者建模顺序不同会导致参数的差异,因此,合理的
零部件特征参数是非常有必要的,这样能够避免在后续工作中频繁地修改。
②对于参数化驱动方式的选择,选取参数化驱动为主,编程宏录制为辅的建
模方式,特征参数化变量的名称是在建模中自动形成的,而这些变量名称会
在后面平台编制的程序中使用,因此需要对特征参数变量进行合理的提炼,

使其有助于编程。以上针对特征技术,都将在后面的参数化模型中得到体现,并且在平台上得到应用,最终在实现整个桥式起重机的设计过程中起到作用。

(3)桥式起重机参数化模型建立

要想完成参数化建模,就必须得到零件的结构参数。每个产品无一例外都是由很多零件组成的,参数化建模涉及的参数更多。在产品建模之前,通过设计计算得到一些关键参数,然后再一步步根据实际情况确定其他结构参数。这些参数获取的具体步骤为:①关键参数是计算得到的,因此,它能够独立存在,只是随着性能的改变,它决定着零件大体结构;②由关键参数来决定的参数,它们一般跟随着关键参数的改变;③根据结构,设计者自己确定的一些参数。通过以上步骤基本上确定了零件的结构参数。

构建某个具体的零件主模型步骤如下:①从整体结构考虑零件的建模,依据零件主体外形和已确定结构数据,分析零件建模的总体方向;②确定建立哪些实体特征,并且考虑它们之间的次序、联系和建立方法;③通过零部件的结构特性,考虑参考特征以及操作特征的建立,这有助于减少编程中的工作量。通过对特征的逐步累加建模,最终完成整个零部件的建模。

主模型建模过程中的变量和数据的处理也是至关重要的一步。在使用通用三维 CAD 软件(本章选用的是 SolidWorks)建模时,特征尺寸变量形成有两种形式,一种是通过客户指定的方式形成的,如草图中的标注;一种是伴随着特征生成时形成的,如倒角。因为针对同一个零件模型(或者特征)有多种处理方式,如针对圆柱,可以利用拉伸或者旋转得到,因此出现了多种特征变量的方案。这就需要参照零件自身结构特点,对特征建模顺序做出合理的规划,并且找到合理标注尺寸变量。通过对建模过程中参数分析、模型构建、变量处理、建模特征选择、模型构建等一系列的步骤,就能建立有效的基于特征技术的参数化模型。基于上述模型构建步骤,可建立如图 8.10所示的桥式起重机参数化模型。

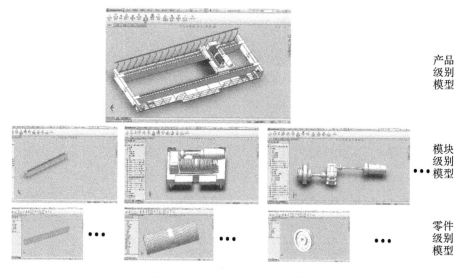

产品
级别
模型

模块
级别
····
模型

零件
级别
模型

图 8.10　桥式起重机参数化模型

8.3　可适应设计平台规划

可适应设计平台不是简单的界面演示,而是一个涉及众多知识的系统。它不仅需要各种理论支持,还要将各个方法和技术有效地融入平台,所以在平台开发之前,必须做好整体规划。只有在规划时,充分考虑平台的各个方面,才能使最终开发完成的平台更加完善。

可适应设计平台包含桥式起重机设计全过程,在设计的不同阶段,需要运用不同软件。本节将根据需求选择合适的软件,如 Visual Basic 6.0、Access 数据库、SolidWorks 和 API 函数等。此外,为了能够让零散的信息汇总在同一个设计平台系统上,以可控制、可管理的手段,实现信息集成,这种集成实现的基础就是软件接口。软件接口是将信息综合到统一的平台之上,实现应用软件与平台的连接,完成应用软件与平台之间通信交互,以达到平台的智能性和集成性,如数据库接口、三维软件接口、CAE 接口等。

8.3.1　产品模型编码技术

在现代化设计、生产、制造过程中,编码技术是提高生产效率和对产品进行有效管理的重要方法。在可适应设计平台上,面对种类繁多的模块,合理而又系统的编码技术可以提升整个平台的可操作性,降低设计过程中的错误,从而更加顺利地完成设计。

所谓编码技术,指的是利用规定字符代表复杂概念,从而避免文字叙述所带来的冗长和累赘,编码技术具备概念表达的多样性、多义性和标准化的特点[28]。编码技术的目的是能让产品代码化,使每一个模块、部件甚至零件都采用唯一代码进行标识,这样,在以后对这些模块、零部件进行选择时,更加方便快捷并且具有针对性。从编码的作用来看,编码技术必须要有以下特点:

①唯一性:每一个编码只能对应一个模块或零部件,否则在以后调用、选择时会出现混乱;

②完整性:编码技术要涵盖所有已经建立的产品模块和模型,否则,当选取的模型不存在或者没有包含在编码里面时,前面的工作就没有意义;

③易操作性:针对所有编码之后的产品模型,计算机对其要能够方便地进行识别、选取等操作;

④扩展性:编码系统在增加模块库时,也能实现相应的扩展,以包含新增的模块;

⑤继承性:编码不仅要能在当前平台使用,而且还要能够在平台的升级、更新的过程中被继承性地使用。

编码技术主要包括编码结构和编码方式:①对于编码结构,分为整体式和主辅码组合式;②对于编码方式,分为传统机械编码方式和柔性编码方式。针对平台可适应性这一特点,要求编码也要具备可适应性。通过对编码技术进行比较,采用主辅码组合的柔性编码方式。本节按照如图 8.11 所示的结构方式进行编码。

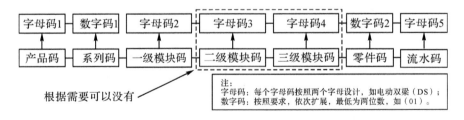

图 8.11 桥式起重机编码结构

产品码:桥式起重机类型的代码;

系列码:起重机重量系列的代码;

模块码:根据桥式起重机模块划分依次向下,根据结构建立的代码;

零件码:模块中零件划分得到的代码;

流水码:依照设计顺序分别得到的代码。

8.3.2　桥式起重机设计平台模型参数

在桥式起重机设计过程中,可能涉及大量的计算数据。可以认为,产品的设计过程实际上就是众多数据计算步骤的整合。针对这些设计参数,在平台上需要分别根据它们自身的特性来进行处理。

客户需求参数是客户针对产品提出关于产品功能需求的参数。一般分为两种类型:①一类是直接给出具体数值,这类参数在利用平台进行设计时,可以直接输入文本框中,平台通过赋值,将这些文本框里面的参数,赋值给后台的变量,参与计算过程;②一类是给出符号和代码,它们都有着对应的参数,这类参数通过选择或输入代码进入平台,后台程序将代码与一个实际数值链接,并将该数值赋值给一个变量,参与计算过程。

规范性参数是设计过程中需要用到的,如手册、规范等要求的参数。这些参数基于规模和编程难易程度,有两种处理方式:①针对规模较小或者某个单独计算中使用的参数,由于不会增加太多的编程工作量,因此可以直接编写为后台运行程序;②针对数据规模较大的情况,由于工作量较大,所以将它们输入数据库,而留待以后调用。

在计算过程中产生的参数,主要分为以下三类:①计算得到之后直接使用,但需要对结果进行判断的参数。这类参数会输出到界面上,供设计者查看以判断合理性,平台还会对该参数进行使用;②计算得到却不能直接使用而需要处理的参数,这类参数会显示在界面上,并且留有输入框,供设计者对参数进行处理;③用来连接数据库的参数,这类参数不用在界面输出,只需要对结果进行保留,作为依据,用来调用数据库。

从产品模型角度,可适应设计的最终结果是得到模型驱动参数。在参数化模型的基础上,构建产品不同层次模型参数之间关系,然后将这些参数之间关系通过后台程序的控制,嵌入设计知识之中,最终实现参数化建模。在模型参数方面,常见的参数有全局参数、局部参数、从动参数、特征参数、附加参数。

全局参数:对主要模型和多个零件有影响的参数,一般涉及多个模型。这类参数不仅是主动零部件自身的结构参数,而且还控制着从动零部件的参数。针对它们第一个特点,平台一般直接输出参数结果并且连接模型;对于第二个特点,平台一般通过一些公式、判断关系而输出到局部参数或者从动参数上面。

局部参数:只控制或影响本零部件的参数,一般由两部分构成,一是由全局参数控制,二是自身决定内部结构参数或者控制局部参数。

从动参数:被全局参数或局部参数控制或影响的参数。在平台内部输出的时候,不进行随意更改。

特征参数:描述部件或零件特征信息的参数,它们一般不会受到其他参数的影响,同时也不会控制其他任何参数,一般只是根据需要,由设计者根据实际情况输入。

附加参数:结构或尺寸变型中起辅助作用的参数,它们一般是在零件模型变型和驱动时候用到的参数,有时候也反映出对于零件参数之间相互关系的控制。

各类参数之间关系如图 8.12 所示。

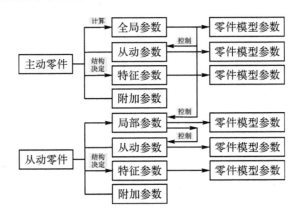

图 8.12 各类参数之间关系

8.3.3 模块化设计模型在平台上的规划

对于不同类型的模块,在平台上的设计方法是有所区别的。本节将根据不同类型模块的特点,阐述这些模块在平台规划的方法。

通用模块:可适应设计中实现产品通用性功能模块。这类模块在设计相同或者相似产品时会多次调用,特点是通用性强、机械结构变化小,并且能长时间在同类功能需求上共同使用。可适应设计平台上的通用模块,不仅包含单一产品上不同功能的模块,还包含了用来实现具有同一类型功能却有着不同结构的系列模块(如吊起重物的有吊钩、抓斗、电磁吸盘,即模块横向扩展)。

对于通用模块,利用平台进行设计的步骤如下:①首先建立这些模块相应的参数化主模型;②然后根据实际需求选用具体的通用模块;③最后计算模型结构参数,得到计算结果之后,利用平台与 SolidWorks 接口,基于参数化驱动生成模型。

专有模块:客户对于产品往往有一些特定方面的功能需求,专有模块是为了实现特殊功能需求而构建的模块。这类模块往往没有固定的设计方法,只能采用常规机械设计来计算获取。因此在平台规划时只是利用平台计算通用模块的数据,再根据实际情况构建模型。

基型模块:为了减少建模工作量,在通用模块结构分析的基础上,提炼并构建的模块。这种模块的主体结构相对稳定,同时具备一定的变型能力,是形成纵向系列的基础。

对于基型模块,有以下几点操作:改变和替代模块中的某些结构要素,以满足适应需求;添加某些要素,使得模块更加完整;更新模块的某些局部,以提高模块的性能;改变模块的某些结构,以适应产品整体的设计需求;优化某些细节,让模块更加合理。

改进模块:对基型模块进行改进得到两种类型。①基型模块的变型,通过改变模块主要结构尺寸获得;②基型模块局部修改,这一类模块在某些局部结构上与基型模块有所不同,因此需要设计者进行修改。

8.3.4　平台参数化模型功能的实现

(1)平台零件模型构建

零件是产品设计最小的单元级,是生成二维图纸以及组合成为装配体的基础。因此,平台首先需要建立零件的模型。

利用平台构建零件模型步骤:①平台内部进行计算,得到需要构建零部件的关键参数;②利用关键参数,计算与之相关结构参数;③模型驱动界面,将刚才得到的参数直接放入与模型连接的文本框中,并且这些参数在文本框中是以不可更改的形式显示的,这样能避免操作失误造成的错误;④设计者在零件界面上输入其他相关的结构参数;⑤确定好零件的结构参数之后,通过运行程序连接到零件,将这些参数以变量方式赋值到相关尺寸上,这样参数便与零件的特征联系起来,从而达到控制零件特征尺寸的目的。

(2)平台装配体构造

零件建模完成之后,需要对这些零件装配。装配体不仅能有效表示每个零件在产品中的位置,而且还具有对产品进行干涉检验、检查结构合理性、产品整体评估等作用,这样可以及时对零件进行修改,设计出更加合理的产品[29]。SolidWorks 零件装配方法主要有两种,分别是自上向下的装配方法和自下向上的装配方法。

自上向下装配:利用空的装配体环境,生成一个布局草图,在布局草图上绘制相应零部件的主要轮廓草图,然后利用轮廓草图建模实体模型。一般步骤:①进入布局草图状态;②建立空装配体或插入某个装配体;③绘制零件的设计草图,将相应的草图合并成块,并且按照编码方式命名;④在布局草图上建立零件相互位置关系;⑤利用草图上的块,建立相应的零件模型;⑥每个零件模型独立保存。可适应设计平台上,这种装配方式用于装配体中零部件相对位置关系有变化的模型。设计者可以在布局草图里面绘制多个零件草图,并且确定它们之间的位置关系,这种关系可以随时使用布局草图在装配体中做出变更。自上而下的装配方法最大的优点在于装配体及其零件都会随着布局草图的更改自动更新,只要改变一处就能对整体完成修改。在 SolidWorks 中通过命令"新建→装配体→生成布局"制作完成的。图 8.13 为 SolidWorks 中自上而下建模的布局草图。

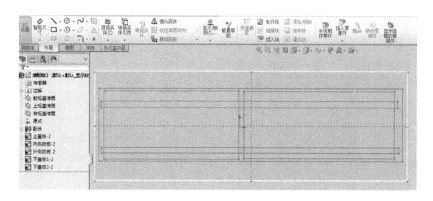

图 8.13　SolidWorks 中自上而下布局草图

自下而上装配:利用建立好的模型,根据相关位置和装配关系,将这些零件依次装配到产品和部件上面。其一般步骤为:①建立单个零件;②插入零件并且建立配合关系;③利用装配体完成相关工作;④零件单独修改。可适应设计平台上,这种装配方式用于装配体中零部件相对位置关系固定不变的零件模型。装配时,参考对象是建模过程中特征的某一部分(如拉伸形成的面、旋转形成的轴等)。由于位置不会发生改变,在平台上生成装配体时,不用对这一类装配关系进行具体操作,只需要建立零件模型就够了,优势在于能够便捷处理一些位置固定的零件。如图 8.14 所示是确定关系的装配。

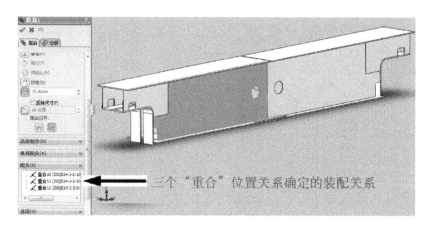

图 8.14　确定位置装配关系

(3)二维图纸在平台的规划

目前在机械行业,虽然设计过程中绝大多数建模工作运用的是三维技术,但大多数产品最终目的还是生成用于生产 CAD 二维图纸。因为二维图纸是设计思路表达、产品检测、明确规范等必不可少的资料,所以设计平台必须有自动生成二维工程图的功能。

由于 SolidWorks 从三维模型直接转化为二维工程图有着诸多不足,如不符合中国的国家标准、不能直接完成标题栏输入、无法生成装配体 BOM 表等。为了生成有效的工程图,可适应设计平台有必要对图纸进行规划,其中包括图纸模板制作、二维图纸创建、平台连接自动更新工程图三部分。

图纸样板制作即制作一个用于存放工程图纸的样板,它包含图纸格式、字体设置、标注设置、明细栏等的标准空白图纸文件。其一般过程如下:①建立无图纸样式的工程图样板,主要是定义图纸的大小、模式等方面;②设置图形属性,主要根据国标设置图纸的标准,如投影方式等;③图纸标题栏编辑,按照国标的标准,绘制相应的标题栏;④标题栏属性连接,通过连接将三维实体建模时定义的属性连接到标题栏中,对没有的连接的属性,用户也可以自己输入;⑤标题栏的定位,即将标题栏定位到模板的相应位置;⑥保存模板图纸文件,将该模板以独立文件的形式,保存到 SolidWorks 的相应的目录下面。建立的图纸样板如图 8.15 所示。

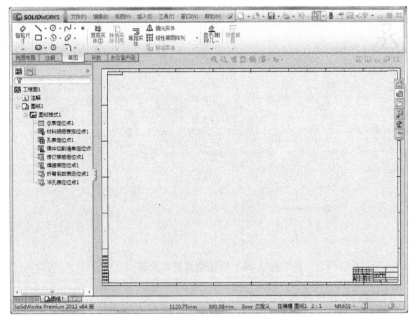

图 8.15　Solidworks 图纸样板

二维图纸模板创建就是利用上面制作空白图纸,建立相应零件的二维工程图。其一般步骤如下:①选取与零件尺寸相吻合的图纸模板;②生成能够完整表达零件的视图,不仅要包括三视图,还可以包含必要的局部视图、剖视图、旋转视图等;③尺寸标注,将零件的尺寸在图纸上展示,可以直接添加方式标注,也可以通过"自动标注尺寸",再手动调整;④插入工程注释,将用于生产过程中信息展示在图纸上,主要有明细栏添加、备注、基准、公差、粗糙度等内容[30];⑤保存图纸,该图纸与平台连接,所以保存在平台连接的目录下面。

平台连接自动更新工程图即在平台生成三维通过平台,对利用参数驱动生成相关三维模型,基于上述建立的二维工程图纸,将该三维模型生成工程图纸。

8.4　可适应设计平台开发与运行

8.2 节和 8.3 节论述了平台的开发准备工作,本节主要完成桥式起重机可适应设计平台开发,最后通过运行平台进行设计,验证平台的有效性[31]。

8.4.1　可适应设计平台开发流程

桥式起重机可适应设计平台实现产品从需求参数输入→数据计算→结果输出→驱动生成模型→力学分析→工程图纸处理等过程。本节将可适应设计平台的开发分为三个阶段,即平台开发准备阶段、平台制作阶段与平台调试阶段,其开发流程如图 8.16 所示。

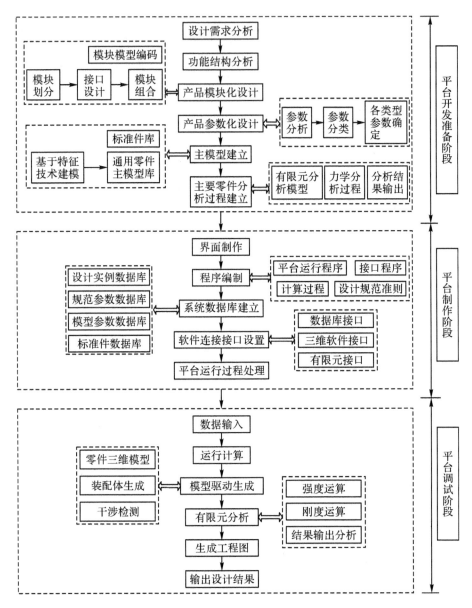

图 8.16 可适应设计平台开发流程

平台开发准备阶段:主要工作是对产品的分析和模型的处理,包括设计需求分析、功能结构分析、产品模块化设计、参数化主模型建立、主要零部件分析模型建立。

平台制作阶段:主要工作是平台的实际制作过程,包括界面制作、程序编制、系统数据库建立、软件连接接口设置和平台运行过程处理。

平台调试阶段：主要工作是平台调试，试运行平台来查看平台是否能完成设计以及设计结果的有效性。包括数据输入、运行计算、模型驱动生成、有限元分析、生成工程图、输出设计结果、设计评估等环节。

8.4.2　桥式起重机可适应设计平台设计过程

基于可适应性的桥式起重机设计平台将客户需求转化为设计参数，在平台上完成机构设计、零部件结构设计、尺寸确定等一系列工作的过程。在桥式起重机设计中，主要内容有起重小车设计、桥架设计、大车运行机构设计等。

(1)起重小车设计

起重小车由起升机构、小车运行机构和小车架三部分组成，因此起重小车设计就包括以下三个方面。①起升机构的设计：根据产品的特点和需要，对机构传动方案进行选择和布置；对钢丝绳和滑轮组的计算；卷筒尺寸的计算；重要零部件的有限元分析；对外购件的选取，如起升电机、减速器、制动器、联轴器等。②小车运行机构设计：传动方案选择，车轮、轨道、电机、减速器等的选择计算、验算和校核；③小车架的设计：根据客户需求选择小车架的布置方式，纵梁和横梁的设计计算。其设计过程如图 8.17 所示。

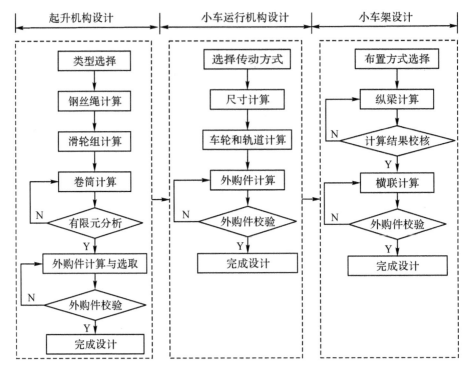

图 8.17　小车机构设计过程

(2)桥架设计

　　桥架作为整个设备的主要金属结构件,它不仅承载着小车,让小车在上面纵向行驶,同时,其本身作为桥式起重机横向行驶的车体,沿着轨道在厂房上运动。桥架结构由主梁和端梁组成,作为整个桥式起重机受力结构,同时反映整个产品的外形尺寸,所以它必须要满足强度、刚度、稳定性要求,还要求外形尺寸和重量尽量小。

　　由于目前桥式起重机基本上都是采用箱形主梁,针对桥架设计主要包括几个步骤:①主梁截面形式的选择;②大车轮距计算,同时这个也用来确定端梁的长度;③主梁的主要参数计算;④加强肋板布置尺寸计算;⑤主梁的有限元分析;⑥端梁的构建尺寸;⑦端梁的有限元分析。其流程如图 8.18 所示。

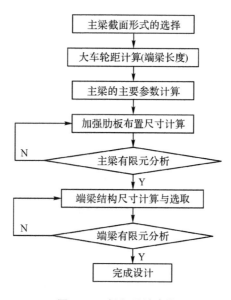

图 8.18 桥架设计步骤

(3)大车运行机构设计

大车运行机构和桥架直接连接,带动整个起重机在轨道上运动,所以对大车运行机构有以下要求,即结构紧凑、重量较轻、与桥架配合准确、对主梁扭矩影响不大。大车运行机构设计包含如下步骤:①根据设需求分析,确定大车运行机构的传动方式;②计算大车运行机构的尺寸;③车轮与轨道的计算和选取;④稳定运行阻力的运算;⑤外购件的计算和选取;⑥计算结果的校验。其设计过程如图 8.19 所示。

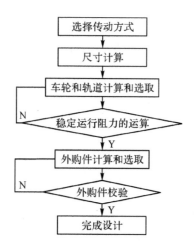

图 8.19 大车运行机构设计流程

8.4.3 平台工作步骤

平台的界面是用于平台与设计者(或者客户)进行交流、数据交互、可视化观察和结果显示等操作,是直接面向设计者的部分。其作用主要有客户信息输入、数据输入、计算结果显示、参数编辑、分析结构表达等。

进入设计平台的主界面(如图8.20所示),系统按照一般软件界面的安排,分为三个部分:菜单栏、工具栏、状态栏,每个部分相互配合完成设计过程。

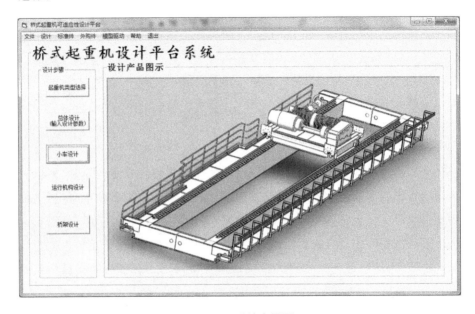

图8.20　设计主界面

在主界面上,可以按照起重机一般设计步骤开始设计,由于参数还没有输入,所以设计步骤的其他按钮点击会报警。这时,客户点击"输入设计参数"按钮,进入设计参数界面(如图8.21所示),设计参数界面主要由两部分组成,第一部分为设计参数输入部分;第二部分为设计模块管理部分,是用来管理设计数据库和界面操作功能按钮,在设计数据库里面,包含了系统自身的一些设计参数和客户添加进去的参数。

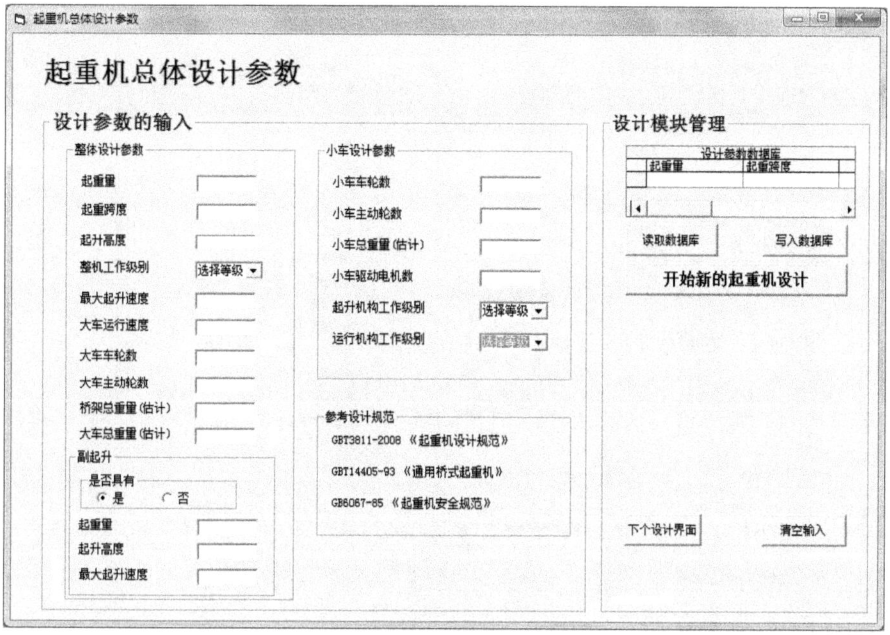

图 8.21　参数输入界面

　　确定设计参数之后,点击"下个设计界面",将会进入起升机构的设计界面。在起升机构设计界面上,如图 8.22 所示,主要有两部分内容。

　　①类型选择部分。这部分内容根据设计需求,选择起升机构相关类型,例如,起升机构方案选择、小车运行机构方案选择、卷筒类型选择、取物方案选择等。不同的选取方案将会得到不同的设计结果,并且,类型的选取与编码技术相结合,通过编码技术,下一步将与相对应编码的模型库连接,驱动相对应的模型建模。这部分是平台可适应性的重要体现,通过选择来满足不同客户需求,以适应市场的变化。

　　②计算参数部分。这一部分内容主要对某些参数进行必要的修改、选择、圆整等操作,为了使设计参数更加合理。对于不能修改的参数,文本框以无法修改的灰显形式出现。

图 8.22 起升机构设计界面

完成上述设计之后,平台将进入"起升机构模型"界面(如图 8.23 所示),该界面是针对起升机构模型的,通过对模型树上主要零件的选择,界面在中间显示所选零件的整体效果,而在右边详细图纸里面,会显示出零件所需的每个视图以及每个视图所需要标注的尺寸,通过点击下面"主视图""左视图""俯视图"等切换视图,并且输入详细结构参数。

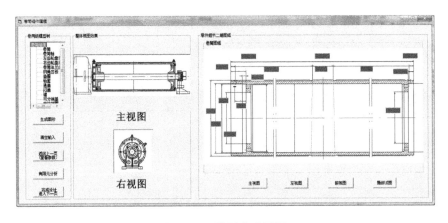

图 8.23 模型生成界面

零件模型设计完成之后,需要进一步进行有限元分析,但并不是所有零件都需要有限元分析,只要对关键零件进行分析即可。如在起升机构中,需要对卷筒进行有限元分析。点击"有限元分析"按钮,平台将会进入有限元分析界面,如图 8.24 所示。

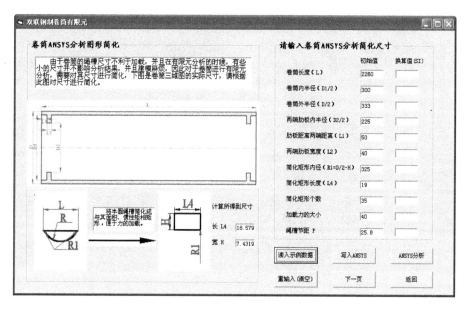

图 8.24 有限元分析界面

在有限元分析界面中,客户首先输入分析所需的结构参数,并且将这些参数写入 ANSYS,然后点击"ANSYS"分析按钮,通过平台与有限元的接口,系统会自动进入 ANSYS 分析。在分析完成之后,客户点击"下一页"查看分析之后得到卷筒的有限元力学结果,并且对其合理性进行判断。

分析结果如果合理的话,平台回到"起升机构模型"界面,进一步生成卷筒的二维工程图,在所有零件完成建模之后,可以利用平台生成整个起升机构的装配图,还能生成装配图的二维工程图,如图 8.25 为装配体、工程图生成过程。

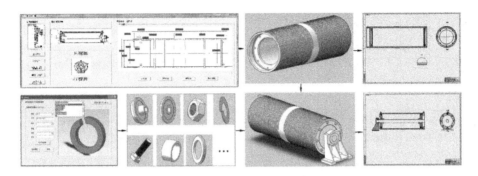

图 8.25　装配体、工程图生成过程

完成了整个起升机构设计之后,点击"完成设计"按钮,平台将回到主设计界面,客户就进入下一个设计,其设计步骤和起升机构基本类似,本节就不详细介绍设计过程和步骤。

在"主设计界面"上,点击进入标准件界面,平台通过内部计算,可得到所需要的标准件的类型,设计者只需生成整个标准件目录表格即可。

以上所有的操作完成之后,回到主界面,客户可以点击"输出设计结果"按钮,将数据、模型、规格等结果信息以简单直观的方式输出给客户。

8.4.4　平台运行设计

为了验证平台的可行性,本小节利用平台分别对两个起重机产品进行设计,表 4.1 为一个主、副起升机构的设计要求,表 4.2 为单一起升机构的设计要求。

表 4.1　主、副起升机构设计要求

	整机	主起升	副起升	小车运行	大车运行
起重量(t)	50/10	50	10	//	//
工作级别	A5	M5	M5	M5	M5
跨度(m)	16.5	//	//	//	//
工作速度(m/min)	//	7.8	13.2	38.5	65
起升高度(m)	//	12	16	//	//

表 4.2 单一起升机构设计要求

	整机	主起升	副起升	小车运行	大车运行
起重量(t)	15	15	//	//	//
工作级别	A4	M4	//	M4	M4
跨度(m)	20	//	//	//	//
工作速度(m/min)	//	7.5	//	45	75
起升高度(m)	//	15	//	//	//

根据以上设计要求,分别运行平台进行设计。通过平台运行,得到如表 4.3 和表 4.4 所示的设计结果。

表 4.3 主、副起升机构设计结果

机构	项目	设计结果	机构	项目	设计结果
主起升机构	起升倍率	3	副起升机构	起升倍率	2
	钢丝直径	38 mm		钢丝直径	21.5 mm
	卷筒规格	A684×1240—8×20—16×10		卷筒规格	A516×640—6×14—8×4
	电动机型号	YZR315M-6		电动机型号	YZR225M1-6
	减速器型号	QJR-D236-55		减速器型号	QJR-D236-38
	制动器型号	YWZ500/121		制动器型号	YWZ400/80
大车运行机构	轨道型号	P50	小车运行机构	轨道型号	P33
	车轮直径	900 mm		车轮直径	350 mm
	电动机型号	YZR180L-6		电动机型号	YZR160L-6
	减速器型号	QJR-D236-31.5		减速器型号	QJR-D236-25
	制动器型号	YWZ200/30		制动器型号	YWZ315/80
主梁	主梁中间高	1228 mm	端梁	端梁高度	700 mm
	支撑面高	728 mm			
	加强板布置	500 mm			
	上盖板厚度	14 mm		上盖板厚度	12 mm
	盖板宽度	450 mm		盖板宽度	400 mm
	腹板厚度	8 mm		腹板厚度	6 mm
	下盖板高度	14 mm		下盖板高度	12 mm

表 4.4　单一起升机构设计结果

机构	项目	设计结果	机构	项目	设计结果
主起升机构	起升倍率	3	副起升机构		
	钢丝直径	18 mm			
	卷筒规格	A414×1500−10×24−6×10			
	电动机型号	YZR280S-6			
	减速器型号	QJR-D236-45			
	制动器型号	YWZ315/23			
大车运行机构	轨道型号	P38	小车运行机构	轨道型号	P18
	车轮直径	500 mm		车轮直径	350 mm
	电动机型号	YZR280M-6		电动机型号	YZR180L-6
	减速器型号	QJR-D236-46		减速器型号	QJR-D236-24
	制动器型号	YWZ400/50		制动器型号	YWZ200/23
主梁	主梁中间高	1116 mm	端梁	端梁高度	600 mm
	支撑面高	616 mm			
	加强板布置	500 mm			
	上盖板厚度	8 mm		上盖板厚度	10 mm
	盖板宽度	500 mm		盖板宽度	400 mm
	腹板厚度	6 mm		腹板厚度	6 mm
	下盖板厚度	8 mm		下盖板厚度	10 mm

8.5　本章小结

　　本章首先介绍了桥式起重机设计平台的相关知识,然后从设计参数、模块划分和参数化特征模型三个方面,分析了桥式起重机的设计可适应性。在此基础上,基于开发过程的需要,对平台整体进行规划。接着分析了桥式起重机主要机构的设计步骤,开发了可适应设计平台,并且给出其工作流程,最后通过运行平台对两个产品进行实例设计,来验证平台的设计过程的可行性和设计的可适应性。

参考文献

［1］ SIMPSON T W, MAIER J R A, MISTREE F. Product platform design: method and application[J]. Research in Engineering Design, 2001,13(1):2-22.

［2］ 侯亮,唐任仲,徐燕申.产品模块化设计理论、技术与应用研究进展[J]. 机械工程学报, 2004, 40(1): 55-61.

［3］ 赵学任, 刘树梓, 金梅. 关于桥式起重机降级使用的计算分析[J]. 硅谷, 2013,18(2):127-128.

［4］ 梁作伦. 桥式起重机静动态特性分析[D]. 沈阳:东北大学, 2010.

［5］ 严大考, 郑兰霞. 起重机械[M]. 郑州:郑州大学出版社, 2003.

［6］ 王松涛. 桥式起重机小车运行机构参数化设计的研究与实现[D].太原: 中北大学, 2011.

［7］ 胡宗武, 江西应, 汪春生. 起重机设计与实例[M]. 北京:机械工业出版社, 2003.

［8］ 贾延林. 模块化设计[M]. 北京:机械工业出版社, 1993.

［9］ 王日君, 张进生, 张明勤, 等. 产品模块化设计中接口信息模型研究[J]. 农业机械学报, 2012, 43(9): 226-229.

［10］ 王宗彦, 郭星, 陈梅, 等. 基于虚拟接口的产品族配置建模[J]. 机械设计与研究, 2013, 29(3): 39-44.

［11］ 凌劲如, 邓家提. 支持顾客细分策略的用户需求分析方法研究[J]. 工程设计学报, 2000, 7(2): 10-13.

［12］ PAHL G, BEITZ W, FELDHUSEN J, et al. Engineering Design-A systematic Approach[M]. Berlin Heidelberg: Springer-Verlag, 1996.

［13］ NAGAMACHI M. Kansei engineering as a powerful consumer-oriented technology for product development[J]. Applied Ergonomics, 2002, 33(4): 289-294.

［14］ 王美清, 唐晓青. 产品设计中的用户需求与产品质量特征映射方法研究[J]. 机械工程学报, 2004, 40(5): 136-142.

[15] 高飞，肖刚，潘双夏，等. 产品功能模块划分方法[J]. 机械工程学报. 2007，38(7)：29-35.

[16] 高飞，张元鸣，肖刚. 基于三级驱动模型的产品数字化设计策略与方法[J]. 农业机械学报，2013，44(4)：239-246.

[17] 刘晓冰，袁长峰，高天一，等. 基于特征面向客户的层次型产品配置模型[J]. 计算机集成制造系统，2003，9(7)：528-533.

[18] 张志文，虞和谦，王金诺，等. 起重机设计手册[M]. 北京：中国铁道出版社，1998.

[19] AKAO K. Quality function deployment, productivity process[M]. Cambridge：MA, 1990.

[20] 王震明，胡于进，事成刚. 质量功能配置及开发[J]. 武汉变通科技大学学报，2000，24(5)：481-485.

[21] ULRICH K. Fundamentals of Product Modularity. In：Dasu S., Eastman C. (eds) Management of Design[M]. Dordrecht, Springer Science+Business Media New York, 1994.

[22] ERIXON G. Modular function deployment-a method for product modularization[M]. Royal Institute of Technology, Stockholm, Sweden, 1998.

[23] 乔慧丽. 门式起重机三维参数化及模块化设计系统的开发研究[D]. 武汉：武汉理工大学，2005.

[24] 张宝辉，龚京忠，李国喜，等. 产品模块化设计中的功能模块划分方法研究[J]. 组合机床与自动化加工技术，2004(9)：55-58.

[25] 戴亮. 造船 CIMS 环境下的图文档管理系统的设计与实现[D]. 上海：上海交通大学，2010.

[26] 陈酹滔. 零部件参数化设计方法研究与系统实现[D]. 南京：南京理工大学，2003.

[27] ALDEFELD B. Variation of geometric based on a geometric-reasoning method[J]. Computer Aided Design, 1988, 20(3)：117-126.

[28] 高广达. 虚拟模块化设计技术的研究及其在数控机床中的应用[D].

天津：天津大学，2001.

[29] 齐从谦，贾伟新. 支持变型设计的装配模型建模方法研究[J]. 机械工程学报，2004，40(1)：38-42.

[30] 刘镇昌，顾平灿. 三维 CAD 软件及其选择应用[J]. 浙江海洋学院学报，2004，23(1)：60-63.

[31] 王涛. 面向可适应性的桥式起重机设计平台构建与开发[D]. 南昌：华东交通大学，2015.

第三篇　展望篇

第 9 章
大规模个性化设计

　　本书前面章节(包括基础篇 3 章和主体篇 5 章内容)围绕产品族设计,以作者的系统性研究工作为主,对产品族设计原理与方法进行了深入的讲解。本章作为展望篇,将依据作者的认识和感悟,提出产品族设计今后发展的一个主流方向——大规模个性化设计,进而加以全面论述,旨在抛砖引玉,引领未来。

　　关于产品族设计的发展方向,已有某些论述和洞见。本书 1.4 节阐述的数据驱动的产品族设计[1],从技术层面展示了产品族设计的一个重要发展方向。本章的内容超越技术层面,突破机电产品的范围,面向穿戴类等消费型产品,从生产模式演变的角度,引入新的生产模式。随着社会经济水平的迅速提高和新一代信息技术与先进制造技术的快速发展,人们的生活质量、健康意识得到显著提升,医疗、健康器械和装饰类、康复类穿戴产品大量涌现,这类产品在制造精度或与人体贴合度等方面要求极高,个性化特征日益凸显,由企业主导的大规模定制生产方式已难以适应。大规模个性化作为一种新颖的生产模式应运而生,以客户体验为最显著特征的大规模个性化生产正在逐渐取代大规模定制成为未来社会的主流生产模式,并已有典型的成功应用。

　　本书前面章节论述的产品族设计,本质上是大规模定制化设计的主要实现方式。与生产模式的演变相适应,大规模定制化设计(Design for Mass Customization, DFMC)必然向大规模个性化设计(Design for Mass Personalization, DFMP)的方向发展[2],由此决定了未来产品族设计的一个主流方向,即大规模个性化设计。本章将从整体层面对大规模个性化设计进行全面论述,首先从效率/成本和客户参与度两个维度,深入剖析定制化生产、大规模生产、大规模定制和大规模个性化生产模式的演化历程及其内在动因。随后在论述大规模个性化设计研究现状的基础上,阐明大规模个性化设计的概念内涵,通过驱动大规模定制向大规模个性化转换的关键要素分析,从多个维度对大规模定制化设计与大规模个性化设计进行比较,以明确两者之间的关系;进而构建包含数据基础层、技术支撑层、客户交互层、协同设计层和控制决策层的大规模个性化设计基本框架并给出其实现流程;提出实施大规模个性化设计的关键支撑技术,包括数据驱动、3D打印和韧性制造等。最后介绍脊柱侧弯矫形器、植入性医疗器械等大规模个性化设计的典型应用案例,并对今后大规模个性化设计研究的重点方向进行展望。

9.1　问题的提出

随着物联网、大数据、云计算、5G、人工智能等新一代信息通信技术的持续突破和新能源、新材料、3D打印、智能制造等先进技术的快速发展,新一轮工业革命正在来临,人类社会跨入了以数据为关键生产要素的数字经济时代[3]。纵观人类文明的发展历史,科学技术的每一次重大突破都将推动生产方式、生活方式和思维方式的深刻变革和演化发展[4]。我国政府顺势而为,积极应对,国务院于2015年发布的《中国制造2025》全面部署了建设制造强国的实施战略,旨在推动新一代信息技术与制造技术的融合发展[5],其中制造业的数字化、网络化、智能化是新一轮工业革命的核心技术,是"中国制造2025"的主攻方向[6]。大规模定制[7]则是当前智能制造的主流生产模式之一,它与大规模生产和大规模个性化[8]共同形成长尾生产方式[9],这三种生产模式相互关联又各有独特之处。

追溯人类生产实践活动可以发现,早期生产设备配置简单,主要依赖工匠制作经验和技术技能,其基本形式采用的是作坊生产方式。作坊生产以单件/小批量和定制化为主要特征,效率低、成本高,质量难以保证且生产周期较长,但因其完全按照客户的确定需求进行生产,故能充分满足客户特定要求,本质上是一种客户化生产,或者是定制化生产(Customized Production, CP)。20世纪初,以福特T型车装配流水线为代表的标准化作业横空出世,大幅度提升了生产效率,而且成本低廉、产品质量有可靠保障,在人们生活水平较低且商品紧缺的年代获得巨大的成功,但是由于产品设计和制造过程均由企业主导且基本没有客户参与,故难以满足客户的多样化、个性化需求,它是一种大批量生产方式,称为大规模生产(Mass Production, MP)。从满足客户需求和生产效率/成本这两个最主要的指标来看(前者代表客户方,后者代表生产方),定制化生产与大规模生产优缺点正好相反,具有明显的互补性。表面看来,这两种方式似乎不可调和,很难融为一体。但标准化技术、现代设计方法、信息通信技术和先进制造技术等现代科学技术的快速发展,使定制化生产与大规模生产的融合成为可能。

1970 年,未来学家 Toffler 提出一种全新的生产方式设想,即"以类似于大规模生产的时间和成本提供满足客户特定需求的产品和/或服务"[10],此种生产方式于 1987 年被 Davis 首次定义为"大规模定制(Mass Customization, MC)"[11],其核心为"产品或服务品种定制化与多样化急剧增加,满足个性化定制需求的同时不增加相应成本,最大优点在于提供战略优势和经济价值"[12]。大规模定制生产方式既能满足客户的定制化需求,又能在大量定制产品的生产中实现接近大规模生产的效率/成本指标的目标,从而在市场竞争中赢得优势[13]。若将满足客户需求的指标用客户参与度来衡量,则图 9.1 直观地刻画出客户参与度与效率/成本二维结构下定制化生产、大规模生产和大规模定制这三种生产模式的定位,其中,大规模定制生产集成了定制化生产充分满足客户个性化需求和大规模生产高效率、低成本的优势。

21 世纪以来,随着社会经济的飞速发展和人们生活水平、健康意识的显著提升,医疗、健康器械和装饰类、康复类穿戴产品大量涌现,这类产品的客户本身具有独特性,对产品制造精度或与人体贴合度等要求极高,故其设计与制造的个性化特征日益突出。此外,产品设计与制造很大程度上依赖于客户高度个性化信息以及显性、隐性需求的获取和挖掘分析,故对客户参与度的要求大幅提升。现有的大规模定制生产所依托的产品平台技术和可重构制造系统等难以充分满足此类产品的个性化要求,因此急需一种与客户参与度更高要求相适应同时保持良好的效率/成本指标的生产模式,这就是大规模个性化(Mass Personalization, MP),其在客户参与度与效率/成本二维结构下的定位如图 9.1 所示。

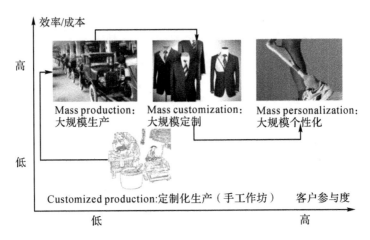

图 9.1 客户参与度与效率/成本二维结构下的生产模式定位

上述四种主要生产模式的基本发展路径为:定制化生产(手工作坊)→大规模生产→大规模定制→大规模个性化。对于图 9.1 所示的二维结构而言,效率/成本指标通常处于优先考虑的位置,即一个适用的生产模式必须具有良好的效率/成本指标,大规模定制和大规模个性化可以实现接近大规模生产的效率/成本,而定制化生产由于效率/成本指标的欠缺而逐渐式微,下面不再涉及。

从供求关系来看,大规模生产与大规模定制均由企业主导。前者主要通过市场调研分析并由企业直接设计制造产品后投放市场,客户只能从市场现有的产品中进行选择;后者基于市场调研分析对市场进行细分,企业面向一个或多个细分市场开发模块化或参数化产品族,客户可根据自身需求基于既定的产品族体系结构在较为有限的范围内选择模块实例或功能参数。而大规模个性化则由客户主导,企业基于客户个性化需求开展产品设计,并在产品实现全流程与客户实时交互,及时捕捉客户体验以修正设计方案。由此可见,大规模生产、大规模定制和大规模个性化三种生产模式对客户参与的依存性逐渐增强,即大规模生产的客户参与度要求较低,大规模定制生产处于中间状态,大规模个性化生产的客户参与度要求最高,如图 9.2 所示。

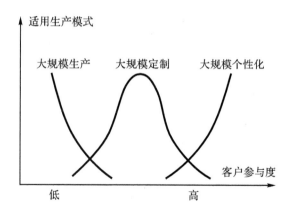

图 9.2　生产模式对客户参与度的依存性描述

为了适应大规模定制生产模式的要求,相应的大规模定制化设计[14]方法与技术发展起来了。大规模定制化设计方法主要面向细分市场(Market Segment)或少数市场(Market of Few)开展产品平台规划和产品(族)设计,基于模块化或参数化产品平台配置产品变型,实现以接近大规模生产的质量、效率、成本满足客户的定制需求。而适应大规模个性化生产模式的大规模个性化设计[15]的研究尚不充分,处于起步阶段。有鉴于此,本章下面从整体层面进行系统性探究。

9.2　研究现状及分析

作为大规模定制的高级发展阶段,大规模个性化旨在通过客户参与价值共创(Value Co-creation)过程并充分体验企业排他的或首选的个性化服务,真正实现面向个人市场(Market of one)[15]高度个性化,其最显著特征在于客户体验。为兼顾大规模个性化生产模式的客户参与度和效率/成本目标,国内外学者已就大规模个性化设计方法开展了一些研究。

2005 年,Adomavicius 等[16]基于迭代反馈原理提出了面向过程视角的个性化实现与优化流程,构建了"理解客户需求—传输个性化产品—测量个性化影响"的迭代过程,并进一步分解为数据收集、客户建档、推荐匹配、传输展示、影响评估和策略调整等 6 个阶段。2007 年,Jiao 等[17]提出了面向大规模定制和个性化的情感设计分析模型,应用环境智能、关联规则挖掘等技术呈现、评价和满足客户情感需求,辅助个性化产品生态系统设计决策。2010 年,Tseng 等[18]从设计角度总结了大规模个性化设计区别于大规模定制化设计的两大特征,即扩大产品设计空间和重视无形的客户体验,提出了以产品生态系统为内核、以产品实现全过程技术架构为背景、以客户积极参与价值共创为驱动力的大规模个性化设计系统方法。2013 年,Zhou 等[19]总结了大规模个性化设计的典型特征,即客户体验、产品变化和协同创造,从客户情感与认知需求的呈现、分析和实现等关键维度综述了面向大规模个性化的情感和认知设计方法。2014 年,王忠杰等[20]提出了一种支持大规模个性化功能需求的服务组合方法,实现优化成本有效性和客户满意度目标。2016 年,Hu 等[21]提出了面向产品大规模个性化的开放式产品设计概念。Jiang[22]等针对大规模个性化和开放式创新环境,提出兼具分布式、适应性和自组织性特征的社群化制造新模式,将众包理念扩展到制造领域,通过分散的社交媒体建立信息物理社会网络,将各种社区形成复杂动态的自治系统,共同创建定制化、个性化的产品或服务。2017 年,Zheng 等[23]提出基于客户体验的大规模个性化产品开发系统框架,并以智能呼吸面罩为例阐述了个性化产品设计过程。2018 年,针对大规模个性化设计容易导致模块数量失控和成本大幅增加问题,李浩等[24]提出面向大规模个性化的产品服务系统模块化设计方法。2020 年,李强等[25]将云制造技术应用于大规模个性化领域,提出一种创新性的基于客户需求的大规模个性化的交互式云模式。

上述研究重点关注客户参与个性化产品或服务的价值共创过程,初步形成大规模个性化设计方法的基本构想,为促进大规模个性化生产模式发展与实践应用提供了支持。然而,因受经济和科技水平等限制,大规模个性化设计方法及应用研究进展较为缓慢。随着数据驱动[26−28]、3D 打印[29,30]、韧性制造[31−33]等技术的快速发展,同时客户对与人体直接接触、关乎人体健康与生命安全等方面的个性化产品需求日益强烈,大规模个性化设计方法研究已成为产品创新设计领域的关注热点。为此必须充分运用新一代信息技术和制造技术优势开展高度个性化产品设计开发,快速、精确地满足客户个性化需求,实现效率/成本最大化和积极的客户体验。

下面分析说明 DFMP 的概念内涵并与 DFMC 进行比较。

9.3　DFMP 及其与 DFMC 比较

9.3.1　DFMP 概念及其内涵

　　传统的大规模定制化设计方法已不能有效应对客户高度个性化需求。换言之,大规模定制化设计为客户提供的产品或服务选项有限,客户参与价值共创的程度较低,甚至可能因配置过程不顺畅造成负面的客户体验。特别地,随着客户对医疗健康、彰显个性等方面的产品或服务需求更加关注,如直接与人体接触的可穿戴设备、植入人体的医疗器械、体现地位或偏好的珠宝产品等,满足客户需求的产品或服务往往因人而异,精度要求极高,客户完全无法接受大规模定制化设计提供的"折中"产品或服务,且对效率/成本要求仍旧很高。因此,客户参与价值共创的体验对产品或服务成败的影响至关重要,大规模个性化设计应运而生。

　　大规模个性化设计可以用一个四元组的形式来表示,即 DFMP＝＜MO, RM, DO, MS＞,其中,MO,RM,DO,MS 分别表示大规模个性化设计的市场定位、实现方法、设计目标和制造系统。大规模个性化设计是指面向个人市场(MO)客户高度个性化需求,企业、客户、供应商和创新团队(或个人)等基于数据平台和产品平台协同设计(RM),并通过韧性制造平台(MS)生产效率/成本和客户参与度俱佳(DO)的个性化产品创新设计过程。

　　DFMP 内涵的主体内容在于:①客户需求个性化程度极高,每一个体即为一个市场,且个体差异性明显,其需求无法通过企业预先定义的产品(模块组合)得以完全满足;②客户个性化需求包含显性和隐性需求,其中,显性需求直接由客户在交互平台上描述,而隐性需求需要企业基于数据平台进行挖掘;③面向大规模个性化设计的开放式结构产品平台包含通用功能模块和接口,可以兼容不同创新团队(或个人)开发的定制模块和个性化模块,实现近似大规模生产的成本和效益;④制造平台具备可重构能力和高韧性,可以高效地组合制造资源生产个性化产品以及快速进行极端生产状态转换,实现近似大规模生产的速度和质量。大规模个性化设计是大规模定制化设计在新一代信息技术和先进制造技术环境下的进一步发展,与大规模定制化设计紧密关联又具有自身的独特性。

9.3.2 DFMP 与 DFMC 比较

大规模定制化设计是指企业采取延迟策略,应用模块化设计、产品平台规划和产品族设计等方法快速得到满足客户定制需求的配置方案,通过可重构制造系统(Reconfigurable Manufacturing Systems, RMS)向客户快速提供高质量低成本定制化产品的系统过程,也是企业实现产品创新的重要途径。所谓延迟策略[34],即根据客户影响定制产品设计制造的阶段,确定按订单销售(Sale-To-Order, STO)、按订单装配(Assemble-To-Order, ATO)、按订单制造(Make-to-order, MTO)、按订单设计(Engineering-To-Order, ETO)等 4 个不同层次的大规模定制水平,并尽可能将客户订单分离点(Customer Order Decoupling Point, CODP)向产品设计制造链条的后端移动;模块化设计是指企业通过模块的不同组合快速配置并提供产品和/或服务的过程,是实现大规模定制构想的一种有效方法[35];基于平台的产品族开发是指基于产品族体系结构,识别通用模块、变型模块和个性模块,构建产品平台,并根据客户定制需求配置变型产品的过程[36,37];可重构制造系统兼具专用流水线与柔性制造系统优点以应对全球化带来的挑战,主要目标在于增强制造系统面对不可预知的产品需求的响应能力[38],提高生产效率和延长制造系统使用寿命。

随着新一代信息技术、制造技术等快速发展以及客户高度个性化需求日益强烈,基于模块化或参数化产品平台配置产品变型以满足定制需求的大规模定制化设计方法的局限性凸显,主要体现在以下三个方面:第一,客户没有完全参与产品设计过程,而且设计人员没有充分考虑到客户参与价值共创的客户体验的重要性,导致客户无法获得融入产品设计过程的成就感以及对产品个性化或排他性的认同感;第二,客户大多通过企业提供的特定配置器或定制平台参与价值共创,而且定制产品的设计参数、体系结构以及功能模块实例变型等都已由设计人员预先确定,导致可选配置方案有限、客户定制过程操作困难;第三,大规模定制化设计主要面向特定的细分产品,普遍通过按订单配置模式"折中"满足明确的客户需求,无法有效捕捉客户潜在需求并确切满足高度个性化的客户需求,真正实现面向个人市场的设计。

　　针对客户需求个性化程度不高的情况,企业采用大规模定制化设计方法提供的产品不一定完全符合客户需求,但不影响客户使用,且客户可以"容忍"这种不一致。然而,对于某些涉及生命健康、高端消费类产品或领域,客户显性及隐性需求(如个人品位、特质、先天需求和经验等)个性化程度极高,真正实现个性化设计并降低生产成本尤为重要,大规模个性化设计成为大规模定制化设计发展的必然趋势。有关研究总结促成大规模定制向大规模个性化转化的驱动因素有:第一,新一代信息技术发展(如移动互联、物联网、云计算、电子商务等),为广泛收集客户个性化需求提供技术条件。第二,数据挖掘技术的发展使得有效且高效地分析和挖掘客户个性化需求成为可能。第三,客户价值共创理念日益深入人心。第四,制造技术快速发展(如增材制造、可重构制造、韧性制造、社群化制造等),为快速低成本生产个性化产品提供保障。第五,大规模定制化设计方法的应用发展(如模块化、延迟差异化、产品平台与产品族等),有助于进一步减少制造成本和缩短周期时间。

　　Tseng 等[39]从市场定位、驱动、客户需求、客户参与、生产方式、质量效益、产品类型等方面对大规模定制与大规模个性化进行了比较,此外,Jiao 等[40]从产品变化程度、客户体验和价值共创等方面对大规模定制和大规模个性化进行了比较。基于上述研究以及大规模个性化设计四元组定义,本文聚焦产品创新设计视角分析大规模定制化设计与大规模个性化设计之间的异同(见表 9.1),前者主要以企业利润最大化为目标,定位于预先定义的特定细分市场,基于模块化或参数化产品平台,由设计人员或由客户通过定制平台确定配置设计方案,通过可重构制造系统快速提供定制产品或服务以满足功能、性能或外观等显性客户需求;后者主要以有效且高效地满足客户个性化需求和客户体验为目标,定位于大规模个人市场(即每一个人即为一个细分市场),并使每一个客户积极参与产品价值共创全过程,开展基于产品平台的配置设计以及面向高度个性化客户需求的创新设计,设计产品和服务配置方案和创新方案,基于可重构及韧性制造系统提供满足显性及隐性个性化需求(主要包含情感、认知需求和客户体验等)的产品或服务和积极的客户体验。大规模个性化设计从设计空间及客户体验两个维度开辟大规模定制化设计的新的研究方向,旨在通过提供高度个性化且具有积极客户体验的独特产品或服务以有效且高效地满足客户个性化需求,其核心在于构建基于开放式结构设计平台和积极客户参与的产品生态系统[41]。

表 9.1 大规模定制化设计与大规模个性化设计比较

比较	大规模定制化设计	大规模个性化设计
市场定位	细分市场	个人市场
客户需求	显性客户需求(主要为功能、性能和外观需求)	显性及隐性客户需求(情感和认知需求或体验)
客户参与	客户基于定制平台自主配置产品	客户参与价值共创全过程
设计目标	企业利润最大化	满足个性化需求和客户体验
设计方式	基于模块化或参数化平台的配置设计	基于开放式结构产品平台的配置设计、面向高度个性化客户需求的创新设计
设计输出	产品和服务配置方案	产品和服务配置方案、积极的客户体验
制造方式	可重构制造系统	可重构、韧性制造系统

9.4 DFMP 的基本框架与关键技术

9.4.1 DFMP 的基本框架

基于大规模个性化设计内涵分析及其与大规模定制化设计比较,构建大规模个性化设计基本框架,如图 9.3 所示。该框架主要包含数据基础层、技术支撑层、控制决策层、协同设计层和用户交互层,其中,数据基础层为大规模个性化设计提供多源异构数据,包含客户需求描述与体验反馈、线上浏览记录与购买历史、生活习惯、专业方向、健康状况与兴趣爱好等个性化信息、产品生命周期数据、模块功能性能及供应商数据等,为挖掘客户隐性需求、优化设计方案与制造工艺过程等提供数据支撑;技术支撑层涉及数据采集、传输与挖掘分析、产品设计与制造、客户交互等环节的关键技术,如物联网、数据挖掘(聚类、分类、关联、预测分析等)、可视化、虚拟现实、增强现实等技术,实现高质高效地展现个性化设计方案和采集客户体验数据,并针对既定目标挖掘数据间存在的规律性;用户交互层主要是指基于互联网、移动互联等技术构建的客户参与价值共创的网络交互平台,是客户参与设计、接收设计方案、跟踪进度和反馈信息以促进创新的主要渠道;协同设计层是实现大规模个性化设计的核心环节,以开放式体系结构产品设计平台为中心,将个性化产品或服务分解成通用模块、定制模块和个性化模块,且模块间设置通用接口,可以兼容企业、客户、供应商、创新团队设计的模块实例;控制决策层基于客户需求和客户体验等数据实时优化设计、制造、配送、使用维护、回收处理等环节,提升客户满意度。

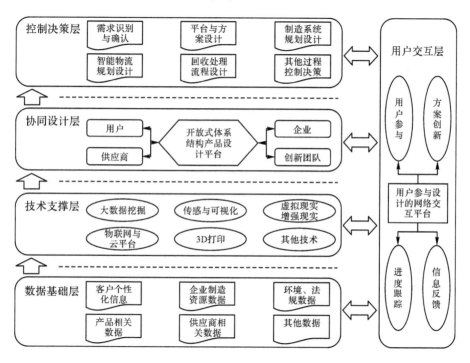

图 9.3　大规模个性化设计基本框架

　　面向个人市场高度个性化的客户需求的实现过程,聚焦个性化需求识别与可视化、产品价值共创与客户体验评价、个性化需求的设计实现、产品精准制造等关键环节,构建以开放式体系结构产品设计平台为核心的大规模个性化设计流程,如图 9.4 所示。其主要过程描述如下:首先,大规模个性化设计过程始于客户域与设计域之间不同交互渠道以及从其他各种异构数据源收集数据,并基于数据构建最全面准确的消费者个人信息档案;其次,设计人员基于客户个性化需求和开放式产品平台体系结构与客户共同设计个性化产品和服务生态系统,并通过可视化工具将方案信息模型和/或物理原型呈现给客户;然后,基于可重构、韧性制造系统生产个性化产品交予客户;最后,使用准确性、消费者生命周期价值、忠诚度价值和购买经验等指标评估个性化产品和服务的有效性,并根据评价指标的反馈应用促进大规模个性化设计全过程的良性循环。

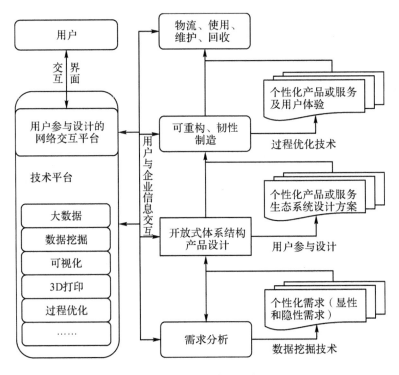

图 9.4　大规模个性化设计流程

9.4.2　DFMP 的关键技术

互联网时代的大规模个性化设计不仅需要快速、高效、精确地满足客户高度个性化需求,还应该体现客户分享、参与以及自我实现等人文关怀。大规模个性化设计是大规模定制化设计朝着面向更为聚焦的个性化客户需求方向发展的必然选择,因此,除保证大规模定制化设计成功实践的关键技术外,如模块化设计和个性化组合技术等,数据驱动、3D 打印和韧性制造等是实现大规模个性化设计的关键支撑技术。

(1)客户参与设计的网络交互平台

客户参与设计的网络交互平台,顾名思义,是客户参与个性化产品价值共创的网络窗口,以个性化需求驱动,客户与设计人员共同设计个性化产品实现积极客户体验的创新平台[41,42],是实现大规模个性化设计的必要支撑条件,其作用在于收集客户相关个性化信息、理解客户显性和隐性个性化需求、展现个性化产品模型等,主要涉及多源异构数据收集与存储、高效数据挖掘、智能互联、虚拟现实、混合现实、可视化等技术,典型案例如海尔推出的以客户需求为主导的大规模定制平台 COSMOPlat,实现客户全流程参与个性化产品设计。客户参与设计的网络交互平台有效打破专业知识壁垒和传统设计的规则性制约,聚集散乱的客户创意、显性和隐性个性化需求等创新设计素材,极大地提升了产品创新设计效率和降低创新设计成本。

(2)开放式体系结构产品平台(Open Architecture Product Platform, OAPP)

开放式体系结构产品是指基于具有通用接口的产品平台,客户通过选择定制模块变型或可扩展参数水平和共同参与设计个性化零件而得到的满足客户个性化需求的产品[40,43,44]。开放式体系结构产品平台通过定义通用接口(如机械、电气和/或软件接口等),允许集成来自不同生产商(不一定非要是平台制造企业)的模块和客户自行设计的个性化零件,在一定范围内调整产品功能和性能,以确切地满足客户人性化需求和客户体验。换言之,制造企业设计产品平台及产品体系结构,然后面向潜在定制或个性化模块定义通用接口,最后客户通过选择自己喜欢的模块进行组合得到最终的个性化产品设计方案。

(3)数据驱动

随着互联网在社会联通性、知识联通性与推理两个维度的演化发展,当前已进入 Web 4.0 时代(Ubiquitous Web),即互联网能够在任何时候、任何地方提供任何需要的数据、信息或知识。在互联网环境下,数据驱动技术在大规模定制和大规模个性化的实现过程中发挥至关重要的作用[45]。一方面,依托大数据、云计算、电子商务等相关技术运用,企业更加广泛地获取客户相关个性化信息,并用于分析和理解消费者的行为特征和个性需求;另一方面,依托数据资源的积累和数据能力的提升,企业应用数据挖掘分析方法

(如聚类、分类、预测、关联规则等)更方便准确地提炼面向个性化产品需求分析、设计和制造的相关规律。

本书作者提出数据驱动的产品/产品族创新设计方法和数字孪生驱动的大数据制造服务新模式,为面向数据驱动的大规模个性化设计研究奠定基础。数据驱动相关技术的发展有助于个性化需求的准确获取、有效传递、高效满足,进而促进企业前端个性化需求挖掘与后端个性化需求实现,推动实现大规模个性化。

(4)3D 打印

3D 打印,亦称为增材制造,是基于堆积原理以逐层增加材料方式生成三维实体的先进制造技术,通过将零件三维模型切成一定厚度的薄片,应用 3D 打印设备逐层打印薄片并叠加成形出三维实体零件。3D 打印技术突破传统车、铣、刨、磨等"减材制造"技术的诸多局限,以其在定制、成本、速度、结构、灵活等方面的独特优势,迅速在机械制造、医疗卫生、航空航天、清洁能源等领域得到广泛应用[29]。

面向客户对产品高度个性化设计要求,如新型药物剂型[47]、假体[48]、植入物[49]、牙科助具、可穿戴设备、高级运动装备等量身定制需求,3D 打印具有无与伦比的优势:一方面,基于逆向工程设计方法和 3D 扫描仪可快速构建个性化零件的三维信息模型,扩大产品设计自由度,实现完全个性化定制设计;另一方面,3D 打印不依赖于任何标准模板,不受传统加工设备限制,可经济高效地按照客户个性化设计方案生产任何复杂结构的产品,高度符合每个客户的个性化需求,使客户享受最为舒适的产品和服务体验,已成为实现大规模个性化产品设计与制造的关键支撑技术。

(5)韧性制造系统

韧性是指系统抵御灾变以及灾变发生后快速恢复等能力[50],通常用遭受灾变后恢复到平衡状态的速度进行评估,速度越快则韧性越强。韧性制造系统面对机器故障、自然灾害、恐怖袭击、传染病大流行等内外部破坏性事件时展现出极强的适应和功能恢复能力,其韧性内涵主要体现在集中控制以建立多层防护和自动调节以适应环境变化两个方面,并通过刚柔结合的制造系统结构以及基于知识和数据的实时反馈控制实现。

韧性制造系统通过材料、设计、制造技术、产品服务与循环利用等全链条优化创新,适应客户个性化需求的快速变化并高效率、高质量地完成生产任务以实现积极的客户体验;通过优化原材料或零部件供应商布局、制造系统布局、产品销售和服务网络布局,平衡制造系统节拍、使用可重构机床和可移动堆栈,消除瓶颈工艺对生产效率的影响,并通过优化调度缓解或消除机器故障的负面效应;基于工业互联网、人工智能等先进技术,构建制造系统数字孪生模型,通过工业大数据挖掘快速检测故障信息并及时采取有效的控制措施,实现制造系统的智能控制。韧性制造系统以其强大的抵御灾变和功能恢复能力,成为大规模个性化设计必不可少的支撑技术。

9.5　典型应用

随着大规模个性化设计关键支撑技术的快速发展,以近似大规模生产的成本效益满足客户高度个性化需求成为现实。基于开放式体系结构产品设计平台,大规模个性化设计在脊柱侧弯矫形器、植入性医疗器械和呼吸面罩等与人体健康和生命安全密切相关的产品中得以成功应用。

9.5.1　脊柱侧弯矫形器大规模个性化设计

因脊柱侧弯患者在性别、年龄、体型、脊柱特征、侧弯类型和侧弯位置等方面存在显著差异,脊柱侧弯矫形器具有高度个性化特征,若矫形器不合体,则矫形效果差甚至产生负面影响。为了满足脊柱侧弯患者高度个性化需求,张玉芳等[51]提出了基于 3D 打印技术的个性化脊柱侧弯矫形支具数字化设计方法,设计流程如见图 9.5 所示,具体说明如下:

采集患者躯干 X 射线断层扫描(CT)图像和体表点云数据,运用医学图像处理软件、三维扫描仪和有限元分析软件等构建患者躯干骨骼—肌肉—体表三维模型;基于患者躯干三维模型和三点受力原理等设计矫形器参数模型;基于虚拟现实和增强现实等技术,模拟患者穿戴过程并仿真分析人体组织受力情况,据此改进设计方案;应用 3D 打印技术快速生产个性化矫形器;采集患者穿戴个性化矫形器的体验数据并对患者进行穿戴满意度评价。实例表明,个性化设计矫形器贴合患者体表,具有良好的矫形效果。

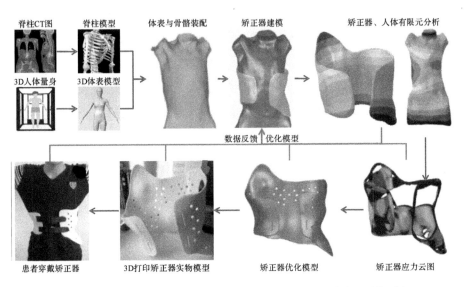

脊柱CT图　脊柱模型　　体表与骨骼装配　　矫正器建模　　矫正器、人体有限元分析

3D人体量身　3D体表模型

数据反馈　优化模型

患者穿戴矫正器　　3D打印矫正器实物模型　　矫正器优化模型　　矫正器应力云图

图 9.5　脊柱侧弯矫形器(大规模)个性化设计流程(改编自文献[38])

9.5.2　植入性医疗器械大规模个性化设计

植入性医疗器械在恶性肿瘤、脑血管病、心脏病等致死率高的疾病治疗中应用广泛,医学美容整形外科也是植入性医疗器械应用的重要领域。除材料生物相容性外,植入性医疗器械的精准性要求极高。例如,当前众多骨缺损患者因缺乏理想植入物而成为功能受限者,患者骨缺损情况因人而异,具有高度个性化特征,个性化植入物设计制造已成为精准医疗的关键。针对大尺寸个性化的聚醚醚酮(Poly-Ether-Ether-Ketone, PEEK)植入物,李涤尘等[49]提出一种胸骨假体精准设计方法,设计流程如图 9.6 所示,具体说明如下:

基于患者 CT 扫描数据构建患者骨缺损三维模型;基于医生临床经验等制订术前规划并设计个体化胸骨假体方案;基于虚拟现实和有限元分析等技术以及植入材料力学特性等分析胸骨假体力学性能、假体与宿主骨固定可靠性和客户体验,据此开展胸骨假体迭代优化设计;基于 3D 打印技术建立胸骨假体物理原型。实例表明,基于患者个性化数据和医工交互紧密结合,将个性化设计胸骨假体替代自体骨骼能够有效减轻疼痛和实现功能修复。

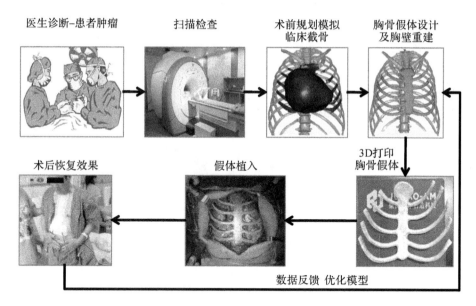

图 9.6　植入性医疗器械(大规模)个性化设计流程(改编自文献[34])

9.5.3　呼吸面罩大规模个性化设计

与健康相关的可穿戴设备因与人体手腕、手指、耳郭或鼻梁等部位直接贴合,具有高度个性化特征,且穿戴舒适度对客户体验和满意度产生重要影响。针对智能个性化呼吸面罩,Zheng 等提出了基于客户体验的大规模个性化产品开发方法,设计流程如图 9.7 所示,具体说明如下:

将产品分解为通用零件、定制零件和个性化零件,其中,定制零件和个性化零件都可以通过适应性强的界面轻松更改或升级,而对于参数化设计,新产品能够按比例放大或缩小某些特定参数,即内置灵活性;开发客户友好的配置系统,实现客户根据系统定义的规则自由选择特定属性参数或定制零件,促进客户价值共创过程;通过眼动仪和摄像头分别捕捉客户凝视点和面部表情,结合数据分析得到客户体验;应用 3D 扫描仪建立个性化零件参数化信息模型;使用 3D 打印快速制作个性化零件原型;将带有微处理器的传感器嵌入产品原型,测试客户使用产品原型过程并记录客户体验数据;开发智能手机 App 监控客户使用情况,通过客户友好界面和低能耗协议及时提供反馈信息,并开发物联网(Internet of Things, IoT)平台,所有监控数据从手机传输到平台,并以该平台作为数据中心;采集客户使用数据,设计人员据此开展产品改进设计。

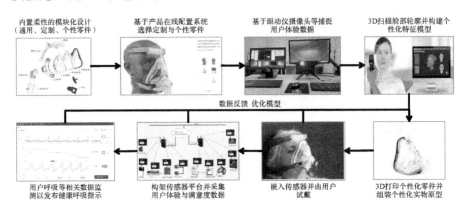

图 9.7　呼吸面罩(大规模)个性化设计流程(改编自文献[18])

9.6　展望

通过剖析 Web 4.0 环境下大规模定制的局限性,本书基于大规模定制化设计与大规模个性化设计的比较分析,提出大规模个性化设计基本框架和实施流程,阐述客户参与设计的网络交互平台、开放式体系结构产品平台、数据驱动、3D 打印和韧性制造等支撑大规模个性化设计的关键技术,最后介绍大规模个性化设计在脊柱侧弯矫形器、植入性医疗器械和呼吸面罩等产品中的典型应用。

尽管新一代信息技术和制造技术为大规模个性化提供了强有力的技术支撑,但当前大多数企业仍处于大规模定制或浅层个性化定制阶段,尚未真正实现大规模个性化设计,如服装个性化设计仍采用上门量体方式获得人体关键尺寸,而非采用三维测量技术实现自动构建精确的人体三维参数化信息模型,且无法实时精确捕捉客户体验和满意度。针对这一现状,大规模个性化设计研究的重点方向主要归结为以下三个方面:第一,充分利用数字孪生、虚拟现实、大数据等技术实现物理世界与虚拟世界的互联,产品和服务的虚实映射等,建设全流程、全方位、社群化的网络交互平台,系统实现实时收集客户关联信息、精确挖掘客户隐性个性化需求并提供个性化推荐服务、高质量展示个性化产品或服务、采集并分析客户体验数据以改进产品或服务个性化设计等功能;第二,面对市场的高度个性化客户需求,优化开放式体系结构产品平台设计,基于社群化设计与制造资源优化配置有效且高效地实现大规模生产的高质量与低成本;第三,基于知识推送的大规模个性化智能设计[52],提高设计专业水平及设计效率。

参考文献

[1] 肖人彬,林文广. 数据驱动的产品族设计研究[J]. 机械设计,2020,37(6):1-10.

[2] 肖人彬,赖荣燊,李仁旺. 从大规模定制化设计到大规模个性化设计[J]. 南昌工程学院学报,2021,40(1):1-12.

[3] 梁正,李瑞. 数字时代的技术—经济新范式及全球竞争新格局[J]. 科技导报,2020,38(14):142-147.

[4] YAO X, LIN Y. Emerging manufacturing paradigm shifts for the incoming industrial revolution[J]. International Journal of Advanced Manufacturing Technology, 2016, 85(5):1665-1676.

[5] 国务院. 国务院关于印发《中国制造 2025》的通知. 2015-05-08. http://www.gov.cn/zhengce/content/2015-05/19/content_9784.htm.

[6] 周济. 智能制造——"中国制造 2025"的主攻方向[J]. 中国机械工程,2015,26(17):2273-2284.

[7] FOGLIATTO F S, SILVEIRA G J, BORENSTEIN D, et al. The mass customization decade: an updated review of the literature[J]. International Journal of Production Economics, 2012, 138(1):14-25.

[8] REIß M, KOSER M. From mass customization to mass personalization: a new competitive strategy in E-business//In TrendberichteZum [M]. Heidelberg: Physica-Verlag HD, 2004:285-310.

[9] 姚锡凡,张剑铭,陶韬,等. 从精敏制造到工业 4.0 长尾生产的制造业转型升级[J]. 计算机集成制造系统,2018,24(10):2377-2387.

[10] TOFFLER A. Future shock. [M]. New York: Amereon Ltd, 1970.

[11] DAVIS S M. Future perfect. [M]. Boston, Mass., USA: Addison-Wesley, 1987.

[12] PINE B J. Mass customization: the new frontier in business[M].

Boston, Mass, USA：Harvard Business Press, 1993.

[13] 杨青海, 祁国宁. 大批量定制原理[J]. 机械工程学报, 2007, 43(11)：89-97.

[14] TSENG M M, JIAO R J, MERCHANTM E. Design for mass customization[J]. CIRP Annals, 1996, 45(1)：153-156.

[15] GILMORE J H, PINE Ⅱ J B. Markets of one[M]. Boston, Mass. , USA：Harvard Business School Press, 2000.

[16] ADOMAVICIUS G, TUZHILIN A. Personalization technologies：a process-oriented perspective[J]. Communications of the ACM, 2005, 48(10)：83-90.

[17] JIAO R J, XU Q, DU J, et al. Analytical affective design with ambient intelligence for mass customization and personalization[J]. International Journal of Flexible Manufacturing Systems, 2007, 19 (4)：570-595.

[18] TSENG M M, JIAO R J, WANG C. Design for mass personalization [J]. CIRP Annals, 2010, 59(1)：175-178.

[19] ZHOU F, JI Y, JIAO R J, et al. Affective and cognitive design for mass personalization：status and prospect[J]. Journal of Intelligent Manufacturing, 2013, 24(5)：1047-1069.

[20] 王忠杰, 徐飞, 徐晓飞. 支持大规模个性化功能需求的服务网络构建 [J]. 软件学报, 2014, 25(6)：1180-1195.

[21] HU S J. Cyber-physical manufacturing systems for open product realization[C]. Shenyang：ICFDM, 2016.

[22] JIANG P, LENG J, DING K, et al. Social manufacturing as a sustainable paradigm for mass individualization[J]. Proceedings of the Institution of Mechanical Engineers, Part B：Journal of Engineering Manufacture, 2016, 230(10)：1961-1968.

[23] ZHENG P, YU S, WANG Y, et al. User-experience based product development for mass personalization：a case study[J]. Procedia CIRP, 2017(63)：2-7.

［24］李浩，陶飞，文笑雨，等. 面向大规模个性化的产品服务系统模块化设计[J]. 中国机械工程，2018，29(18)：2204-2214.

［25］李强，汝渴，刘计良，等. 面向大规模个性化的交互式云制造模式[J]. 中国机械工程，2020，31(7)：788-796.

［26］李仁旺，肖人彬. 数据孪生驱动的大数据制造服务模式[J]. 科技导报，2020，38(14)：116-125.

［27］肖人彬，林文广. 数据驱动的产品创新设计研究[J]. 机械设计，2019，36(12)：1-9.

［28］姚锡凡，雷毅，葛动元，等. 驱动制造业从"互联网＋"走向"人工智能＋"的大数据之道[J]. 中国机械工程，2019，30(2)：134-142.

［29］邢泽华，陈蓉，单斌. 3D 打印正在颠覆我们的时代——解读《大颠覆——从 3D 打印到 3D 制造》[J]. 中国机械工程，2019，30(9)：1128-1133.

［30］BERMAN B. 3-D printing：The new industrial revolution [J]. Business Horizons, 2012(55)：155-162.

［31］ZHANG W J, VAN LUTTERVELT C A. Toward a resilient manufacturing system[J]. CIRP Annals-manufacturing Technology, 2011, 60(1)：469-472.

［32］FRACCASCIA L, GIANNOCCARO I, ALBINO V, et al. Resilience of Complex Systems：State of the Art and Directions for Future Research[J]. Complexity, 2018, Article ID 3421529, 1-44.

［33］LADE S J, PETERSON G D. Comment on "Resilience of Complex Systems：State of the Art and Directions for Future Research"[J]. Complexity, 2019：1-4.

［34］鲁玉军，祁国宁. 基于 MC 环境的面向订单产品设计方法研究[J]. 中国机械工程，2006，17(22)：2354-2359.

［35］王海军，孙宝元，王吉军，等. 面向大规模定制的产品模块化设计方法[J]. 计算机集成制造系统，2004，10(10)：1172-1176.

［36］SIMPSON T W, JIAO J, SIDDIQUE Z, et al. Advances in Product Family and Product Platform Design[M]. Springer,2014.

[37] 肖人彬, 陈庭贵, 程贤福, 等. 复杂产品的解耦设计与开发[M]. 北京: 科学出版社, 2020.

[38] KOREN Y, GU X, GUO W, et al. Reconfigurable manufacturing systems: Principles, design, and future trends [J]. Frontiers in Mechanical Engineering, 2018, 13(2): 121-136.

[39] TSENG M M, JIAO R J, WANG C. Design for mass personalization [J]. CIRP Annals, 2010, 59(1): 175-178.

[40] JIAO R J. Prospect of design for mass customization and personalization// Proceedings of ASME 2011 International Design Engineering Technical Conferences and Computers and Information in Engineering Conference [C]. Washington DC, USA: ASME, 2011: DETC2011-48919.

[41] BERRY C, WANG H, HU S J. Product architecting for personalization [J]. Journal of Manufacturing Systems, 2013, 32(3): 404-411.

[42] SAWHNEY N, GRIFFIT H S, MAGUIRE Y, et al. Think-cycle at M. I. T. sharing distributed design knowledge for open collaborative design[J]. Techknowlogia, 2002, 4(1): 49-53.

[43] JAKIELA M J, ZHENG J. WeDesign: A forum-based tool for managing user-generated content in engineering design and product development [C]. Proceedings of ASME2008 International Design Engineering Technical Conferences and Computers and Information in Engineering Conference[C]. New York, N. Y., USA: ASME, 2008: 505-514.

[44] HU S J. Evolving paradigms of manufacturing: from mass production to mass customization and personalization[J]. Procedia CIRP, 2013: 3-8.

[45] TAN C, HU S J, CHUNG H, et al. Product personalization enabled by assembly architecture and cyber physical systems [J]. CIRP Annals-Manufacturing Technology, 2017, 66(1): 33-36.

[46] 周文辉, 王鹏程, 杨苗. 数字化赋能促进大规模定制技术创新[J]. 科学学研究, 2018, 36(8): 1516-1523.

[47] 赖荣燊，肖人彬. 基于客户评论与性能-结构映射的产品绿色创新设计方法[J]. 南昌工程学院学报，2020，39(3)：1-7.

[48] 肖云芳，王博，林蓉. 3D打印的个性化药物研究进展[J]. 中国药学杂志，2017，52(2)：89-95.

[49] 冯启洋，刘志萍，何鸿雁，等. 3D打印制备的人工骨在临床上的应用进展[J]. 生物医学，2020，10(1)：1-7.

[50] 李涤尘，杨春成，康建峰，等. 大尺寸个体化PEEK植入物精准设计与控性定制研究[J]. 机械工程学报，2018，54(23)：135-139.

[51] HOLLING C S. Engineering resilience versus ecological resilience// SCHULZE P. Engineering within ecological constraints [C]. Washington D C, USA：National Academy Press, 1996：31-44.

[52] 张玉芳，关天民，郭侨阁，等. 基于3D打印技术的个性化脊柱侧弯矫形支具数字化设计[J]. 中国组织工程研究，2019，23(36)：5824-5829.

[53] ZHANG S, XU J, GOU H, et al. A research review on the key technologies of intelligent design for customized products [J]. Engineering, 2017, 3(5)：631-640.

附录：

作者的主要相关研究成果（已发表期刊论文）目录

[1] 肖人彬, 赖荣燊, 李仁旺. 从大规模定制化设计到大规模个性化设计[J]. 南昌工程学院学报, 2021, 40(1): 1-12.

[2] 肖人彬, 林文广. 数据驱动的产品族设计研究[J]. 机械设计, 2020, 37(6): 1-10.

[3] 万丽云, 程贤福, 周健. 面向可适应性的模块化产品族层次关联优化设计[J]. 机械设计与研究, 2020, 36(3): 140-144.

[4] 程贤福, 邱浩洋, 万丽云, 等. 基于公理设计和模块关联矩阵的产品族设计耦合分析方法[J]. 中国机械工程, 2019, 30(7): 794-803.

[5] 程贤福, 罗珺怡. 考虑两两模块之间关联关系的产品模块划分方法[J]. 机械设计, 2019, 36(4): 72-76.

[6] 程贤福, 肖人彬, 王浩伦. A method for coupling analysis of association modules in product family design[J]. Journal of Engineering Design, 2018, 29(6): 327-352.

[7] 程贤福. 面向可适应性的产品平台功能需求建模与分析[J]. 科研管理, 2018, 39(3): 29-36.

[8] 程贤福, 高东山, 万丽云. 基于双层规划的参数化产品族优化设计[J]. 机械设计与研究, 2018, 34(3): 140-144.

[9] 程贤福, 梁高峰, 万冲. Measurement method and application of design adaptability for product platform based on information content[J]. International Journal of Innovative Computing and Applications, 2017, 8(4): 213-221.

[10] 程贤福, 罗珺怡, 高东山. Adaptability-oriented hierarchical correlation

optimization in product family design[J]. International Journal of Computing Science and Mathematics, 2017, 8(2): 146-156.

[11] 程贤福, 朱进, 周尔民. 基于联合分析和模糊聚类的产品族客户需求模型研究[J]. 工程设计学报, 2017, 24(1): 8-17, 26.

[12] 肖人彬, 程贤福. A systematic approach to coupling disposal of product family design (part 1): methodology[J]. Procedia CIRP, 2016(53): 21-28.

[13] 程贤福, 邱浩洋, 肖人彬. A systematic approach to coupling disposal of product family design (part 2): case study[J]. Procedia CIRP, 2016(53): 29-34.

[14] 程贤福. 面向可适应性的稳健性产品平台规划方法[J]. 机械工程学报, 2015, 51(19): 154-163.

[15] 程贤福, 张盛财, 王涛. Modelling and analysis of system robustness for mechanical product based on axiomatic design and fuzzy clustering algorithm[J]. Advances in Mechanical Engineering, 2015, 7(8): 1-14.

[16] 程贤福, 兰光英, 朱启航. Scalable product platform design based on design structure matrix and axiomatic design [J]. International Journal of Product Development, 2015, 20(2): 91-106.

[17] 王浩伦, 侯亮, 程贤福, 等. 基于模糊软集和证据理论的产品族状态评价[J]. 计算机集成制造系统, 2015, 21(10): 2577-2586.

[18] 程贤福. 面向可适应性的产品平台设计参数规划方法[J]. 工程设计学报, 2014, 21(2): 140-146.

[19] 程贤福, 兰光英, 朱启航, 等. 面向可适应性的桥式起重机车轮组参数化产品族设计方法[J]. 机械设计, 2014, 31(11): 13-17.

[20] 程贤福. 基于设计关联矩阵和差异度分析的可调节变量产品平台设计方法[J]. 机械设计. 2013, 30(4): 1-5.

[21] 肖人彬, 程贤福, 陈诚, 等. 基于公理设计和设计关联矩阵的产品平台设计新方法[J]. 机械工程学报. 2012, 48(11): 93-103.

[22] 程贤福, 陈诚. 基于设计关联矩阵与可拓聚类的产品模块划分方法

[J]. 机械设计. 2012, 29(1): 5-9.

[23] 秦红斌, 肖人彬, 钟毅芳, 等. 面向产品族设计的公共产品平台评价与决策[J]. 计算机集成制造系统, 2007, 13(7): 1286-1294.

[24] 秦红斌, 肖人彬, 陈义保, 等. 面向公共产品平台通用化的聚类分析方法研究[J]. 计算机辅助设计与图形学学报, 2004, 16(4): 518-522,529.

[25] 秦红斌, 肖人彬, 钟毅芳, 等. 面向大批量定制的公共产品平台研究[J]. 中国机械工程, 2004, 15(3): 221-225.